JN303864

Introduction to Commutative Algebra

Atiyah - MacDonald

可換代数入門

M. F. Atiyah
I. G. MacDonald 著

新妻 弘 訳

共立出版

Introduction to Commutative Algebra
by M.F. Atiyah and I. G. MacDonald

Copyright ©1969 Published by Westview Press,

A Member of the Perseus Books Group

First published in the United States by Westview Press,

a Member of the Perseus Books Group

Japanese translation rights arranged with

Perseus Books, Inc., Cambridge, Massachusetts

Through Tuttle-Mori Agency, Inc., Tokyo

本書は，共立出版株式会社が，Tuttle-Mori Agency, Inc. を通じて
Perseus Books, Ins. との契約に基づき翻訳したものです。

序　文

　可換代数は本質的に可換環の研究である．概括的に言えば次の二つの源から発展してきた．
　(1) 代数幾何学，
　(2) 代数的整数論．
　(1) において研究された環の原型は体 k 上の多変数の多項式環 $k[x_1,\ldots,x_n]$ であり，(2) におけるそれは有理整数環 $\mathbb{Z}$ である．これら二つについて，代数幾何学的な場合がさらに高いところまで到達している．グロタンディエクによる代数幾何学の現代的な発展において，それは代数的整数論のかなりの部分を包括している．可換代数はいまやこの新しい代数幾何学の土台の一つである．微分解析学が微分幾何学に対する道具を提供しているのと同じように，可換代数は代数幾何学に対して完全な局所的道具を提供する．
　この本はオックスフォード大学における学部3年生に向けて講義されたコースから生まれ，代数幾何学に対する最短の入門を提供するという最も適当な目的を持っている．また，この本は一般的な代数における最初の初等的な講義をすでに受けた学生によって読まれることを想定している．一方で，この本は ザリスキー・サミュエル [4] やブルバキ [1] のような可換代数についてのより量の多い労作に対する代替を意図しているものではない．我々はある中心的な話題に限定して，体論のような大きな分野には触れなかった．内容において，ノースコット [3] より広い枠組みを考察しており，また我々の取り扱い方はそれとは本質的に異なって，次に述べるように加群と局所化を強調した現代的方法である．
　可換代数において中心的なものは素イデアルの概念である．これは算術に

おける素数と幾何学における点の共通の一般化を与える.「点の近く」に関心を集中させる幾何学的な概念は, 代数的な類似物として素イデアルによる環の**局所化** (localization) という重要な操作をもつ. したがって, 局所化についての結果は幾何学的な言葉で注意深く考えなければならない. このことはグロタンディエクの**スキーム** (scheme) の理論において方法論的になされている. 部分的にはグロタンディエクの著作 [2] への導入として, そしてまたそれが与える幾何学的な直観のために, 演習問題や注意という形で多くの結果のスキーム的な書き換えを付け加えた.

不必要な一般的挿入語句の少ない, むしろ簡潔なスタイル, そしてまた多くの証明の圧縮された記述に対する責任はこの本のもともとの講義ノートにある. 我々の表現の簡潔さが, いまや優雅で魅力的になった数学的構造を明確にするであろうことを願い, 我々はそのスタイルを拡大しようという誘惑に抵抗した. 我々の哲学は単純な段階をいくつか続けることによって主要定理を構築し, 機械的な証明を省略することであった.

また現在, 可換代数を書こうと思う人は誰でも, 現代の発展の中で重要な部分を果たしているホモロジー代数との関係で板ばさみになっている. ホモロジー代数の真の取り扱いはこの小さな本の範囲内では不可能である. 一方, それを完全に無視することは賢明ではない. 我々がとった妥協は初等的なホモロジー的手法—完全列や図式など—を用いるが, しかしホモロジーの深い研究を必要とするいかなる結果もその前で踏みとどまるというものであった. このようにして我々は, もし深遠な代数幾何学を追求したいと望むならば, 読者が勉強しなければならないホモロジー代数についての体系的なコースに対する基礎的なものを準備したいと望んでいる.

我々は各章の終わりに相当な量の演習問題を用意した. それらの中のいくつかは容易であり, またその中のいくつかは難しい. これらの問題に対して通常ヒントを用意し, 時々難しい問題に対しては完全な解答を用意した. 我々はそれらすべてを見事に完成させ, 我々を一度ならず誤りから救ってくれたシャープ (R. Y. Sharp) 氏に感謝する.

この本の中で詳しく解説された理論を発展させるために助力していただいた多くの数学者の貢献を一つ一つ書き記すことはしない. しかしながら, セール (J. P. Serre) 氏とテート (J. Tate) 氏には我々の恩義を記録にとどめたい. 我々は彼らからこの本の話題を学び, 彼らの影響は材料の選択と表現の様式

において決定的な要素であった．

文 献

1. N. Bourbaki, *Algèbre Commutative*, Hermann, Paris (1961-65).
2. A. Grothendieck and J. Dieudonné, *Éléments de Géometrie Algébrique*, Publications Mathématiques de l'I. H. E. S, Nos. 4, 8, 11, ..., Paris (1960-).
3. D.G. Northcott, *Ideal Theory*, Cambridge University Press (1953).
4. O. Zariski and P. Samuel, *Commutative Algebra I, II*, Van Nostrand, Princeton (1958, 1960).

記号と術語

環と加群はイタリック体大文字で，またそれらの元は同じくイタリック体小文字で表される．体はしばしば k で表される．イデアルはドイツ子文字で表される．$\mathbb{Z}, \mathbb{Q}, \mathbb{R}, \mathbb{C}$ はそれぞれ有理整数環，有理数体，実数体，および複素数体を表す．

写像は一貫して左側に書き，すると写像 f による元 x の像は $f(x)$ によって表され，$(x)f$ ではない．したがって，写像 $f : X \longrightarrow Y, g : Y \longrightarrow Z$ の合成は $g \circ f$ であり，$f \circ g$ ではない．

写像 $f : X \longrightarrow Y$ は，$f(x_1) = f(x_2)$ ならば $x_1 = x_2$ を満たすとき，**単射** (injective) であるという．また，$f(X) = Y$ を満たすとき，f は**全射** (surjective) であるという．さらに，単射でありかつ全射であるとき，f は**全単射** (bijection) であるという．

証明の終わりには（証明がない場合にも），■ という記号が置かれている．

集合の包含関係は $\subseteq$ という記号によって表される．記号 $\subset$ は狭義の（真の）包含関係を表すものとする．したがって，$A \subset B$ は A が B に含まれてはいるが，B に等しくはないことを意味している．

目　　次

序文 ... i
記号と術語 ... iv

第1章　環とイデアル　1
1.1　環と環準同型写像 ... 1
1.2　イデアル，剰余環 ... 3
1.3　零因子，ベキ零元，単元 ... 3
1.4　素イデアルと極大イデアル ... 4
1.5　ベキ零元根基とジャコブソン根基 ... 7
1.6　イデアルに関する演算 ... 9
1.7　拡大と縮約 ... 14
演習問題 ... 16

第2章　加群　26
2.1　加群と加群の準同型写像 ... 26
2.2　部分加群と剰余加群 ... 28
2.3　部分加群に関する演算 ... 29
2.4　直和と直積 ... 30
2.5　有限生成加群 ... 31
2.6　完全列 ... 34
2.7　加群のテンソル積 ... 36

目次

- 2.8 スカラーの制限と拡大 41
- 2.9 テンソル積の完全性 42
- 2.10 代数 44
- 2.11 代数のテンソル積 46
- 演習問題 47

第3章　商環と商加群　　　　　　　　　　　　　　　　55

- 3.1 環と加群の局所化 55
- 3.2 局所的性質 61
- 3.3 商環の拡大イデアルと縮約イデアル 63
- 演習問題 66

第4章　準素分解　　　　　　　　　　　　　　　　　　76

- 演習問題 83

第5章　整従属と付値　　　　　　　　　　　　　　　　90

- 5.1 整従属 90
- 5.2 上昇定理 93
- 5.3 整閉整域, 下降定理 95
- 5.4 付値環 98
- 演習問題 102

第6章　連鎖条件　　　　　　　　　　　　　　　　　　114

- 演習問題 121

第7章　ネーター環　　　　　　　　　　　　　　　　　123

- 7.1 ネーター環 123
- 7.2 ネーター環の準素分解 127
- 演習問題 129

第8章　アルティン環　　　　　　　　　　　　　　　　138

- 演習問題 142

第 9 章　離散付値環とデデキント整域　　145
- 9.1　離散付値環 146
- 9.2　デデキント整域 149
- 9.3　分数イデアル 150
- 演習問題 154

第 10 章　完備化　　156
- 10.1　位相と完備化 158
- 10.2　フィルター 164
- 10.3　次数付環と次数付加群 164
- 10.4　対応している次数付環 172
- 演習問題 176

第 11 章　次元論　　180
- 11.1　ヒルベルト関数 180
- 11.2　ネーター局所環の次元論 185
- 11.3　正則局所環 190
- 11.4　超越次元 192
- 演習問題 194

訳者あとがき　　197

索　引　　201

ギリシャ文字一覧

大文字	小文字	読み方	大文字	小文字	読み方
A	α	アルファ	N	ν	ニュー
B	β	ベータ	Ξ	ξ	クシー, グザイ
Γ	γ	ガンマ	O	o	オミクロン
Δ	δ	デルタ	Π	π, ϖ	パイ
E	ϵ, ε	エプシロン, イプシロン	P	ρ, ϱ	ロー
Z	ζ	ゼータ, ジータ	Σ	σ, ς	シグマ
H	η	イータ, エータ	T	τ	タウ
Θ	θ, ϑ	シータ, テータ	Υ	υ	ユプシロン
I	ι	イオタ	Φ	ϕ, φ	ファイ, フィー
K	κ	カッパ	X	χ	カイ
Λ	λ	ラムダ	Ψ	ψ	プサイ, プシー
M	μ	ミュー	Ω	ω	オメガ

ドイツ文字一覧

大文字	小文字	読み方	大文字	小文字	読み方
𝔄	𝔞	アー (a)	𝔑	𝔫	エヌ (n)
𝔅	𝔟	ベー (b)	𝔒	𝔬	オー (o)
ℭ	𝔠	ツェー (c)	𝔓	𝔭	ペー (p)
𝔇	𝔡	デー (d)	𝔔	𝔮	クー (q)
𝔈	𝔢	エー (e)	𝔎	𝔯	エール (r)
𝔉	𝔣	エフ (f)	𝔖	𝔰	エス (s)
𝔊	𝔤	ゲー (g)	𝔗	𝔱	テー (t)
𝔍	𝔥	ハー (h)	𝔘	𝔲	ウー (u)
𝔍	𝔦	イー (i)	𝔙	𝔳	ファウ (v)
𝔍	𝔧	ヨット (j)	𝔚	𝔴	ヴェー (w)
𝔎	𝔨	カー (k)	𝔛	𝔵	イクス (x)
𝔏	𝔩	エル (l)	𝔜	𝔶	エプシロン (y)
𝔐	𝔪	エム (m)	ℨ	𝔷	ツェット (z)

第1章

環とイデアル

　環の定義と初等的な性質を急いでふりかえることから始めよう．このことは読者にどの位のことを予備知識として仮定しているか，そしてまた記号と約束を定めておくためにも役立つであろう．この復習の後で，素イデアルと極大イデアルの議論に移る．この章の残りは，イデアルに対して実行される様々な基本的操作を説明することにあてられる．スキームについてのグロタンディエクによる術語が章末の演習問題において扱われている．

1.1　環と環準同型写像

　環 (ring) A とは次の条件を満たす二つの二項演算（加法と乗法）をもつ集合のことである．

1) A は加法に関してアーベル群である（このとき，A は 0 で表される零元をもち，すべての元 $x \in A$ は（加法）逆元 $-x$ をもつ）．
2) 乗法は結合的であり $((xy)z = x(yz))$，加法に対して分配的である $(x(y+z) = xy + xz,\ (y+z)x = yx + zx)$．

我々は**可換**である環のみを考察する．すなわち，

3) すべての $x, y \in A$ に対して，$xy = yx$ が成り立つ．

また，A は**単位元**（1 によって表される）をもつ．すなわち，

4) すべての $x \in A$ に対して，$x1 = 1x = x$ を満たす元 $1 \in A$ が存在する．

単位元は唯一つである．

この本を通して，「環」という言葉は単位元をもつ可換環を意味する．すなわち，上の (1) から (4) を満たすものである．

《注意》 (4) において，$1 = 0$ となる可能性を除外しない．このとき，任意の $x \in A$ に対して，次が成り立つ．

$$x = x1 = x0 = 0.$$

したがって，A は唯一つの元 0 からなる．このとき，A は**零環** (zero ring) といい，0 で表される（記号の乱用ではあるが）．

環 A から環 B への写像 f は次の三つの条件を満たすとき，**環準同型写像** (ring homomorphism) という．

 i) $f(x + y) = f(x) + f(y)$.
    （このとき，f は加法群の準同型写像であり，したがって，次が成り立つ．
    $$f(x - y) = f(x) - f(y), \quad f(-x) = -f(x), \quad f(0) = 0.)$$
 ii) $f(xy) = f(x)f(y)$.
 iii) $f(1) = 1$.

すなわち，写像 f は加法，乗法そして単位元を重視している．

環 A の部分集合 S は，減法と乗法に関して閉じていて，かつ A の単位元を含んでいるとき，A の**部分環** (subring) であるという．S から A への恒等写像は環準同型写像である．

$f : A \longrightarrow B$, $g : B \longrightarrow C$ が環準同型写像ならば，それらの合成写像 $g \circ f : A \longrightarrow C$ も環準同型写像である．

1.2 イデアル，剰余環

$\mathfrak{a}$ を環 A の部分集合とする．$\mathfrak{a}$ が A の加法部分群でかつ $A\mathfrak{a} \subseteq \mathfrak{a}$ （すなわち，$x \in A, y \in \mathfrak{a}$ ならば $xy \in \mathfrak{a}$）を満たすとき，$\mathfrak{a}$ を A の**イデアル** (ideal) という．剰余群 $A/\mathfrak{a}$ は環 A の乗法から一意的に乗法が定義され，環となる．これを**剰余環** (quotient ring, residue-class ring) $A/\mathfrak{a}$ という．$A/\mathfrak{a}$ の元は A における $\mathfrak{a}$ の剰余類であり，任意の $x \in A$ に対して剰余類 $x + \mathfrak{a}$ を対応させる写像 $\phi : A \longrightarrow A/\mathfrak{a}$ は全射的環準同型写像である．

我々は次の事実をしばしば用いる．

【命題 1.1】 $\mathfrak{a}$ を含んでいる A のすべてのイデアル $\mathfrak{b}$ の集合と，剰余環 $A/\mathfrak{a}$ のすべてのイデアル $\overline{\mathfrak{b}}$ の集合との間には，$\mathfrak{b} = \phi^{-1}(\overline{\mathfrak{b}})$ によって与えられる 1 対 1 でかつ包含関係による順序を保存する対応が存在する．　■

$f : A \longrightarrow B$ を任意の環準同型写像とするとき，f の**核** (kernel)($= f^{-1}(0)$) は A のイデアル $\mathfrak{a}$ であり，f の**像** (image)($= f(A)$) は B の部分環 C である．f は環の同型写像 $A/\mathfrak{a} \cong C$ を引き起こす．

我々は，記号 $x \equiv y \pmod{\mathfrak{a}}$ をときどき用いるが，これは $x - y \in \mathfrak{a}$ を意味している．

1.3 零因子，ベキ零元，単元

環 A の**零因子** (zero divisor) とは，「0 を割り切る」元 x のことである．すなわち，A のある元 $y \neq 0$ が存在して $xy = 0$ となる元 $x \in A$ のことである．零元と異なる零因子をもたない環を**整域** (integral domain) という（ここで，$1 \neq 0$ としている）．例として，有理整数環 $\mathbb{Z}$ と多項式環 $k[x_1, \ldots, x_n]$ （k は体で，x_i は不定元）は整域である．

元 $x \in A$ は，ある $n > 0$ に対して $x^n = 0$ となるとき，**ベキ零元** (nilpotent) であるという．ベキ零元は零因子である（$A \neq 0$ のとき）．しかし，（一般に）逆は成り立たない．

$x \in A$ が 1 を割り切るとき，すなわち，ある元 $y \in A$ が存在して $xy = 1$ となるとき，x を A の**単元** (unit) という．このとき，y は x によって一意的に

定まる．この y を x^{-1} によって表す．A におけるすべての単元の集合は（乗法に関して）アーベル群をつくる．

元 $x \in A$ のすべての倍元 ax の集合は**単項イデアル** (principal ideal) をつくる．これを (x) あるいは，Ax によって表す．x が単元である $\iff (x) = A = (1)$．零イデアル (0) は通常 0 によって表される．

環 A において，$1 \neq 0$ であり，かつすべての零でない元が単元であるとき，環 A は**体** (field) であるという．すべての体は整域である（しかし，逆は成り立たない．たとえば，整域 $\mathbb{Z}$ は体ではない）．

【命題 1.2】 $A \neq 0$ を環とする．このとき，次は同値である．
  i) A は体である．
  ii) A のイデアルは 0 と (1) のみである．
  iii) A から零でない環 B へのすべての準同型写像は単射である．

（証明） i) $\Rightarrow$ ii)：$\mathfrak{a} \neq 0$ を A のイデアルとする．すると，$\mathfrak{a}$ は零でない元 x を含む．x は単元であるから，$\mathfrak{a} \supseteq (x) = (1)$ となり，$\mathfrak{a} = (1)$ を得る．
ii) $\Rightarrow$ iii)：$\phi : A \longrightarrow B$ を環準同型写像とする．そのとき，$\mathrm{Ker}(\phi)$ は (1) と異なる A のイデアルであるから，$\mathrm{Ker}(\phi) = 0$ となる．ゆえに，ϕ は単射である．
iii) $\Rightarrow$ i)：x を単元でない A の元とする．すると，$(x) \neq (1)$ であるから，$B = A/(x)$ は零環ではない．$\phi : A \longrightarrow B$ を A から B の上への自然な準同型写像とすると，$\mathrm{Ker}(\phi) = (x)$ である．仮定によって，ϕ は単射であるから，$(x) = 0$．したがって $x = 0$ となる． ■

1.4 素イデアルと極大イデアル

A のイデアル $\mathfrak{p}$ は，$\mathfrak{p} \neq (1)$ でかつ，「$xy \in \mathfrak{p} \Rightarrow x \in \mathfrak{p}$ または $y \in \mathfrak{p}$」，という条件を満たすとき，A の**素イデアル** (prime ideal) であるという．

A のイデアル $\mathfrak{m}$ は，$\mathfrak{m} \neq (1)$ でかつ，$\mathfrak{m} \subset \mathfrak{a} \subset (1)$（狭義の包含関係）を満たすいかなる A のイデアル $\mathfrak{a}$ も存在しないとき，A の**極大イデアル** (maximal ideal) であるという．すなわち，

$\mathfrak{p}$ が素イデアルである $\iff A/\mathfrak{p}$ は整域である,
$\mathfrak{m}$ が極大イデアルである $\iff A/\mathfrak{m}$ は体である

(命題 1.1 と命題 1.2 によって).

したがって,極大イデアルは素イデアルである(しかし,一般に逆は成り立たない).A の零イデアルが素イデアルである $\iff A$ が整域である.

$f : A \longrightarrow B$ を環準同型写像で $\mathfrak{q}$ を B の素イデアルとすると,$f^{-1}(\mathfrak{q})$ は A の素イデアルである.なぜならば,$A/f^{-1}(\mathfrak{q})$ は $B/\mathfrak{q}$ の部分環に同型であり,ゆえに 0 と異なる零因子をもたないからである.しかし,$\mathfrak{n}$ が B の極大イデアルであっても,必ずしも $f^{-1}(\mathfrak{n})$ が A の極大イデアルであるとは限らない.確実にいえることは,それが素イデアルであるということだけである.(例: $A = \mathbb{Z},\ B = \mathbb{Q},\ \mathfrak{n} = 0$.)

素イデアルは可換代数学全体において基本的なものである.次の定理とその系は,常にそれらが十分に存在していることを保証している.

【定理 1.3】 すべての環 $A \neq 0$ は少なくとも一つの極大イデアルをもつ(「環」の定義は単位元をもつ可換環であることを思い出そう).

(証明) これはツォルン (Zorn) の補題[1]の標準的な応用である.Σ を (1) と異なる A のすべてのイデアルの集合とする.包含関係によって Σ に順序を定義する.$0 \in \Sigma$ であるから Σ は空集合ではない.ツォルンの補題を適用するために,Σ のすべての全順序部分集合は Σ において上界をもつということを示さなければならない.$(\mathfrak{a}_\alpha)$ を Σ のイデアルの全順序部分集合とする.したがって,添数 α, β の任意の組に対して $\mathfrak{a}_\alpha \subseteq \mathfrak{a}_\beta$ または,$\mathfrak{a}_\beta \subseteq \mathfrak{a}_\alpha$ のどちらかが成り立っている.そこで,$\mathfrak{a} = \bigcup_\alpha \mathfrak{a}_\alpha$ を考える.このとき,$\mathfrak{a}$ は A のイデアルであり(証明せよ),任意の α に対して $1 \notin \mathfrak{a}_\alpha$ であるから $1 \notin \mathfrak{a}$ が成り立つ.ゆえに,$\mathfrak{a} \in \Sigma$ であり,$\mathfrak{a}$ はこの全順序部分集合の上界である.したがって,ツォルンの補題によって Σ は極大元をもつ. ∎

---

[1] S を空集合でない半順序集合とする(すなわち,S 上に関係 $x \leqslant y$ が与えられていて反射律と推移律,そして $x \leqslant y$ かつ $y \leqslant x$ ならば $x = y$ を満たしている).S の部分集合 T は,T のすべての元の組 x, y に対して $x \leqslant y$ または $y \leqslant x$ が成り立つとき,全順序である,または鎖であるという.このとき,ツォルンの補題は次のように述べられる.S のすべての全順序部分集合 T が S で上界をもてば(すなわち,すべての $t \in T$ に対してある元 $x \in S$ が存在して $t \leqslant x$ を満たす),S は少なくとも一つの極大元をもつ.

ツォルンの補題と選択公理,整列集合などの同値性の証明については,たとえば P.R.Halmos の "Naive Set Theory", Van Nostrand (1960)(「素朴集合論」,富川滋訳,ミネルヴァ書房 (1975))を参照せよ.

【系 1.4】 $\mathfrak{a} \neq (1)$ を A のイデアルとすると，$\mathfrak{a}$ を含んでいる A の極大イデアルが存在する．

(証明) 命題 1.1 を記憶にとどめて，定理 1.3 を $A/\mathfrak{a}$ に適用する．または，定理 1.3 の証明を修正すればよい． ■

【系 1.5】 A のすべての非単元はある極大イデアルに含まれる． ■

《注意》 1) A がネーター環ならば（第 7 章参照），ツォルンの補題の使用を避けることができる．すなわち，すべての (1) でないイデアルの集合は極大元をもつ．

 2) 唯一つの極大イデアルをもつ環が存在する．たとえば，体がそうである．唯一つの極大イデアル $\mathfrak{m}$ をもつ環 A を **局所環** (local ring) という．このとき，体 $k = A/\mathfrak{m}$ を A の **剰余体** (residue field) という．

【命題 1.6】 A を環とし，A のイデアルを $\mathfrak{m}$ とする．このとき，次が成り立つ．
- i) $\mathfrak{m} \neq (1)$ とする．すべての $x \in A - \mathfrak{m}$ が A で単元となるとき，A は局所環となり，$\mathfrak{m}$ はその極大イデアルである．
- ii) $\mathfrak{m}$ を A の極大イデアルとする．$1 + \mathfrak{m}$ のすべての元が A で単元になるとき，A は局所環である．ただし，$1 + \mathfrak{m} = \{1 + x : x \in \mathfrak{m}\}$ である．

(証明) i) すべてのイデアル $\neq (1)$ は非単元から構成されるので，それは $\mathfrak{m}$ に含まれる．よって，$\mathfrak{m}$ は A の唯一つの極大イデアルである．

 ii) $x \in A - \mathfrak{m}$ とする．$\mathfrak{m}$ は極大イデアルであるから，x と $\mathfrak{m}$ によって生成されたイデアルは (1) となる．ゆえに，ある $y \in A$ と $t \in \mathfrak{m}$ が存在して，$xy + t = 1$ と表される．これより，$xy = 1 - t$ は $1 + \mathfrak{m}$ に属するので，単元になる．そこで，i) を使えばよい． ■

 極大イデアルが有限個である環を **半局所環** (semi-local ring) という．

【例】 1) k を体として，$A = k[x_1, \ldots, x_n]$ とおく．$f \in A$ を既約多項式とする．一意分解性によって，イデアル (f) は素イデアルである．

2) $A = \mathbb{Z}$ とする．$\mathbb{Z}$ のすべてのイデアルはある $m \geqslant 0$ によって，(m) という形に表される．イデアル (m) が素イデアルである $\iff m = 0$ または素数である．さらに p が素数ならば，すべてのイデアル (p) は極大である．また，$\mathbb{Z}/(p)$ は p 個の元からなる体である．

例 1) において，$n = 1$ に対して同じことが成り立つが，$n > 1$ のときは成り立たない．すなわち，$A = k[x_1, \ldots, x_n]$ において，定数項が零であるすべての多項式からなるイデアル $\mathfrak{m}$ は極大である（それは，$f \in A$ を $f(0)$ に移す準同型写像 $A \longrightarrow k$ の核であるから）．しかし，$n > 1$ のとき，$\mathfrak{m}$ は単項イデアルではない．実際，それは少なくとも n 個の生成元をもつ．

3) **単項イデアル整域** (principal ideal domain) とは，すべてのイデアルが単項イデアルとなる整域のことである．このような環においては，零でないすべての素イデアルは極大イデアルである．なぜならば，$(x) \neq 0$ が素イデアルで $(y) \supset (x)$ とすれば，$x \in (y)$ であるから，$x = yz \ (z \in A)$ と表される．このとき，$yz \in (x)$ でかつ，$y \notin (x)$ であるから，$z \in (x)$ となる．すると，$z = tx \ (t \in A)$ と表される．ゆえに，$x = yz = ytx$ が成り立つので，$yt = 1$ である．したがって，$(y) = (1)$ を得る．

1.5 ベキ零元根基とジャコブソン根基

【命題 1.7】 環 A におけるすべてのベキ零元の集合 $\mathfrak{N}$ はイデアルであり，$A/\mathfrak{N}$ は 0 と異なるベキ零元をもたない．

(証明) $x \in \mathfrak{N}$ とすると，明らかにすべての $a \in A$ に対して $ax \in \mathfrak{N}$ となる．$x, y \in \mathfrak{N}$ とする．このとき，ある整数 m, n により $x^m = 0, y^n = 0$ となる．二項定理によって（任意の可換環では明らかに成り立つ），$(x+y)^{m+n-1}$ は積 $x^r y^s \ (r + s = m + n - 1)$ の整数係数の和である．この式で $r < m$ かつ $s < n$ が同時に成り立つことはないので，これらの積はすべて零になる．よって，$(x+y)^{m+n-1} = 0$ となる．ゆえに，$x + y \in \mathfrak{N}$．したがって，$\mathfrak{N}$ は A のイデアルである．

$\bar{x} \in A/\mathfrak{N}$ は $x \in A$ によって代表される．このとき，$\bar{x}^n$ は x^n によって代表されるから，$\bar{x}^n = 0 \implies x^n \in \mathfrak{N} \implies$ 適当な $k > 0$ に対して $(x^n)^k = 0 \implies x \in \mathfrak{N} \implies \bar{x} = 0$．■

このイデアル $\mathfrak{N}$ を A の**ベキ零元根基** (nilradical) という．次の命題は $\mathfrak{N}$ の同値条件を与えている．

【命題 1.8】 A のベキ零元根基は A のすべての素イデアルの共通集合である．

(証明) $\mathfrak{N}'$ を A のすべての素イデアルの共通部分とする．$f \in A$ がベキ零元で，$\mathfrak{p}$ を素イデアルとすると，ある $n > 0$ に対して $f^n = 0 \in \mathfrak{p}$ となるから $f \in \mathfrak{p}$ ($\mathfrak{p}$ は素イデアルだから)．ゆえに，$f \in \mathfrak{N}'$ である．

逆に，f がベキ零元でないと仮定する．Σ を次の性質をもつイデアル $\mathfrak{a}$ の集合とする．

$$n > 0 \implies f^n \notin \mathfrak{a}.$$

このとき，$0 \in \Sigma$ であるから，Σ は空集合ではない．定理 1.3 と同様にして，包含関係によって順序づけられた集合 Σ にツォルンの補題を適用することができる．したがって，Σ は極大元をもつ．$\mathfrak{p}$ を Σ の一つの極大元とする．このとき，$\mathfrak{p}$ が A の素イデアルであることを示そう．$x, y \notin \mathfrak{p}$ と仮定すると，イデアル $\mathfrak{p}+(x)$ と $\mathfrak{p}+(y)$ は真に $\mathfrak{p}$ を含んでいるので，Σ に属さない．したがって，適当な整数 m, n があって

$$f^m \in \mathfrak{p}+(x), \quad f^n \in \mathfrak{p}+(y)$$

となる．このことより，$f^{m+n} \in \mathfrak{p}+(xy)$ が得られる．ゆえに，イデアル $\mathfrak{p}+(xy)$ は Σ に属さない．よって，$xy \notin \mathfrak{p}$ となる．以上より，$\mathfrak{p}$ は素イデアルで $f \notin \mathfrak{p}$ であるから，$f \notin \mathfrak{N}'$ を得る． ∎

A のすべての極大イデアルの共通部分 $\mathfrak{R}$ を A の**ジャコブソン根基** (Jacobson radical) という．これは次のように特徴づけることができる．

【命題 1.9】 $x \in \mathfrak{R} \iff$ すべての $y \in A$ に対して，$1-xy$ は A の単元である．

(証明) ($\Rightarrow$)：$1-xy$ が単元でないと仮定する．系 1.5 より，これはある極大イデアル $\mathfrak{m}$ に属する．ところが，$x \in \mathfrak{R} \subseteq \mathfrak{m}$ であるから，$xy \in \mathfrak{m}$．したがって，$1 \in \mathfrak{m}$ となり，これは不合理である．

($\Leftarrow$)：ある極大イデアル $\mathfrak{m}$ に対して，$x \notin \mathfrak{m}$ と仮定する．そのとき，$\mathfrak{m}$ と x は単位イデアル $(1) = A$ を生成する．ゆえに，ある $u \in \mathfrak{m}$ と $y \in A$ が存在し

て，$u + xy = 1$ が成り立つ．よって，$1 - xy \in \mathfrak{m}$ となるので，これは単元ではない． ■

1.6 イデアルに関する演算

$\mathfrak{a}$ と $\mathfrak{b}$ を環 A のイデアルとするとき，それらの和 $\mathfrak{a} + \mathfrak{b}$ は $x \in \mathfrak{a}$, $y \in \mathfrak{b}$ とするすべての $x + y$ という元の集合である．これは $\mathfrak{a}$ と $\mathfrak{b}$ を含んでいる A の最小のイデアルである．より一般的に，A のイデアル $\mathfrak{a}_i$ の任意の集合の族（無限の場合も可）の和 $\sum_{i \in I} \mathfrak{a}_i$ を定義することができる．すなわち，それは $\sum x_i$（すべての i に対して，$x_i \in \mathfrak{a}_i$）という形のすべての和の集合である．ただし，この和はほとんどすべての $x_i (i \in I)$ は零である（すなわち，有限個以外は零である）．このイデアルはすべてのイデアル $\mathfrak{a}_i$ を含んでいる A の最小のイデアルである．

イデアルの任意の集合族 $(\mathfrak{a}_i)_{i \in I}$ の共通集合は A のイデアルである．このようにして，A のイデアルは包含関係に関して完全束となる．

二つのイデアル $\mathfrak{a}$ と $\mathfrak{b}$ の積 $\mathfrak{ab}$ とはすべての積 xy ($x \in \mathfrak{a}$, $y \in \mathfrak{b}$) によって生成されるイデアルのことである．これはすべての有限和 $\sum x_i y_i$ ($x_i \in \mathfrak{a}$, $y_i \in \mathfrak{b}$) の集合である．同様にして，イデアルの有限個の集合の積を定義できる．特に，一つのイデアル $\mathfrak{a}$ のベキ $\mathfrak{a}^n$ ($n > 0$) が定義される．ここで，慣習的に $\mathfrak{a}^0 = (1)$ と約束する．したがって，$\mathfrak{a}^n$ ($n > 0$) はすべての積 $x_1 x_2 \cdots x_n$ ($x_i \in \mathfrak{a}$) によって生成されるイデアルである．

【例】 1) A を整数環 $\mathbb{Z}$ とし，そのイデアルを $\mathfrak{a} = (m)$, $\mathfrak{b} = (n)$ とするとき，$\mathfrak{a} + \mathfrak{b}$ は m と n の最大公約数によって生成され，$\mathfrak{a} \cap \mathfrak{b}$ は m と n の最小公倍数によって生成されるイデアルである．また，$\mathfrak{ab} = (mn)$ である．したがって，この場合 $\mathfrak{ab} = \mathfrak{a} \cap \mathfrak{b} \iff m$ と n は互いに素である．

2) A を多項式環 $k[x_1, \ldots, x_n]$ とし，$x_1, \ldots, x_n$ によって生成されたイデアルを $\mathfrak{a} = (x_1, \ldots, x_n)$ とする．このとき，$\mathfrak{a}^m$ は次数が m より小さい項をもたないすべての多項式の集合である．

これまでに定義された三つの演算（和，共通集合，積）はすべて可換であ

り,かつ結合的である.さらに**分配律**も成り立つ.

$$\mathfrak{a}(\mathfrak{b}+\mathfrak{c}) = \mathfrak{a}\mathfrak{b} + \mathfrak{a}\mathfrak{c}.$$

整数環 $\mathbb{Z}$ において,$\cap$ と $+$ は互いに分配的である.しかし,これは一般に成り立たない.この方向で成り立つ最良のものは**モジュラー律** (modular law) と呼ばれているものである.すなわち,$\mathfrak{a} \supseteq \mathfrak{b}$ または $\mathfrak{a} \supseteq \mathfrak{c}$ ならば,次が成り立つ.

$$\mathfrak{a} \cap (\mathfrak{b}+\mathfrak{c}) = \mathfrak{a}\cap\mathfrak{b} + \mathfrak{a}\cap\mathfrak{c}.$$

話をもどすと,$\mathbb{Z}$ において $(\mathfrak{a}+\mathfrak{b})(\mathfrak{a}\cap\mathfrak{b}) = \mathfrak{a}\mathfrak{b}$ が成り立つ.しかし,一般には $(\mathfrak{a}+\mathfrak{b})(\mathfrak{a}\cap\mathfrak{b}) \subseteq \mathfrak{a}\mathfrak{b}$ が成り立つだけである(これは,$(\mathfrak{a}+\mathfrak{b})(\mathfrak{a}\cap\mathfrak{b}) = \mathfrak{a}(\mathfrak{a}\cap\mathfrak{b}) + \mathfrak{b}(\mathfrak{a}\cap\mathfrak{b}) \subseteq \mathfrak{a}\mathfrak{b}$ であるから).明らかに,$\mathfrak{a}\mathfrak{b} \subseteq \mathfrak{a}\cap\mathfrak{b}$ であるから,

$$\mathfrak{a}+\mathfrak{b} = (1) \text{ ならば } \mathfrak{a}\cap\mathfrak{b} = \mathfrak{a}\mathfrak{b}.$$

二つのイデアル $\mathfrak{a},\mathfrak{b}$ は $\mathfrak{a}+\mathfrak{b} = (1)$ を満たすとき,**互いに素** (coprime, comaximal) であるという.したがって,互いに素なイデアルに対しては $\mathfrak{a}\cap\mathfrak{b} = \mathfrak{a}\mathfrak{b}$ が成り立つ.明らかに,二つのイデアル $\mathfrak{a}$ と $\mathfrak{b}$ が互いに素であるための必要十分条件は,ある $x \in \mathfrak{a}$ と $y \in \mathfrak{b}$ が存在して $x+y = 1$ となることである.

$A_1,\ldots,A_n$ を環とする.$A_1,\ldots,A_n$ の**直積**

$$A = \prod_{i=1}^{n} A_i$$

とは,$x_i \in A_i$ $(1 \leqslant i \leqslant n)$ とするすべての列 $x = (x_1,\ldots,x_n)$ の集合で,それらの列の間に成分ごとの和と積をもつ集合のことである.A は単位元 $(1,1,\ldots,1)$ をもつ可換環である.$p_i(x) = x_i$ によって定義される射影 $p_i : A \longrightarrow A_i$ があり,それらは環準同型写像である.

A を環とし,$\mathfrak{a}_1,\ldots,\mathfrak{a}_n$ を A のイデアルとする.このとき,$\phi(x) = (x+\mathfrak{a}_1,\ldots,x+\mathfrak{a}_n)$ という規則によって,次のような準同型写像を定義する.

$$\phi : A \longrightarrow \prod_{i=1}^{n} (A/\mathfrak{a}_i).$$

【命題 1.10】 A を環とし $\mathfrak{a}_1,\ldots,\mathfrak{a}_n$ を A のイデアル,ϕ を上記の写像とする.

i) $i \neq j$ のとき $\mathfrak{a}_i$ と $\mathfrak{a}_j$ が互いに素ならば，$\prod \mathfrak{a}_i = \bigcap \mathfrak{a}_i$ が成り立つ.

ii) ϕ は全射である $\iff i \neq j$ のとき，$\mathfrak{a}_i$ と $\mathfrak{a}_j$ は互いに素である.

iii) ϕ は単射である $\iff \bigcap \mathfrak{a}_i = (0)$.

(証明) i) n についての帰納法による．$n = 2$ の場合は上で示された．$n > 2$ として，$\mathfrak{a}_1, \ldots, \mathfrak{a}_{n-1}$ に対して主張が正しいと仮定し，$\mathfrak{b} = \prod_{i=1}^{n-1} \mathfrak{a}_i = \bigcap_{i=1}^{n-1} \mathfrak{a}_i$ とおく．$\mathfrak{a}_i + \mathfrak{a}_n = (1)$ $(1 \leq i \leq n-1)$ であるから，$x_i + y_i = 1$ $(x_i \in \mathfrak{a}_i, y_i \in \mathfrak{a}_n)$ が成り立つ．ゆえに，

$$\prod_{i=1}^{n-1} x_i = \prod_{i=1}^{n-1} (1 - y_i) \equiv 1 \pmod{\mathfrak{a}_n}.$$

これより，$\mathfrak{a}_n + \mathfrak{b} = (1)$. したがって，

$$\prod_{i=1}^{n} \mathfrak{a}_i = \mathfrak{b}\mathfrak{a}_n = \mathfrak{b} \cap \mathfrak{a}_n = \bigcap_{i=1}^{n} \mathfrak{a}_i.$$

ii) ($\Rightarrow$)：例として，$\mathfrak{a}_1$ と $\mathfrak{a}_2$ が互いに素であることを示そう．$\phi(x) = (1, 0, \ldots, 0)$ となる $x \in A$ が存在する．このとき，$x \equiv 1 \pmod{\mathfrak{a}_1}$ かつ $x \equiv 0 \pmod{\mathfrak{a}_2}$ であるから，

$$1 = (1 - x) + x \in \mathfrak{a}_1 + \mathfrak{a}_2.$$

($\Leftarrow$)：たとえば，$\phi(x) = (1, 0, \ldots, 0)$ なる $x \in A$ が存在することを示せば十分である．$\mathfrak{a}_1 + \mathfrak{a}_i = (1)$ $(i > 1)$ であるから，$u_i + v_i = 1$ $(u_i \in \mathfrak{a}_1, v_i \in \mathfrak{a}_i)$ が成り立つ．$x = \prod_{i=2}^{n} v_i$ をとれば，$x = \prod(1 - u_i) \equiv 1 \pmod{\mathfrak{a}_1}$ かつ $x \equiv 0 \pmod{\mathfrak{a}_i}$, $i > 1$ となる．したがって，$\phi(x) = (1, 0, \ldots, 0)$ となり，これが求めるものであった．

iii) $\mathrm{Ker}(\phi) = \bigcap \mathfrak{a}_i$ であるから，これは明らかである．■

イデアルの和集合 $\mathfrak{a} \cup \mathfrak{b}$ は一般にイデアルではない．

【命題 1.11】 環 A のイデアル $\mathfrak{a}, \mathfrak{a}_i, \mathfrak{p}, \mathfrak{p}_i$ に対して，次が成り立つ．

i) $\mathfrak{p}_1, \ldots, \mathfrak{p}_n$ を素イデアルとし，$\mathfrak{a}$ を $\bigcup_{i=1}^{n} \mathfrak{p}_i$ に含まれているイデアルとする．このとき，ある i に対して $\mathfrak{a} \subseteq \mathfrak{p}_i$ となる．

ii) $\mathfrak{a}_1,\ldots,\mathfrak{a}_n$ をイデアルとし,$\mathfrak{p}$ を $\bigcap_{i=1}^n \mathfrak{a}_i$ を含んでいる素イデアルとする.このとき,ある i に対して $\mathfrak{p} \supseteq \mathfrak{a}_i$ となる.特に,$\mathfrak{p} = \bigcap \mathfrak{a}_i$ ならば,ある i に対して $\mathfrak{p} = \mathfrak{a}_i$ となる.

(証明) i) 次のような形で,n についての帰納法を用いる.

$$\mathfrak{a} \not\subseteq \mathfrak{p}_i \ (1 \leqslant i \leqslant n) \implies \mathfrak{a} \not\subseteq \bigcup_{i=1}^n \mathfrak{p}_i.$$

$n=1$ のとき,確かに成り立つ.$n>1$ として,$n-1$ に対して主張が正しいと仮定する.このとき,各 i に対して $x_i \in \mathfrak{a}$ で,$j \neq i$ に対して $x_i \notin \mathfrak{p}_j$ となるものが存在する.ある i に対して $x_i \notin \mathfrak{p}_i$ であれば問題はない.そうでないとすると,すべての i に対して $x_i \in \mathfrak{p}_i$ となっている.そこで,次のような元を考える.

$$y = \sum_{i=1}^n x_1 x_2 \cdots x_{i-1} x_{i+1} x_{i+2} \cdots x_n.$$

このとき,$y \in \mathfrak{a}$ でかつ $y \notin \mathfrak{p}_i \ (1 \leqslant i \leqslant n)$ である.したがって,$\mathfrak{a} \not\subseteq \bigcup_{i=1}^n \mathfrak{p}_i$ を得る.

ii) すべての i に対して $\mathfrak{p} \not\supseteq \mathfrak{a}_i$ と仮定する.すると,$x_i \in \mathfrak{a}_i$ かつ $x_i \notin \mathfrak{p} \ (1 \leqslant i \leqslant n)$ となる x_i が存在する.ゆえに,$\prod x_i \in \prod \mathfrak{a}_i \subseteq \bigcap \mathfrak{a}_i$.ところが,$\prod x_i \notin \mathfrak{p}$($\mathfrak{p}$ が素イデアルだから).したがって,$\mathfrak{p} \not\supseteq \bigcap \mathfrak{a}_i$.最後に,$\mathfrak{p} = \bigcap \mathfrak{a}_i$ ならば,ある i に対して $\mathfrak{p} \subseteq \mathfrak{a}_i$ となり,したがって,$\mathfrak{p} = \mathfrak{a}_i$ となる. ∎

$\mathfrak{a}$ と $\mathfrak{b}$ を環 A のイデアルとするとき,それらの**イデアル商** (ideal quotient) とは次のような集合である.

$$(\mathfrak{a} : \mathfrak{b}) = \{x \in A : x\mathfrak{b} \subseteq \mathfrak{a}\}.$$

これは A のイデアルである.特に,$(0 : \mathfrak{b})$ は $\mathfrak{b}$ の**零化イデアル** (annihilator) といい,$\mathrm{Ann}(\mathfrak{b})$ という記号で表される.これは $x\mathfrak{b} = 0$ を満たすすべての元 $x \in A$ の集合である.この記号によれば,A におけるすべての零因子の集合 D は次のように表される.

$$D = \bigcup_{x \neq 0} \mathrm{Ann}(x).$$

$\mathfrak{b}$ が単項イデアル (x) であるとき,$(\mathfrak{a} : (x))$ のかわりに $(\mathfrak{a} : x)$ と書く.

【例】 $A = \mathbb{Z}$, $\mathfrak{a} = (m)$, $\mathfrak{b} = (n)$ とする．ここで，m, n をそれぞれ $m = \prod_p p^{\mu_p}$, $n = \prod_p p^{\nu_p}$ とする．このとき，
$$\gamma_p = \max\left(\mu_p - \nu_p, 0\right) = \mu_p - \min\left(\mu_p, \nu_p\right)$$
として，$q = \prod_p p^{\gamma_p}$ とおけば，$q = m/(m,n)$ となる．ただし，(m,n) は m と n の最大公約数である．この q によって，$(\mathfrak{a} : \mathfrak{b}) = (q)$ と表される．

【演習問題 1.12】 環 A のイデアル $\mathfrak{a}, \mathfrak{a}_i, \mathfrak{b}, \mathfrak{b}_i, \mathfrak{c}$ について，次が成り立つ．

    i) $\mathfrak{a} \subseteq (\mathfrak{a} : \mathfrak{b})$,
    ii) $(\mathfrak{a} : \mathfrak{b})\mathfrak{b} \subseteq \mathfrak{a}$,
    iii) $((\mathfrak{a} : \mathfrak{b}) : \mathfrak{c}) = (\mathfrak{a} : \mathfrak{b}\mathfrak{c}) = ((\mathfrak{a} : \mathfrak{c}) : \mathfrak{b})$,
    iv) $\left(\bigcap_i \mathfrak{a}_i : \mathfrak{b}\right) = \bigcap_i (\mathfrak{a}_i : \mathfrak{b})$,
    v) $\left(\mathfrak{a} : \sum_i \mathfrak{b}_i\right) = \bigcap_i (\mathfrak{a} : \mathfrak{b}_i)$.

$\mathfrak{a}$ を A の任意のイデアルとするとき，$\mathfrak{a}$ の**根基** (radical) $r(\mathfrak{a})$ を次のように定義する．
$$r(\mathfrak{a}) = \{x \in A : \text{ある } n > 0 \text{ に対して } x^n \in \mathfrak{a}\}.$$
$\phi : A \longrightarrow A/\mathfrak{a}$ を標準的な準同型写像とすれば，$r(\mathfrak{a}) = \phi^{-1}(\mathfrak{N}_{A/\mathfrak{a}})$ が成り立つ．したがって，$r(\mathfrak{a})$ は命題 1.7 よりイデアルである．

【演習問題 1.13】 環 A のイデアル $\mathfrak{a}, \mathfrak{b}, \mathfrak{p}$ について次が成り立つ．

    i) $r(\mathfrak{a}) \supseteq \mathfrak{a}$,
    ii) $r(r(\mathfrak{a})) = r(\mathfrak{a})$,
    iii) $r(\mathfrak{a}\mathfrak{b}) = r(\mathfrak{a} \cap \mathfrak{b}) = r(\mathfrak{a}) \cap r(\mathfrak{b})$,
    iv) $r(\mathfrak{a}) = (1) \iff \mathfrak{a} = (1)$,
    v) $r(\mathfrak{a} + \mathfrak{b}) = r(r(\mathfrak{a}) + r(\mathfrak{b}))$,
    vi) $\mathfrak{p}$ が素イデアルならば，すべての $n > 0$ に対して $r(\mathfrak{p}^n) = \mathfrak{p}$ が成り立つ．

【命題 1.14】 イデアル $\mathfrak{a}$ の根基は $\mathfrak{a}$ を含んでいる素イデアルすべての共通集合である．

（証明） 命題 1.8 を $A/\mathfrak{a}$ に適用すればよい．■

同様にして，さらに一般的に A の任意の部分集合 E の根基 $r(E)$ を定義することができる．これは一般にイデアルではない．A の任意の部分集合 E_α の族に対して $r\left(\bigcup_\alpha E_\alpha\right) = \bigcup r(E_\alpha)$ が成り立つ．

【命題 1.15】 A の零因子の集合を D とすると，$D = \bigcup_{x \neq 0} r(\mathrm{Ann}(x))$ が成り立つ．

（証明）　$D = r(D) = r\left(\bigcup_{x \neq 0} \mathrm{Ann}(x)\right) = \bigcup_{x \neq 0} r(\mathrm{Ann}(x))$. ∎

【例】　$A = \mathbb{Z}$, $\mathfrak{a} = (m)$ とし，$p_i \ (1 \leqslant i \leqslant r)$ を m の異なるすべての素因数とする．このとき，$r(\mathfrak{a}) = (p_1 \cdots p_r) = \bigcap_{i=1}^r (p_i)$ となる．

【命題 1.16】　$\mathfrak{a}, \mathfrak{b}$ を環 A のイデアルとする．$r(\mathfrak{a})$ と $r(\mathfrak{b})$ が互いに素ならば，$\mathfrak{a}$ と $\mathfrak{b}$ は互いに素である．

（証明）　$r(\mathfrak{a} + \mathfrak{b}) = r(r(\mathfrak{a}) + r(\mathfrak{b})) = r(1) = (1)$ であるから，演習問題 1.13 より $\mathfrak{a} + \mathfrak{b} = (1)$ となる．∎

1.7　拡大と縮約

$f: A \longrightarrow B$ を環準同型写像とする．$\mathfrak{a}$ を A のイデアルとするとき，集合 $f(\mathfrak{a})$ は必ずしも B のイデアルになるとは限らない（たとえば，f を $\mathbb{Z}$ から有理数体 $\mathbb{Q}$ への埋め込み写像として，$\mathfrak{a}$ を $\mathbb{Z}$ の任意の零でないイデアルをとればよい）．そこで，$\mathfrak{a}$ の**拡大** (extension) $\mathfrak{a}^e$ を B においてその像 $f(\mathfrak{a})$ によって生成されたイデアル $Bf(\mathfrak{a})$ として定義する．すなわち，具体的に $\mathfrak{a}^e$ は $x_i \in \mathfrak{a}$, $y_i \in B$ とするすべての和 $\sum y_i f(x_i)$ の集合である．

$\mathfrak{b}$ を B のイデアルとすれば，$f^{-1}(\mathfrak{b})$ は常に A のイデアルとなる．これを，$\mathfrak{b}$ の**縮約** (contraction) といい，$\mathfrak{b}^c$ で表す．$\mathfrak{b}$ が素イデアルならば $\mathfrak{b}^c$ も素イデアルである．$\mathfrak{a}$ が素イデアルであっても，$\mathfrak{a}^e$ は素イデアルであるとは限らない（たとえば，$f: \mathbb{Z} \longrightarrow \mathbb{Q}$, $\mathfrak{a} \neq (0)$ とするとき，$\mathfrak{a}^e = \mathbb{Q}$ となり，これは素イデアルではない）．

環準同型写像 $f: A \longrightarrow B$ は次のように分解することができる．

$$A \xrightarrow{\ p\ } f(A) \xrightarrow{\ j\ } B.$$

ここで，p は全射で j は単射である．p について，状況は非常に単純である．すなわち，命題 1.1 より，$f(A)$ のイデアルの集合と $\mathrm{Ker}(f)$ を含んでいる A のイデアルの集合の間には 1 対 1 の対応があり，素イデアルは素イデアルに対応する．これに対して，j についての一般的な状況は非常に複雑である．古典的なものとしては次のような代数的整数論からの例がある．

【例】 $i = \sqrt{-1}$ として，$\mathbb{Z} \longrightarrow \mathbb{Z}[i]$ を考える．$\mathbb{Z}$ の素イデアル (p) は $\mathbb{Z}[i]$ に拡張されたとき素イデアルになる場合もあるし，ならない場合もある．実際，$\mathbb{Z}[i]$ は単項イデアル整域（ユークリッドの除法の定理が成り立つから）であり，その状況は次のようである．

i) $(2)^e = ((1+i)^2)$，これは $\mathbb{Z}[i]$ の素イデアルの平方である．
ii) $p \equiv 1 \pmod 4$ ならば，$(p)^e$ は二つの異なった素イデアルの積となる（たとえば，$(5)^e = (2+i)(2-i)$）．
iii) $p \equiv 3 \pmod 4$ ならば，$(p)^e$ は $\mathbb{Z}[i]$ で素イデアルとなる．

上記の中で，ii) は自明なことではない．これは実質的にはフェルマー (Fermat) の定理に同値である．すなわち，素数 $p \equiv 1 \pmod 4$ は本質的には一意的に二つの平方整数の和として表すことができる（たとえば，$5 = 2^2 + 1^2$, $97 = 9^2 + 4^2$ などがある）．

実際，この種の拡大における素イデアルの挙動は代数的整数論の中心的な問題の一つである．

【命題 1.17】 $f : A \longrightarrow B$ を環準同型写像で，$\mathfrak{a}$ を A のイデアル，$\mathfrak{b}$ を B のイデアルとする．このとき，次が成り立つ．

i) $\mathfrak{a} \subseteq \mathfrak{a}^{ec}$, $\mathfrak{b} \supseteq \mathfrak{b}^{ce}$.
ii) $\mathfrak{b}^c = \mathfrak{b}^{cec}$, $\mathfrak{a}^e = \mathfrak{a}^{ece}$.
iii) C を A におけるすべての縮約イデアルの集合，E を B におけるすべての拡大イデアルの集合とする．このとき，$C = \{\mathfrak{a} \mid \mathfrak{a}^{ec} = \mathfrak{a}\}$ と $E = \{\mathfrak{b} \mid \mathfrak{b}^{ce} = \mathfrak{b}\}$ が成り立つ．さらに，$\mathfrak{a} \longmapsto \mathfrak{a}^e$ によって C から E の上への全単射の写像が定義される．その逆写像は $\mathfrak{b} \longmapsto \mathfrak{b}^c$ によって定まるものである．

(証明) i) は自明で，ii) は i) よりわかる．

iii) $\mathfrak{a} \in C$ とすると，$\mathfrak{a} = \mathfrak{b}^c = \mathfrak{b}^{cec} = \mathfrak{a}^{ec}$ となる．逆に，$\mathfrak{a} = \mathfrak{a}^{ec}$ ならば，$\mathfrak{a}$ は $\mathfrak{a}^e$ の縮約である．E に対しても同様である． ∎

【演習問題 1.18】 $f: A \longrightarrow B$ を環準同型写像とし，$\mathfrak{a}_1, \mathfrak{a}_2$ を A のイデアル，$\mathfrak{b}_1, \mathfrak{b}_2$ を B のイデアルとすると，次が成り立つ．

$$(\mathfrak{a}_1 + \mathfrak{a}_2)^e = \mathfrak{a}_1^e + \mathfrak{a}_2^e, \qquad (\mathfrak{b}_1 + \mathfrak{b}_2)^c \supseteq \mathfrak{b}_1^c + \mathfrak{b}_2^c,$$
$$(\mathfrak{a}_1 \cap \mathfrak{a}_2)^e \subseteq \mathfrak{a}_1^e \cap \mathfrak{a}_2^e, \qquad (\mathfrak{b}_1 \cap \mathfrak{b}_2)^c = \mathfrak{b}_1^c \cap \mathfrak{b}_2^c,$$
$$(\mathfrak{a}_1 \mathfrak{a}_2)^e = \mathfrak{a}_1^e \mathfrak{a}_2^e, \qquad (\mathfrak{b}_1 \mathfrak{b}_2)^c \supseteq \mathfrak{b}_1^c \mathfrak{b}_2^c,$$
$$(\mathfrak{a}_1 : \mathfrak{a}_2)^e \subseteq (\mathfrak{a}_1^e : \mathfrak{a}_2^e), \qquad (\mathfrak{b}_1 : \mathfrak{b}_2)^c \subseteq (\mathfrak{b}_1^c : \mathfrak{b}_2^c),$$
$$r(\mathfrak{a})^e \subseteq r(\mathfrak{a}^e), \qquad r(\mathfrak{b})^c = r(\mathfrak{b}^c).$$

命題 1.17 で定義されたイデアルの集合 E は和と積に関して閉じている．また，C はイデアルに関する他の三つの演算に関して閉じている．

演習問題

1. x を環 A のベキ零元とする．$1 + x$ は A の単元であることを示せ．これより，ベキ零元と単元の和は単元であることを示せ．

2. A を環とし，$A[x]$ を A に係数をもつ一つの不定元 x の多項式環とする．$f = a_0 + a_1 x + \cdots + a_n x^n \in A[x]$ として，次を示せ．
    i) f が $A[x]$ の単元である $\iff a_0$ が A の単元で，かつ $a_1, \ldots, a_n$ は A のベキ零元である

    [$b_0 + b_1 x + \cdots + b_m x^m$ を f の逆元とするとき，r についての帰納法によって，$a_n^{r+1} b_{m-r} = 0$ であることを示せ．ゆえに，a_n がベキ零元であることを示し，それから演習問題 1 を用いる．]
    ii) f がベキ零元である $\iff a_0, a_1, \ldots, a_n$ がベキ零元である．
    iii) f が零因子である $\iff A$ のある元 $a \neq 0$ が存在して，$af = 0$ を満たす．

    [$fg = 0$ となる最小次数の多項式 $g = b_0 + b_1 x + \cdots + b_m x^m$ を選ぶ．すると，$a_n b_m = 0$ となるので，$a_n g = 0$ を満たす（なぜならば，$a_n g$ は f を零化し，かつ次数 $< m$ であるから）．そこで，帰納法によっ

て $a_{n-r}g = 0$ $(0 \leqslant r \leqslant n)$ を示せ.]

iv) $(a_0, a_1, \ldots, a_n) = (1)$ のとき, f は**原始的** (primitive) であるという. $f, g \in A[x]$ のとき,「fg が原始的である $\iff$ f と g が原始的である」を示せ.

3. 演習問題 2 の結果を, 多変数の多項式環 $A[x_1, \ldots, x_r]$ に拡張せよ.

4. 環 $A[x]$ において, ジャコブソン根基はベキ零元根基に等しいことを示せ.

5. A を環とし, $A[[x]]$ を A に係数をもつ形式的ベキ級数 $f = \sum_{n=0}^{\infty} a_n x^n$ のつくる環とする. このとき, 次を示せ.
   i) f が $A[[x]]$ の単元である $\iff$ a_0 は A の単元である.
   ii) f がベキ零元ならば, すべての $n \geqslant 0$ に対して a_n はベキ零元である. この逆は正しいであろうか？(第 7 章の演習問題 2 を参照せよ.)
   iii) f が $A[[x]]$ のジャコブソン根基に属する $\iff$ a_0 が A のジャコブソン根基に属する.
   iv) $A[[x]]$ の極大イデアル $\mathfrak{m}$ の縮約は A の極大イデアルであり, $\mathfrak{m}$ は $\mathfrak{m}^c$ と x によって生成される.
   v) A のすべての素イデアルは, $A[[x]]$ の素イデアルの縮約である.

6. 環 A において, ベキ零元根基に含まれないすべてのイデアルは 0 でない**ベキ等元** (idempotent)(すなわち, $e^2 = e \neq 0$ なる元 e のことである)を含んでいるものとする. このとき, A のベキ零元根基とジャコブソン根基は一致することを示せ.

7. 環 A を, そのすべての元 x がある整数 $n > 1$ に対して $x^n = x$ を満たすようなものとする (n は x に依存する). このとき, A のすべての素イデアルは極大イデアルであることを示せ.

8. $A \neq 0$ を環とする. A の素イデアルの集合は包含関係による順序に関して極小元をもつことを示せ.

9. $\mathfrak{a} \neq (1)$ を環 A のイデアルとするとき,「$\mathfrak{a} = r(\mathfrak{a}) \iff \mathfrak{a}$ は素イデアルの共通集合である」を示せ.

10. A を環とし，$\mathfrak{N}$ をそのベキ零元根基とする．このとき，次は同値であることを示せ．
    i) A は唯一つの素イデアルをもつ．
    ii) A のすべての元は単元であるか，またはベキ零元である．
    iii) $A/\mathfrak{N}$ は体である．

11. 環 A はすべての $x \in A$ に対して $x^2 = x$ を満たすとき，**ブール環** (Boolean ring) であるという．ブール環 A において，次が成り立つことを示せ．
    i) すべての $x \in A$ に対して，$2x = 0$ が成り立つ．
    ii) すべての素イデアル $\mathfrak{p}$ は極大であり，$A/\mathfrak{p}$ は二つの元をもつ体である．
    iii) A のすべての有限生成イデアルは単項イデアルである．

12. 局所環は $0, 1$ と異なるベキ等元をもたない．

体の代数的閉包の構成（E. アルティン）

13. K を体とし，Σ を K に係数をもつ1変数のすべてのモニックな既約多項式の集合とする．各 $f \in \Sigma$ に対して一つの不定元 x_f を考える．A をこれらの不定元 x_f によって生成された K 上の多項式環とする．すべての $f \in \Sigma$ に対して多項式 $f(x_f)$ を考え，これによって生成された A のイデアルを $\mathfrak{a}$ とする．このとき，$\mathfrak{a} \neq (1)$ であることを示せ．
    $\mathfrak{m}$ を $\mathfrak{a}$ を含んでいる A の極大イデアルとし，$K_1 = A/\mathfrak{m}$ とおく．このとき，K_1 は K の拡大体であり，各 $f \in \Sigma$ は K_1 に根をもつ．K のかわりに K_1 についてこの構成法を適用すると，体 K_2 を得る．これを以下，繰り返す．$L = \bigcup_{n=1}^{\infty} K_n$ とおく．このとき，L は体で，各 $f \in \Sigma$ は L で完全に1次因数に分解する．$\overline{K}$ を K 上で代数的な L のすべての元の集合とする．すると，$\overline{K}$ は K の代数的閉包である．

14. 環 A において，すべての元が零因子であるイデアルのすべての集合を Σ とする．集合 Σ は極大元をもち，Σ のすべての極大元は素イデアルであることを示せ．したがって，A のすべての零因子の集合は素イデアルの和集合である．

環のプライム・スペクトラム

15. A を環として,X を A のすべての素イデアルの集合とする.A の任意の部分集合 E に対して,$V(E)$ を E を含んでいる A のすべての素イデアルの集合を表すものとする.このとき,次を示せ.
    i) $\mathfrak{a}$ が E によって生成されたイデアルならば,$V(E) = V(\mathfrak{a}) = V(r(\mathfrak{a}))$ が成り立つ.
    ii) $V(0) = X$, $V(1) = \emptyset$.
    iii) $(E_i)_{i \in I}$ を A の任意の部分集合族とするとき,次が成り立つ.
    $$V\left(\bigcup_{i \in I} E_i\right) = \bigcap_{i \in I} V(E_i).$$
    iv) A の任意のイデアル $\mathfrak{a}, \mathfrak{b}$ に対して,$V(\mathfrak{a} \cap \mathfrak{b}) = V(\mathfrak{a}\mathfrak{b}) = V(\mathfrak{a}) \cup V(\mathfrak{b})$ が成り立つ.

    これらの結果は,上記の $V(E)$ という形のすべての集合が位相空間における閉集合の公理を満足していることを示している.その結果得られる位相を**ザリスキー位相** (Zariski topology) という.位相空間 X は A の**プライム・スペクトラム** (prime spectrum),または単に**スペクトラム** といい,$\mathrm{Spec}(A)$ と表される.

16. $\mathrm{Spec}(\mathbb{Z})$, $\mathrm{Spec}(\mathbb{R})$, $\mathrm{Spec}(\mathbb{C}[x])$, $\mathrm{Spec}(\mathbb{R}[x])$, $\mathrm{Spec}(\mathbb{Z}[x])$ の図を描け.

17. 各 $f \in A$ に対して,X_f によって $X = \mathrm{Spec}(A)$ における $V(f)$ の補集合を表す.集合 X_f は開集合である.これらの集合の全体はザリスキー位相の開集合に対する基底をつくること,および,次が成り立つことを示せ.
    i) $X_f \cap X_g = X_{fg}$.
    ii) $X_f = \emptyset \iff f$ はベキ零元である.
    iii) $X_f = X \iff f$ は単元である.
    iv) $X_f = X_g \iff r((f)) = r((g))$.
    v) X は擬コンパクトである(すなわち,X のすべての開被覆は有限な部分開被覆をもつ).
    vi) さらに一般に,各 X_f は擬コンパクトである.
    vii) X の開集合が擬コンパクトであるための必要十分条件は,X が X_f の形の有限個の和集合になることである.

このような集合 X_f を $X = \mathrm{Spec}(A)$ の**基本開集合** (basic open set) という.

[v] を証明するためには,基本開集合 X_{f_i} $(i \in I)$ による X の被覆を考えれば十分であることに注意しよう. f_i は単位イデアル $(1) = A$ を生成し,したがって,次の形の等式がある.

$$1 = \sum_{i \in J} g_i f_i \quad (g_i \in A).$$

ここで,J は I の有限部分集合である.このとき,X_{f_i} $(i \in J)$ は X を被覆する.]

18. 心理学的な理由によって,A の素イデアルを $X = \mathrm{Spec}(A)$ の一つの点として考えるとき,x や y のような一つの文字によって表すことがしばしば都合がよい.x を A の素イデアルとして考えるとき,これを $\mathfrak{p}_x$ と表す(もちろん,それは論理的に同じことである).このとき,次を示せ.

    i) 集合 $\{x\}$ が $\mathrm{Spec}(A)$ で閉集合である(これを,x は**閉点** (closed point) であるという)$\iff \mathfrak{p}_x$ は極大イデアルである.
    ii) $\overline{\{x\}} = V(\mathfrak{p}_x)$.
    iii) $y \in \overline{\{x\}} \iff \mathfrak{p}_x \subseteq \mathfrak{p}_y$.
    iv) X は T_0-空間である(これは,次のことを意味している.x と y を X の異なる点とするとき,y を含まない x の近傍が存在するか,または x を含まない y の近傍が存在する).

19. X を位相空間とする.$X \neq \emptyset$ で,かつ X の任意の空でない二つの開集合は共通部分をもつという条件,言い換えると,すべての空でない開集合は X で稠密であるという条件を満たすとき,X は**既約** (irreducible) であるという.このとき,次のことを示せ.$\mathrm{Spec}(A)$ が既約であるための必要十分条件は,A のベキ零元根基が素イデアルになることである.

20. X を位相空間とする.
    i) Y を X の既約な(演習問題 19)部分空間とすれば,Y の X における閉包 $\overline{Y}$ も既約である.
    ii) X のすべての既約な部分空間はある極大な既約部分空間に含まれる.

iii) X の極大な既約部分空間は閉集合であり，それらは X を被覆する．それらを X の**既約成分** (irreducible component) という．ハウスドルフ空間の既約成分は何か？

iv) A を環とし，$X = \mathrm{Spec}(A)$ とする．このとき，X の既約成分は閉集合 $V(\mathfrak{p})$ という形で表されるものである．ただし，$\mathfrak{p}$ は A の極小な素イデアルである（演習問題 8）．

21. $\phi : A \longrightarrow B$ を環準同型写像とする．$X = \mathrm{Spec}(A), Y = \mathrm{Spec}(B)$ とおく．$\mathfrak{q} \in Y$ ならば，$\phi^{-1}(\mathfrak{q})$ は A の素イデアル，すなわち，X の一つの点である．ゆえに，ϕ は写像 $\phi^* : Y \longrightarrow X$ を誘導する．このとき，次を示せ．

 i) $f \in A$ ならば，$\phi^{*-1}(X_f) = Y_{\phi(f)}$ が成り立つ．これより，ϕ^* は連続である．

 ii) $\mathfrak{a}$ が A のイデアルならば，$\phi^{*-1}(V(\mathfrak{a})) = V(\mathfrak{a}^e)$ である．

 iii) $\mathfrak{b}$ が B のイデアルならば，$\overline{\phi^*(V(\mathfrak{b}))} = V(\mathfrak{b}^c)$ が成り立つ．

 iv) ϕ が全射ならば，ϕ^* は Y から X の閉部分集合 $V(\mathrm{Ker}(\phi))$ の上への位相同型写像である（特に，$\mathrm{Spec}(A)$ と $\mathrm{Spec}(A/\mathfrak{N})$ は自然な位相同型写像である．ただし，$\mathfrak{N}$ は A のベキ零元根基である）．

 v) ϕ が単射ならば，$\phi^*(Y)$ は X で稠密である．より正確にいえば，$\phi^*(Y)$ が X で稠密である $\iff \mathrm{Ker}(\phi) \subseteq \mathfrak{N}$.

 vi) $\psi : B \longrightarrow C$ をもう一つの環準同型写像とする．このとき，$(\psi \circ \phi)^* = \phi^* \circ \psi^*$ が成り立つ．

 vii) A を唯一の零でない素イデアル $\mathfrak{p}$ をもつ整域とし，K を A の商体とする．$B = (A/\mathfrak{p}) \times K$ とおく．写像 $\phi : A \longrightarrow B$ を $\phi(x) = (\overline{x}, x)$ によって定義する．ただし，$\overline{x}$ は x の $A/\mathfrak{p}$ への像である．このとき，ϕ^* は全単射ではあるが，位相同型ではないことを示せ．

22. $A = \prod_{i=1}^n A_i$ を環 A_i の直積とする．$\mathrm{Spec}(A)$ は $\mathrm{Spec}(A_i)$ と標準的に位相同型な X の開（かつ閉）部分集合 X_i の共通部分のない和集合であることを示せ．

 逆に，A を任意の環とする．このとき，次の条件は同値であることを示せ．

 i) $X = \mathrm{Spec}(A)$ は非連結である．

ii) $A \cong A_1 \times A_2$ が成り立つ．ただし，A_1 も A_2 も零環ではない．

iii) A は $0, 1$ と異なるベキ等元を含む．

特に，局所環のスペクトラムは常に連結である（演習問題 12）．

23. A をブール環（演習問題 11）とし，$X = \mathrm{Spec}(A)$ とする．このとき次を示せ．

 i) 任意の $f \in A$ に対して，集合 X_f（演習問題 17）は X で開集合であり，かつ閉集合である．

 ii) $f_1, \ldots, f_n \in A$ とする．このとき，ある $f \in A$ によって $X_{f_1} \cup \cdots \cup X_{f_n} = X_f$ となる．

 iii) X における開集合かつ閉集合である部分集合は X_f なる形の集合であり，かつこれらのものに限る．

 [$Y \subseteq X$ を開集合かつ閉集合とする．Y は開集合であるから，基本開集合 X_f の和集合である．Y は閉集合であり，X は擬コンパクトであるから（演習問題 17），Y も擬コンパクトである．ゆえに，Y は基本開集合の有限和集合となる．そこで上の ii) を使う．]

 iv) X はコンパクト・ハウスドルフ空間である．

24. L を束とする．L の二つの元 a, b の上限と下限はそれぞれ $a \vee b$ と $a \wedge b$ によって表される．L が次の条件を満たしているとき，L は**ブール束** (Boolean lattice)（または**ブール代数** (Boolean algebra)）であるという．

 i) L は最小元と最大元をもつ（それぞれ $0, 1$ で表される）．

 ii) $\vee, \wedge$ のそれぞれは他方に対して分配的である．

 iii) 任意の $a \in L$ は $a \vee a' = 1$ かつ $a \wedge a' = 0$ を満たす唯一の**補要素** (complement) $a' \in L$ をもつ．

（たとえば，一つの集合のすべての部分集合の集合は包含関係による順序によってブール束である．）

L をブール束とする．L における加法と乗法を次の式によって定義する．

$$a + b = (a \wedge b') \vee (a' \wedge b), \qquad ab = a \wedge b.$$

このように定義すると，L はブール環になることを示せ．これを $A(L)$ で表す．

逆に，ブール環 A から出発して，次のように A 上に順序を定義する．すなわち，$a \leqslant b$ は $a = ab$ を意味するものとする．この順序に関して，A はブール束であることを示せ．

[上限と下限はそれぞれ $a \vee b = a + b + ab$, $a \wedge b = ab$ によって，また補要素は $a' = 1 - a$ によって与えられる．]

このようにして，ブール環の（同型な）集合とブール束の（同型な）集合の間に 1 対 1 の対応があることがわかる．

25. 前出の二つの演習問題 23, 24 より，次のストーン (Stone) の定理，すなわち，「すべてのブール束は，あるコンパクト・ハウスドルフ位相空間の開かつ閉である部分集合のつくる束に同型である」ことを示せ．

26. A を環とする．A の極大イデアルからなる $\mathrm{Spec}(A)$ の部分集合は誘導位相により部分空間となり，これを A の**極大スペクトラム**といい，$\mathrm{Max}(A)$ で表す．任意の可換環に対して，これは $\mathrm{Spec}(A)$（演習問題 21 参照）の良い関手的性質をもつとはいえない．なぜならば，環準同型写像による極大イデアルの逆像は必ずしも極大ではないからである．

X をコンパクト・ハウスドルフ空間とし，$C(X)$ を X 上のすべての実数値連続関数のつくる環を表すものとする（関数の加法と乗法をそれらの値を足したりかけたりすることによって定義する）．任意の $x \in X$ に対して，$\mathfrak{m}_x$ を $f(x) = 0$ なるすべての $f \in C(X)$ の集合とする．イデアル $\mathfrak{m}_x$ は f に対して $f(x)$ を対応させる（全射的）準同型写像 $C(X) \longrightarrow \mathbb{R}$ の核であるから，$\mathfrak{m}_x$ は極大イデアルである．したがって，$\tilde{X}$ が $\mathrm{Max}(C(X))$ を表すものとすると，$x \longmapsto \mathfrak{m}_x$ によって定まる写像 $\mu: X \longrightarrow \tilde{X}$ を定義したことになる．

μ が X から $\tilde{X}$ の上への位相同型写像であることを示そう．

 i) $\mathfrak{m}$ を $C(X)$ の任意の極大イデアルとし，$V = V(\mathfrak{m})$ を $\mathfrak{m}$ に属しているすべての関数の共通零点の集合とする．すなわち，

$$V = \{x \in X : \text{すべての } f \in \mathfrak{m} \text{ に対して}, f(x) = 0\}.$$

V が空集合であると仮定する．すると，任意の $x \in X$ に対して $f_x(x) \neq 0$ なる $f_x \in \mathfrak{m}$ が存在する．f_x は連続であるから，X における x の

開近傍 U_x が存在して f_x は U_x で零という値をとらない．X はコンパクトであるから，有限個の近傍 $U_{x_1}, \ldots, U_{x_n}$ が X を被覆する．そこで，
$$f = f_{x_1}^2 + \cdots + f_{x_n}^2$$
を考える．このとき，f は X のどんな点でも零にならないから，$C(X)$ で単元である．ところが，これは $f \in \mathfrak{m}$ に矛盾する．したがって，V は空集合でない．

x を V の点とする．このとき，$\mathfrak{m} \subseteq \mathfrak{m}_x$ となり，$\mathfrak{m}$ は極大であるから，$\mathfrak{m} = \mathfrak{m}_x$ となる．したがって，μ は全射である．

ii) ウリゾーンの補題によって（これはこの議論において必要とする唯一つの自明でない事実である），連続関数は X の点を分離する．ゆえに，$x \neq y$ ならば $\mathfrak{m}_x \neq \mathfrak{m}_y$ となる．したがって，μ は単射である．

iii) $f \in C(X)$ とする．そこで，
$$U_f = \{x \in X : f(x) \neq 0\}$$
と
$$\widetilde{U}_f = \{\mathfrak{m} \in \widetilde{X} : f \notin \mathfrak{m}\}$$
を考える．このとき，$\mu(U_f) = \widetilde{U}_f$ であることを示せ．開集合 U_f (それぞれ $\widetilde{U}_f$) は位相空間 X (それぞれ $\widetilde{X}$) の位相の基底をつくる．よって，μ は位相同型写像である．

以上によって，X は関数のつくる環 $C(X)$ から再構成される．

アフィン代数多様体

27. k を代数的閉体とし，
$$f_\alpha(t_1, \ldots, t_n) = 0$$
を k に係数をもつ n 変数の多項式による方程式の集合とする．これらの方程式を満たすすべての点 $x = (x_1, \ldots, x_n) \in k^n$ の集合 X を**アフィン代数多様体** (affine algebraic variety) という．

すべての $x \in X$ に対して $g(x) = 0$ という性質をもつすべての多項式 $g \in k[t_1, \ldots, t_n]$ の集合 $I(X)$ を考える．集合 $I(X)$ は多項式環における

イデアルをつくり，**多様体 X のイデアル** (ideal of the variety X) という．剰余環
$$P(X) = k[t_1,\ldots,t_n]/I(X)$$
は X 上の多項式関数のつくる環である．なぜならば，二つの多項式 g, h が X 上で同じ多項式関数であるための必要十分条件は $g-h$ が X のすべての点で零になる，すなわち，$g-h \in I(X)$ となるからである．

ξ_i を $P(X)$ における t_i の像とする．これらの ξ_i $(1 \leqslant i \leqslant n)$ は X 上の**座標関数** (coordinate function) である．すなわち，$x \in X$ とすると，$\xi_i(x)$ は x の i 番目の座標である．$P(X)$ は k-代数としてこれらの座標関数によって生成され，X の**座標環** (coordinate ring)（または，アフィン代数）という．

演習問題 26 のように，任意の $x \in X$ に対して，$\mathfrak{m}_x$ を $f(x)=0$ を満たすすべての $f \in P(X)$ のつくるイデアルとする．$\mathfrak{m}_x$ は $P(X)$ の極大イデアルである．したがって，$\widetilde{X} = \mathrm{Max}(P(X))$ とすれば，$x \longmapsto \mathfrak{m}_x$ によって定まる写像 $\mu: X \longrightarrow \widetilde{X}$ が定義される．

μ が単射であることを示すのは容易である．すなわち，$x \neq y$ ならば，ある i $(1 \leqslant i \leqslant n)$ に対して，$x_i \neq y_i$ となるので，$\xi_i - x_i$ は $\mathfrak{m}_x$ に属し，かつ $\mathfrak{m}_y$ に属さない．ゆえに，$\mathfrak{m}_x \neq \mathfrak{m}_y$ となる．より明らかでないことは（しかし，それでも正しい），μ が全射となることである．これは，ヒルベルトの零点定理（第 7 章参照）の一つの形である．

28. $f_1,\ldots,f_m$ を $k[t_1,\ldots,t_n]$ の元とする．これらは，$x \in k^n$ のとき，$\phi(x)$ の座標を $f_1(x),\ldots,f_m(x)$ として**多項式写像** (polynomial mapping) $\phi: k^n \longrightarrow k^m$ を決定する．

X, Y をそれぞれ k^n, k^m におけるアフィン代数多様体とする．写像 $\phi: X \longrightarrow Y$ は，ϕ が k^n から k^m への多項式写像を X へ制限したものであるとき，**正則** (regular) であるという．

η を Y 上の多項式関数とすると，$\eta \circ \phi$ は X 上の多項式関数である．したがって，ϕ は $\eta \longmapsto \eta \circ \phi$ によって定義される k-代数の準同型写像 $P(Y) \longrightarrow P(X)$ を誘導する．このようにして，正則写像 $X \longrightarrow Y$ の集合と k-代数の準同型写像 $P(Y) \longrightarrow P(X)$ の集合の間に 1 対 1 対応が得られることを示せ．

第2章

加群

　可換代数への現代的なアプローチを特徴づける事柄の一つは，単にイデアルというよりはむしろ加群に大きな比重をおいていることである．加群が与える特別な自由さはより大きな明晰さと単純さに役立っている．たとえば，イデアル $\mathfrak{a}$ とその剰余環 $A/\mathfrak{a}$ は二つとも加群の例であり，したがってある程度まで同じ立場で扱うことができる．この章においては，加群の定義と加群の基本的な性質を与える．また，テンソル積が完全列に対してどのように振舞うかの議論を含めて，テンソル積の扱い方を考察する．

2.1　加群と加群の準同型写像

　A を環とする（常に可換環とする）．A-**加群** (A-module) とは，その上で A が線形に作用するアーベル群 M のことである（加法的に書かれる）．より正確にいうと，それはアーベル群 M と次の条件を満たす $A \times M$ から M への写像 μ の組 (M, μ) のことである．$\mu(a, x)$ $(a \in A, x \in M)$ のかわりに ax と書くとき，次の公理を満足する．

$$a(x+y) = ax + ay,$$
$$(a+b)x = ax + bx,$$
$$(ab)x = a(bx),$$
$$1x = x, \qquad (a, b \in A \,;\, x, y \in M).$$

(言い換えると，$E(M)$ をアーベル群 M の自己準同型写像のつくる環とするとき，環準同型写像 $A \longrightarrow E(M)$ をもつアーベル群 M のことである．)

【例】 加群の概念は次の例が示しているように，いくつかのなじみのある概念の共通な一般化である．

1) A のイデアル $\mathfrak{a}$ は A-加群である．特に，A はそれ自身一つの A-加群である．
2) A が体 k であるとき，A-加群とは k-ベクトル空間のことである．
3) $A = \mathbb{Z}$ とするとき，$\mathbb{Z}$-加群とはアーベル群のことである（nx を $x+\cdots+x$ と定義する）．
4) k を体として，$A = k[x]$ とする．このとき，A-加群は線形写像をもつ k-ベクトル空間のことである．
5) G を有限群とし，$A = k[G]$，すなわち体 k 上 G の群環とする（したがって，G が可換でなければ，A は可換ではない）．このとき，A-加群とは G の k-表現のことである．

M, N を A-加群とする．写像 $f : M \longrightarrow N$ が，任意の $a \in A$ と任意の $x, y \in M$ に対して，

$$f(x+y) = f(x) + f(y),$$
$$f(ax) = a \cdot f(x)$$

という条件を満たすとき，**A-加群の準同型写像** (A-module homomorphism)（または，**A-線形** (A-linear)）という．このようにして，f は任意の $a \in A$ の作用と可換であるアーベル群の準同型写像である．A が体のとき，A-加群の準同型写像はベクトル空間の線形写像と同じである．

A-加群の準同型写像の合成はまた A-加群の準同型写像となる．

M から N へのすべての A-加群の準同型写像の全体は，次のようにして A-加群と考えることができる．$f+g$ と af は次のように定義する．すなわち，すべての $x \in M$ に対して，

$$(f+g)(x) = f(x) + g(x),$$
$$(af)(x) = a \cdot f(x).$$

A-加群の公理が満足されていることを検証するのは自明なことである．この A-加群は $\mathrm{Hom}_A(M, N)$ によって表される（環 A が明らかな場合には，単に $\mathrm{Hom}(M, N)$ と書く）．

準同型写像 $u : M' \longrightarrow M$ と $v : N \longrightarrow N''$ は

$$\overline{u}(f) = f \circ u, \qquad \overline{v}(f) = v \circ f$$

と定義することによって次の写像を誘導する．

$$\overline{u} : \mathrm{Hom}(M, N) \longrightarrow \mathrm{Hom}(M', N), \qquad \overline{v} : \mathrm{Hom}(M, N) \longrightarrow \mathrm{Hom}(M, N'').$$

これらの写像は A-加群の準同型写像である．

任意の加群 M に対して，自然な同型写像 $\mathrm{Hom}(A, M) \cong M$ が存在する．すなわち，任意の A-加群の準同型写像 $f : A \longrightarrow M$ は $f(1)$ によって一意的に決定され，$f(1)$ は M の任意の元とすることができる．

2.2　部分加群と剰余加群

A-加群 M の**部分加群** (submodule) M' とは，A の元をかける乗法によって閉じている M の部分群のことである．アーベル群 M/M' は $a(x + M') = ax + M'$ と定義することによって A-加群の構造を M から受け継ぐ．A-加群 M/M' を M' による M の**剰余加群** (quotient module) という．M から M/M' の上への自然写像は A-加群の準同型写像である．M' を含んでいる M の部分加群と $M'' = M/M'$ の部分加群との間には1対1の順序を保存する対応がある（イデアルの場合と同様に成り立つ．すなわち，イデアルに対するこの事実は加群の特別な場合である）．

$f : M \longrightarrow N$ を A-加群の準同型写像とするとき，f の**核** (kernel) とは，

$$\mathrm{Ker}(f) = \{\, x \in M : f(x) = 0 \,\}$$

なる集合のことで，これは M の部分加群である．f の**像** (image) とは，

$$\mathrm{Im}(f) = f(M)$$

なる集合のことで，これは N の部分加群である．f の**余核** (cokernel) とは，

$$\mathrm{Coker}(f) = N/\mathrm{Im}(f)$$

なる集合のことで，これは N の剰余加群である.

M' が $M' \subseteq \mathrm{Ker}(f)$ を満たす M の部分加群ならば，f は次のように定義される準同型写像 $\overline{f}: M/M' \longrightarrow N$ を引き起こす.すなわち，$\overline{x} \in M/M'$ を $x \in M$ の像として，$\overline{f}(\overline{x}) = f(x)$ と定義する.$\overline{f}$ の核は $\mathrm{Ker}(f)/M'$ である.$\overline{f}$ を f によって**誘導** (induce) された準同型写像という.特に，$M' = \mathrm{Ker}(f)$ とするとき，次のような A-加群の同型写像がある.

$$M/\mathrm{Ker}(f) \cong \mathrm{Im}(f).$$

2.3 部分加群に関する演算

第1章で考察されたイデアルに関する演算のほとんどは加群に対して反例がある.M を A-加群，$(M_i)_{i \in I}$ を M の部分加群の族とする.それらの**和** (sum) $\sum M_i$ はすべての（有限）和 $\sum x_i$ の集合である.ただし，すべての $i \in I$ に対して $x_i \in M_i$ でかつ，ほとんどすべての（すなわち，有限個以外の）x_i は零である.$\sum M_i$ はすべての M_i を含んでいる M の最小の部分加群である.

共通集合 $\bigcap M_i$ はまた M の部分加群である.このようにして，M の部分加群は包含関係に関して完備束をなす.

【命題 2.1】 A-加群について次が成り立つ.

i) $L \supseteq M \supseteq N$ を A-加群とするとき，次の同型写像がある.

$$(L/N)/(M/N) \cong L/M.$$

ii) M_1, M_2 を M の部分加群とするとき，次の同型写像がある.

$$(M_1 + M_2)/M_1 \cong M_2/(M_1 \cap M_2).$$

（証明） i) $\theta: L/N \longrightarrow L/M$ を $\theta(x+N) = x+M$ によって定義する.これにより θ は矛盾なく定義され，A-加群 L/N から L/M の上への準同型写像となる.また，その核は M/N であるから，i) が示された.

ii) 合成写像 $M_2 \longrightarrow M_1 + M_2 \longrightarrow (M_1 + M_2)/M_1$ は全射であり，その核は $M_1 \cap M_2$ であるから，ii) が得られる.■

一般に二つの部分加群の積は定義できないが，イデアル $\mathfrak{a}$ と A-加群 M に対して積 (product) $\mathfrak{a}M$ を定義することはできる．すなわち，$a_i \in \mathfrak{a}$, $x_i \in M$ とするすべての有限和 $\sum a_i x_i$ の全体の集合として $\mathfrak{a}M$ を定義すると，これは M の部分加群となる．

N, P を M の部分加群として，$(N : P)$ を $aP \subseteq N$ を満たすすべての $a \in A$ の集合とする．これは A のイデアルとなる．特に，$(0 : M)$ は $aM = 0$ を満たすすべての $a \in A$ の集合で，M の零化イデアル (annihilator) といい，$\mathrm{Ann}(M)$ で表される．$\mathfrak{a} \subseteq \mathrm{Ann}(M)$ ならば，次のようにして M を $A/\mathfrak{a}$-加群とみなすことができる．すなわち，$\bar{x} \in A/\mathfrak{a}$ が $x \in A$ によって代表されるとき，$\bar{x}m$ を xm $(m \in M)$ によって定義する．$\mathfrak{a}M = 0$ であるから，この定義は $\bar{x}$ の代表元 x の選び方には依存しないことがわかる．

A-加群 M は $\mathrm{Ann}(M) = 0$ のとき，忠実 (faithful) であるという．$\mathrm{Ann}(M) = \mathfrak{a}$ とするとき，M は $A/\mathfrak{a}$-加群として忠実である．

【演習問題 2.2】 A-加群 M, N, P について，次が成り立つ．

  i) $\mathrm{Ann}(M + N) = \mathrm{Ann}(M) \cap \mathrm{Ann}(N)$.

  ii) $(N : P) = \mathrm{Ann}((N + P)/N)$.

x を M の元とするとき，すべての倍元 ax $(a \in A)$ の集合は M の部分加群となり，Ax または (x) によって表される．$M = \sum_{i \in I} Ax_i$ となるとき，集合 $\{x_i\}_{i \in I}$ を M の生成系 (set of generators) という．このことは，M のすべての元は A に係数をもつ x_i の有限な1次結合として表されるということを意味している（必ずしも一意的ではない）．A-加群 M は有限な生成系をもつとき，**有限生成** (finitely generated) であるという．

2.4 直和と直積

M, N を A-加群とするとき，それらの**直和** (direct sum) $M \bigoplus N$ とは，$x \in M$, $y \in N$ とするすべての組 (x, y) の集合である．和とスカラー乗法を次のように定義すれば，これは A-加群となる．

$$(x_1, y_1) + (x_2, y_2) = (x_1 + x_2, y_1 + y_2),$$
$$a(x, y) = (ax, ay).$$

さらに一般的に，$(M_i)_{i \in I}$ を A-加群の任意の族とするとき，それらの**直和** $\bigoplus_{i \in I} M_i$ を定義することができる．その元は $(x_i)_{i \in I}$ という形をしている．ただし，任意の $i \in I$ に対して $x_i \in M_i$ でかつ有限個以外は 0 となっている．この後の方の条件，有限個以外は 0 という条件をはずしたものは**直積** (direct product) $\prod_{i \in I} M_i$ である．したがって，添字集合 I が有限ならば，直和と直積は同じである．しかし，I が有限でなければ一般に等しくはない．

環 A が直積 $\prod_{i=1}^{n} A_i$ であると仮定する（第 1 章）．このとき，$a_i \in A_i$ として，
$$(0, \ldots, 0, a_i, 0, \ldots, 0)$$
なる形のすべての A の元の集合は A の**イデアル** $\mathfrak{a}_i$ となる（これは，自明な場合を除けば，それが A の単位元を含まないので A の部分環ではない）．A-加群とみたとき，この環 A はイデアル $\mathfrak{a}_1, \ldots, \mathfrak{a}_n$ の直和である．逆に，環 A のイデアルの直和として加群の分解
$$A = \mathfrak{a}_1 \oplus \cdots \oplus \mathfrak{a}_n$$
が与えられたとき，$\mathfrak{b}_i = \bigoplus_{j \neq i} \mathfrak{a}_j$ とおけば，次が成り立つ．
$$A \cong \prod_{i=1}^{n} (A/\mathfrak{b}_i).$$
任意のイデアル $\mathfrak{a}_i$ は（$A/\mathfrak{b}_i$ に同型な）環である．$\mathfrak{a}_i$ の単位元 e_i は A におけるベキ等元であり，$\mathfrak{a}_i = (e_i)$ となっている．

2.5 有限生成加群

自由 A-加群 (free A-module) とは，$\bigoplus_{i \in I} M_i$ という形の A-加群に同型なものである．ただし，各 M_i は A-加群として $M_i \cong A$ を満たしているものとする．ときどき記号 $A^{(I)}$ が用いられる．したがって，有限生成自由 A-加群は n 個の直和 $A \oplus \cdots \oplus A$ （n 個の因子）に同型であり，A^n で表される．（習慣では，A^0 は零加群であり 0 で表される．）

【命題 2.3】 次の条件は同値である．

1) M は有限生成 A-加群である．

2) ある整数 $n > 0$ に対して, M は A^n の剰余加群に同型である.

(証明) 1) $\Rightarrow$ 2) : $x_1, \ldots, x_n$ が M を生成しているとする. このとき, $\phi(a_1, \ldots, a_n) = a_1 x_1 + \cdots + a_n x_n$ によって写像 $\phi: A^n \longrightarrow M$ を定義する. すると, ϕ は M の上への A-加群の準同型写像であるから, $M \cong A^n/\mathrm{Ker}(\phi)$ を得る.

1) $\Leftarrow$ 2) : A^n から M の上への A-加群の準同型写像 ϕ がある. $e_i = (0, \ldots, 0, 1, 0, \ldots, 0)$ (1 は i 番目の位置にある) とおけば, e_i $(1 \leqslant i \leqslant n)$ は A^n を生成する. したがって, これらの $\phi(e_i)$ は M を生成する. ■

【命題 2.4】 M を有限生成 A-加群とし, $\mathfrak{a}$ を A のイデアル, ϕ を M の A-加群の自己準同型写像で $\phi(M) \subseteq \mathfrak{a}M$ を満たしているものとする. このとき, ϕ は $a_i \in \mathfrak{a}$ として, 次の形の等式を満たす.

$$\phi^n + a_1 \phi^{n-1} + \cdots + a_n = 0.$$

(証明) $x_1, \ldots, x_n$ を M の生成系とする. このとき,任意の i に対して $\phi(x_i) \in \mathfrak{a}M$ であるから, $\phi(x_i) = \sum_{j=1}^n a_{ij} x_j$ $(1 \leqslant i \leqslant n; a_{ij} \in \mathfrak{a})$ と表される. すなわち, δ_{ij} をクロネッカーのデルタとすれば, 次が成り立つ.

$$\sum_{j=1}^n (\delta_{ij} \phi - a_{ij}) x_j = 0.$$

行列 $(\delta_{ij}\phi - a_{ij})$ の余因数を左からかけると, $\det(\delta_{ij}\phi - a_{ij})$ は各 x_i を零化するので, M の零自己準同型写像となる. その行列式を展開すると, 求める等式が得られる. ■

【系 2.5】 M を有限生成 A-加群とし, $\mathfrak{a}$ を $\mathfrak{a}M = M$ を満たす A のイデアルとする. このとき, $xM = 0$ と $x \equiv 1 \pmod{\mathfrak{a}}$ を満たす元 $x \in A$ が存在する.

(証明) 命題 2.4 において, ϕ を恒等写像とし, $x = 1 + a_1 + \cdots + a_n$ とすればよい. ■

【命題 2.6】(中山の補題) M を有限生成 A-加群とし, $\mathfrak{a}$ を A のジャコブソン根基 $\mathfrak{R}$ に含まれている A のイデアルとする. このとき, $\mathfrak{a}M = M$ ならば $M = 0$ となる.

(**第1の証明**)　系2.5によって，$x \equiv 1 \pmod{\mathfrak{R}}$ を満たす A のある元 x が存在して $xM = 0$ を満たす．命題1.9より，x は A の単元であるから，$M = x^{-1}xM = 0$ となる．∎

(**第2の証明**)　$M \neq 0$ と仮定し，$u_1, \ldots, u_n$ を M の最小の生成系とする．$u_n \in \mathfrak{a}M$ であるから，$u_n = a_1 u_1 + \cdots + a_n u_n$ $(a_i \in \mathfrak{a})$ なる形で表される．ゆえに，

$$(1 - a_n) u_n = a_1 u_1 + \cdots + a_{n-1} u_{n-1}$$

となる．$a_n \in \mathfrak{R}$ であるから命題1.9より，$1 - a_n$ は A で単元である．したがって，u_n は $u_1, \ldots, u_{n-1}$ で生成された M の部分加群に属する．ところが，これは矛盾である．∎

【**系 2.7**】 M を有限生成 A-加群とし，N を M の部分加群，$\mathfrak{a} \subseteq \mathfrak{R}$ を A のイデアルとする．このとき，$M = \mathfrak{a}M + N$ ならば $M = N$ となる．

(**証明**)　$\mathfrak{a}(M/N) = (\mathfrak{a}M + N)/N$ となっているので，命題2.6を M/N に適用すればよい．∎

A を局所環とし，$\mathfrak{m}$ をその極大イデアル，$k = A/\mathfrak{m}$ をその剰余体とする．M を有限生成 A-加群とする．$M/\mathfrak{m}M$ は $\mathfrak{m}$ によって零化されるので，自然に $A/\mathfrak{m}$-加群とみることができる．すなわち，k-ベクトル空間である．したがって，M が有限生成 A-加群のとき，$M/\mathfrak{m}M$ は k-ベクトル空間としては有限次元である．

【**命題 2.8**】 x_i $(1 \leqslant i \leqslant n)$ を M の元とし，その $M/\mathfrak{m}M$ への像が k 上のベクトル空間の基底をつくっていると仮定する．このとき，$x_1, \ldots, x_n$ は M を生成する．

(**証明**)　N を $x_i (1 \leqslant i \leqslant n)$ によって生成される M の部分加群とする．そのとき，合成写像 $N \longrightarrow M \longrightarrow M/\mathfrak{m}M$ は N を $M/\mathfrak{m}M$ の上に移す．ゆえに，$N + \mathfrak{m}M = M$ となり，したがって，系2.7より $N = M$ を得る．∎

2.6 完全列

A-加群と A-準同型写像の列

$$\cdots \longrightarrow M_{i-1} \xrightarrow{f_i} M_i \xrightarrow{f_{i+1}} M_{i+1} \longrightarrow \cdots \quad (0)$$

が $\mathrm{Im}(f_i) = \mathrm{Ker}(f_{i+1})$ を満たすとき，M_i で**完全** (exact) であるという．任意の M_i で完全であるとき，この列は**完全列** (exact sequence) であるという．特に，

$0 \longrightarrow M' \xrightarrow{f} M$ が完全である $\iff f$ は単射である． (1)

$M \xrightarrow{g} M'' \longrightarrow 0$ が完全である $\iff g$ は全射である． (2)

$0 \longrightarrow M' \xrightarrow{f} M \xrightarrow{g} M'' \longrightarrow 0$ が完全である $\iff f$ が単射，g は全射でかつ g は $\mathrm{Coker}(f) = M/f(M')$ から M'' の上への同型写像を誘導する． (3)

(3) の形の列を**短完全列** (short exact sequence) という．任意の長い完全列 (0) は短完全列に分解することができる．すなわち，任意の i について $N_i = \mathrm{Im}(f_i) = \mathrm{Ker}(f_{i+1})$ とおけば，短完全列 $0 \longrightarrow N_i \longrightarrow M_i \longrightarrow N_{i+1} \longrightarrow 0$ が得られる．

【**命題 2.9**】 i) 次のような A-加群と準同型写像の列を考える．

$$M' \xrightarrow{u} M \xrightarrow{v} M'' \longrightarrow 0. \quad (4)$$

このとき，列 (4) が完全であるための必要十分条件は，すべての A-加群 N に対して，次の列が完全になることである．

$$0 \longrightarrow \mathrm{Hom}(M'', N) \xrightarrow{\bar{v}} \mathrm{Hom}(M, N) \xrightarrow{\bar{u}} \mathrm{Hom}(M', N). \quad (4')$$

ii) 次のような A-加群と準同型写像の列を考える．

$$0 \longrightarrow N' \xrightarrow{u} N \xrightarrow{v} N''. \quad (5)$$

このとき，列 (5) が完全であるための必要十分条件は，すべての A-加群 M に対して，次の列が完全になることである．

$$0 \longrightarrow \mathrm{Hom}(M, N') \xrightarrow{\bar{u}} \mathrm{Hom}(M, N) \xrightarrow{\bar{v}} \mathrm{Hom}(M, N''). \quad (5')$$

(証明) この命題の四つの証明の部分はすべて簡単な演習問題である．たとえば，(4') がすべての N に対して完全であると仮定しよう．最初に，すべての N に対して $\bar{v}$ が単射であるから，v は全射である．次に $\bar{u} \circ \bar{v} = 0$. すなわち，すべての $f: M'' \longrightarrow N$ に対して $f \circ v \circ u = 0$ である．N を M'', f を恒等写像にとれば，$v \circ u = 0$ となるから $\mathrm{Im}(u) \subseteq \mathrm{Ker}(v)$. 次に，$N = M/\mathrm{Im}(u)$ として，$\phi: M \longrightarrow N$ を自然な準同型写像とする．すると，$\phi \in \mathrm{Ker}(\bar{u})$ となる．ゆえに，$\phi = \psi \circ v$ を満たす $\psi: M'' \longrightarrow N$ が存在する．したがって，$\mathrm{Im}(u) = \mathrm{Ker}(\phi) \supseteq \mathrm{Ker}(v)$ を得る． ■

【命題 2.10】 次のような A-加群と準同型写像の可換な図式を考える．

$$\begin{array}{ccccccccc}
0 & \longrightarrow & M' & \xrightarrow{u} & M & \xrightarrow{v} & M'' & \longrightarrow & 0 \\
& & \downarrow f' & & \downarrow f & & \downarrow f'' & & \\
0 & \longrightarrow & N' & \xrightarrow{u'} & N & \xrightarrow{v'} & N'' & \longrightarrow & 0
\end{array}$$

この図で，行はすべて完全列とする．このとき，次のような完全列が存在する．

$$0 \longrightarrow \mathrm{Ker}(f') \xrightarrow{\bar{u}} \mathrm{Ker}(f) \xrightarrow{\bar{v}} \mathrm{Ker}(f'') \xrightarrow{d}$$
$$\mathrm{Coker}(f') \xrightarrow{\overline{u'}} \mathrm{Coker}(f) \xrightarrow{\overline{v'}} \mathrm{Coker}(f'') \longrightarrow 0. \quad (6)$$

ただし，$\bar{u}, \bar{v}$ は u, v の制限写像，$\overline{u'}, \overline{v'}$ は u', v' から誘導されたものである．

(証明) 境界準同型写像 (boundary homomorphism) d は次のように定義される．$x'' \in \mathrm{Ker}(f'')$ とすれば，ある $x \in M$ に対して $x'' = v(x)$. また，$v'(f(x)) = f''(v(x)) = 0$ となるので $f(x) \in \mathrm{Ker}(v') = \mathrm{Im}(u')$. ゆえに，ある $y' \in N'$ があって $f(x) = u'(y')$. このとき，$d(x'')$ は $\mathrm{Coker}(f')$ における y' の像として定義される．d が矛盾なく定義されることと，列 (6) が完全であることの証明は可換図式を追跡するという簡単な演習問題なので読者に任そう．■

《注意》 命題 2.10 はホモロジー代数における完全ホモロジー列の特別な場合である．

C を A-加群の族とし，λ を $\mathbb{Z}$ に値をもつ（あるいは，より一般的に，アーベル群 G に値をもつ）C 上の関数とする．すべての項が C に属している A-加群の任意の短完全列 (3) に対して，$\lambda(M') - \lambda(M) + \lambda(M'') = 0$ を満足するとき，関数 λ は**加法的** (additive) であるという．

【例】 A を体 k とし，C をすべての有限次元 k-ベクトル空間 V の族とする．このとき，$V \longmapsto \dim V$ は C 上の加法的関数である．

【命題 2.11】 $0 \longrightarrow M_0 \longrightarrow M_1 \longrightarrow \cdots \longrightarrow M_n \longrightarrow 0$ を A-加群の完全列とし，ここで現れるすべての加群 M_i とすべての準同型写像の核は C に属しているものとする．このとき，C 上の任意の加法的関数 λ は次の式を満たす．

$$\sum_{i=0}^{n}(-1)^i \lambda(M_i) = 0.$$

(証明) 上の完全列を短完全列に分解する．

$$0 \longrightarrow N_i \longrightarrow M_i \longrightarrow N_{i+1} \longrightarrow 0.$$

(ただし，$N_0 = N_{n+1} = 0$)．このとき，$\lambda(M_i) = \lambda(N_i) + \lambda(N_{i+1})$ が成り立つ．そこで，$\lambda(M_i)$ の交互に符号を変えた和をとると，すべて消去される．∎

2.7 加群のテンソル積

M, N, P を三つの A-加群とする．写像 $f : M \times N \longrightarrow P$ は次の条件を満たすとき，A-**双線形** (A-bilinear) であるという．すなわち，任意の $x \in M$ に対して，$y \longmapsto f(x,y)$ によって定まる N から P への写像が A-線形でかつ，任意の $y \in N$ に対して，$x \longmapsto f(x,y)$ によって定まる M から P への写像が A-線形である．

A-加群 M と N に対して，**テンソル積** (tensor product) と呼ばれている次のような性質をもつ A-加群 T を構成する．すなわち，すべての A-加群 P に対して，A-双線形写像 $M \times N \longrightarrow P$ は A-線形写像 $T \longrightarrow P$ と自然な 1 対 1 対応がある．より正確には次のようである．

【命題 2.12】 M, N を A-加群とする．このとき次の性質をもつ A-加群 T と A-双線形写像 $g: M \times N \longrightarrow T$ からなる組 (T, g) が存在する：

任意の A-加群 P と任意の A-双線形写像 $f: M \times N \longrightarrow P$ に対して，$f = f' \circ g$ を満たす唯一の A-線形写像 $f': T \longrightarrow P$ が存在する（言い換えると，$M \times N$ 上のすべての双線形写像は T を経由して分解する）．

さらに，(T, g) と (T', g') をこの性質を満たす二つの組とすると，$j \circ g = g'$ を満たす唯一の同型写像 $j: T \longrightarrow T'$ が存在する．

(証明) i) 唯一であること：(P, f) を (T', g') によっておきかえると，唯一の $j: T \longrightarrow T'$ が存在して $g' = j \circ g$ を満たす．T と T' の役割を入れかえると，$g = j' \circ g'$ を満たす $j': T' \longrightarrow T$ を得る．合成写像 $j \circ j'$ と $j' \circ j$ のそれぞれは恒等写像でなければならない．したがって j は同型写像である．

ii) 存在すること：C を自由 A-加群 $A^{(M \times N)}$ を表すものとする．C の元は A に係数をもつ $M \times N$ の元の形式的な 1 次結合である．すなわち，それらは $\sum_{i=1}^{n} a_i \cdot (x_i, y_i)$ ($a_i \in A$, $x_i \in M$, $y_i \in N$) という形で表される．

D を次のような形の C のすべての元によって生成される C の部分加群とする．

$$(x + x', y) - (x, y) - (x', y),$$
$$(x, y + y') - (x, y) - (x, y'),$$
$$(ax, y) - a \cdot (x, y),$$
$$(x, ay) - a \cdot (x, y).$$

$T = C/D$ とおく．C の基底をなす任意の元 (x, y) に対して，その元の T への像を $x \otimes y$ で表す．このとき，T はこのような $x \otimes y$ という形の元によって生成される．また，定義より次が成り立つ．

$$(x + x') \otimes y = x \otimes y + x' \otimes y,$$
$$x \otimes (y + y') = x \otimes y + x \otimes y',$$
$$(ax) \otimes y = x \otimes (ay) = a(x \otimes y).$$

これは，$g(x, y) = x \otimes y$ によって定義される写像 $g: M \times N \longrightarrow T$ が A-双線形であることと同値である．

$M \times N$ から A-加群 P への任意の写像 f は線形性によって A-加群の準同

型写像 $\overline{f}: C \longrightarrow P$ へ拡張することができる．特に，f が A-双線形であると仮定する．このとき，定義より $\overline{f}$ は D の生成系上で零になるので，D 全体の上で零になる．したがって，$f'(x \otimes y) = f(x, y)$ を満たす $T = C/D$ から P への矛盾なく定義された A-準同型写像 f' が誘導される．写像 f' はこの条件によって一意的に定義される．以上より，組 (T, g) は命題の条件を満足する． ∎

《注意》 i) 上で構成された加群 T は M と N のテンソル積と呼ばれ，$M \otimes_A N$ で表される．環 A が明らかで，混乱の恐れがないときには単に $M \otimes N$ と書く．この加群は A-加群として積 $x \otimes y$ という形のすべての元によって生成される．$(x_i)_{i \in I}, (y_j)_{j \in J}$ をそれぞれ M, N の生成系とすれば，$x_i \otimes y_j$ $(i \in I, j \in J)$ は $M \otimes N$ を生成する．特に，M と N が有限生成ならば，$M \otimes N$ も有限生成である．

ii) 記号 $x \otimes y$ は，それがどこに属しているテンソル積かをはっきりさせないと本来は明確ではない．M', N' をそれぞれ M, N の部分加群とし，$x \in M'$, $y \in N'$ とする．このとき，$x \otimes y$ は $M \otimes N$ の元としては零であるが，$M' \otimes N'$ の元としては零でないこともあり得る．たとえば，$A = \mathbb{Z}$, $M = \mathbb{Z}$, $N = \mathbb{Z}/2\mathbb{Z}$ とし，M' を $\mathbb{Z}$ の部分加群 $2\mathbb{Z}$ で，$N' = N$ とする．x を N の零でない元とし，$2 \otimes x$ を考える．$M \otimes N$ の元としては，$2 \otimes x = 1 \otimes 2x = 1 \otimes 0 = 0$ なので $2 \otimes x$ は零である．ところが，$M' \otimes N'$ の元として $2 \otimes x$ は零ではない．命題 2.18 の後の例を参照せよ．

しかしながら，次のような結果がある．

【系 2.13】 $x_i \in M, y_i \in N$ とし，$M \otimes N$ において $\sum x_i \otimes y_i = 0$ と仮定する．このとき，それぞれ M と N の有限生成部分加群 M_0 と N_0 が存在して，$M_0 \otimes N_0$ において $\sum x_i \otimes y_i = 0$ となる．

(証明) $M \otimes N$ で $\sum x_i \otimes y_i = 0$ とすると，命題 2.12 の証明における記号で $\sum (x_i, y_i) \in D$ となっている．ゆえに，$\sum (x_i, y_i)$ は D の生成元の有限和である．M_0 をこれらすべての x_i とこれら D の生成元の第 1 座標として現れる M のすべての元によって生成される M の部分加群とし，また N_0 を同様

なものとして定義する．このとき，$M_0 \otimes N_0$ の元として，$\sum x_i \otimes y_i = 0$ となる． ■

iii) 命題 2.12 において与えられたテンソル積の構成法を再び使うことはない．読者はその方がよいと思うのならば安心して忘れてよい．心に留めておくべき重要なことは，テンソル積を定義している性質である．

iv) 双線形写像で始めるかわりに，同じ方法で定義された多重線形写像 $f: M_1 \times \cdots \times M_r \longrightarrow P$（すなわち，各変数で線形である）から始めることも可能である．命題 2.12 の証明を追跡すれば，すべての積 $x_1 \otimes \cdots \otimes x_r$ ($x_i \in M_i$, $1 \leqslant i \leqslant r$) によって生成される**多重テンソル積** (multi-tensor product) $T = M_1 \otimes \cdots \otimes M_r$ を定義することができる．その詳細は読者に任せよう．このとき，命題 2.12 に対応する結果は次のようである．

【命題 2.12*】 $M_1, \ldots, M_r$ を A-加群とする．このとき，次の性質を満たす A-加群 T と A-多重線形写像 $g: M_1 \times \cdots \times M_r \longrightarrow T$ からなる組 (T, g) が存在する：

任意の A-加群 P と任意の A-多重線形写像 $f: M_1 \times \cdots \times M_r \longrightarrow P$ に対して，$f' \circ g = f$ を満たす唯一の A-準同型写像 $f': T \longrightarrow P$ が存在する．

さらに，(T, g) と (T', g') をこの性質を満たす二つの組とすると，$j \circ g = g'$ を満たす唯一の同型写像 $j: T \longrightarrow T'$ が存在する． ■

さまざまな，いわゆる「標準的な同型写像」があり，それらのいくつかを次にあげておこう．

【命題 2.14】 M, N, P を A-加群とする．このとき，それぞれにおいて，後ろに述べてある対応を満たす次のような唯一の同型写像が存在する．

 i) $M \otimes N \longrightarrow N \otimes M$,
 ii) $(M \otimes N) \otimes P \longrightarrow M \otimes (N \otimes P) \longrightarrow M \otimes N \otimes P$,
 iii) $(M \oplus N) \otimes P \longrightarrow (M \otimes P) \oplus (N \otimes P)$,
 iv) $A \otimes M \longrightarrow M$.

これらの写像における元の対応はそれぞれ以下のようである．

a) $x \otimes y \longmapsto y \otimes x$,
b) $(x \otimes y) \otimes z \longmapsto x \otimes (y \otimes z) \longmapsto x \otimes y \otimes z$,
c) $(x, y) \otimes z \longmapsto (x \otimes z, y \otimes z)$,
d) $a \otimes x \longmapsto ax$.

(証明) それぞれの場合において，要点は上で述べられたそれぞれの写像が矛盾なく定義されることを示すことにある．技術的なところは適当な双線形写像または多重線形写像を構成し，かつ命題 2.12 または命題 2.12* においてテンソル積を定義している性質を用いてテンソル積の間の準同型写像の存在を示すことである．その方法の一つの例として，ii) の半分を証明し，あとは読者に任せよう．

すべての $x \in M, y \in N, z \in P$ に対して，$f((x \otimes y) \otimes z) = x \otimes y \otimes z$ と $g(x \otimes y \otimes z) = (x \otimes y) \otimes z$ を満たす準同型写像

$$(M \otimes N) \otimes P \xrightarrow{f} M \otimes N \otimes P \xrightarrow{g} (M \otimes N) \otimes P$$

を構成しよう．

f を構成するために，$z \in P$ を固定する．$(x, y) \longmapsto x \otimes y \otimes z \; (x \in M, y \in N)$ によって定義される写像は x と y において双線形であるから，$f_z(x \otimes y) = x \otimes y \otimes z$ によって定義される準同型写像 $f_z : M \otimes N \longrightarrow M \otimes N \otimes P$ を誘導する．次に，$(t, z) \longmapsto f_z(t)$ によって定義される写像 $(M \otimes N) \times P \longrightarrow M \otimes N \otimes P$ を考える．これは t と z において双線形であるから，$f((x \otimes y) \otimes z) = x \otimes y \otimes z$ を満たす次の準同型写像を誘導する．

$$f : (M \otimes N) \otimes P \longrightarrow M \otimes N \otimes P.$$

g を構成するために，$(x, y, z) \longmapsto (x \otimes y) \otimes z$ によって定義される写像 $M \times N \times P \longrightarrow (M \otimes N) \otimes P$ を考える．これは各変数で線形であるから，$g(x \otimes y \otimes z) = (x \otimes y) \otimes z$ を満たす次の準同型写像を誘導する．

$$g : M \otimes N \otimes P \longrightarrow (M \otimes N) \otimes P.$$

明らかに $f \circ g$ と $g \circ f$ は恒等写像となるので，f と g は同型写像である．∎

【演習問題 2.15】 A と B を環とし，M を A-加群，P を B-加群，N を (A,B)-複加群とする（すなわち，N は同時に A-加群でかつ B-加群であり，さらにこの二つの構造はすべての $a \in A$, $b \in B$, $x \in N$ に対して $a(xb) = (ax)b$ が成り立つという意味で適合している）．このとき，$M \otimes_A N$ は自然に B-加群，$N \otimes_B P$ は A-加群となり，次の同型が成り立つことを証明せよ．

$$(M \otimes_A N) \otimes_B P \cong M \otimes_A (N \otimes_B P).$$

$f: M \longrightarrow M'$, $g: N \longrightarrow N'$ を A-加群の準同型写像とする．$h(x,y) = f(x) \otimes g(y)$ によって写像 $h: M \times N \longrightarrow M' \otimes N'$ を定義する．h が A-双線形であることは容易に確かめられ，したがって

$$(f \otimes g)(x \otimes y) = f(x) \otimes g(y) \quad (x \in M, \; y \in N)$$

を満たす次のような A-加群の準同型写像が誘導される．

$$f \otimes g : M \otimes N \longrightarrow M' \otimes N'.$$

$f': M' \longrightarrow M''$, $g': N' \longrightarrow N''$ を A-加群の準同型写像とする．このとき明らかに準同型写像 $(f' \circ f) \otimes (g' \circ g)$ と $(f' \otimes g') \circ (f \otimes g)$ は $M \otimes N$ における $x \otimes y$ という形のすべての元において一致する．これらの元は $M \otimes N$ を生成するので，次が成り立つ．

$$(f' \circ f) \otimes (g' \circ g) = (f' \otimes g') \circ (f \otimes g).$$

2.8 スカラーの制限と拡大

$f: A \longrightarrow B$ を環の準同型写像とし，N を B-加群とする．このとき，N は次のようにして定義される A-加群の構造をもつ．すなわち $a \in A$, $x \in N$ に対して，ax を $f(a)x$ として定義する．この A-加群は**スカラーの制限** (restriction of scalars) によって，N から得られるという．特に，この方法で f は B 上に A-加群の構造を定義する．

【命題 2.16】 N は B-加群として有限生成で，かつ B は A-加群として有限生成であると仮定する．このとき，N は A-加群として有限生成である．

(証明)　$y_1,\ldots,y_n$ が B 上で N を生成しているとし，$x_1,\ldots,x_m$ は A-加群として B を生成していると仮定する．すると，mn 個の積 $x_i y_j$ は A 上で N を生成する．∎

M を A-加群とする．いま，上で見たように，B は A-加群と見ることができるので，A-加群 $M_B = B \otimes_A M$ を考えることができる．実際，すべての元 $b, b' \in B$ とすべての元 $x \in M$ に対して $b(b' \otimes x) = bb' \otimes x$ とおくことによって，M_B は B-加群の構造をもつ．B-加群 M_B は**スカラーの拡大** (extension of scalars) によって M から得られるという．

【命題 2.17】 M が A-加群として有限生成ならば，M_B は B-加群として有限生成である．

(証明)　$x_1,\ldots,x_m$ が A 上で M を生成するならば，B 上で $1 \otimes x_i$ $(1 \leqslant i \leqslant m)$ は M_B を生成する．∎

2.9　テンソル積の完全性

$f : M \times N \longrightarrow P$ を A-双線形写像とする．任意の $x \in M$ に対して，$y \longmapsto f(x, y)$ によって定義される N から P への写像は A-線形である．ゆえに，f は写像 $M \longrightarrow \mathrm{Hom}(N, P)$ を定義し，f は変数 x に関して線形であるから，この写像は A-線形である．逆に，任意の A-準同型写像 $\phi : M \longrightarrow \mathrm{Hom}_A(N, P)$ は一つの双線形写像，すなわち $(x, y) \longmapsto \phi(x)(y)$ を定義する．したがって，すべての A-双線形写像 $M \times N \longrightarrow P$ の集合 S は $\mathrm{Hom}(M, \mathrm{Hom}(N, P))$ と自然に 1 対 1 対応となる．一方，テンソル積を定義している性質によって，S は $\mathrm{Hom}(M \otimes N, P)$ と 1 対 1 対応である．したがって，次のような標準的な同型写像をもつ．

$$\mathrm{Hom}(M \otimes N, P) \;\cong\; \mathrm{Hom}\bigl(M, \mathrm{Hom}(N, P)\bigr). \tag{1}$$

【命題 2.18】 A-加群と準同型写像の完全列を

$$M' \xrightarrow{f} M \xrightarrow{g} M'' \longrightarrow 0 \tag{2}$$

とする．任意の A-加群 N に対して，次の列は完全列である．

$$M' \otimes N \xrightarrow{f \otimes 1} M \otimes N \xrightarrow{g \otimes 1} M'' \otimes N \longrightarrow 0. \tag{3}$$

（ここで，1 は N 上の恒等写像を表す．）

（証明）　E は列 (2) を，$E \otimes N$ は列 (3) を表すものとする．P を任意の A-加群とする．(2) は完全であるから，命題 2.9 によって列 $\mathrm{Hom}(E, \mathrm{Hom}(N, P))$ は完全である．ゆえに，(1) より列 $\mathrm{Hom}(E \otimes N, P)$ は完全である．したがって再び，命題 2.9 より，$E \otimes N$ は完全となる．■

《注意》　i) $T(M) = M \otimes N$, $U(P) = \mathrm{Hom}(N, P)$ とする．このとき，(1) はすべての A-加群 M と P に対して，$\mathrm{Hom}(T(M), P)) = \mathrm{Hom}(M, U(P))$ という形をとる．抽象的な言葉では，T は U の左随伴関手 (left adjoint functor) であり，U は T の右随伴関手である．命題 2.18 の証明は任意の左随伴関手は右完全であることを示している．同様にして，任意の右随伴関手は左完全である．

ii) $M' \longrightarrow M \longrightarrow M''$ を A-加群と準同型写像の完全列とするとき，任意の A-加群 N をテンソルすることによって得られる列 $M' \otimes N \longrightarrow M \otimes N \longrightarrow M'' \otimes N$ は一般に完全であるとは限らない．

【例】　$A = \mathbb{Z}$ とし，すべての $x \in \mathbb{Z}$ に対して $f(x) = 2x$ として，完全列 $0 \longrightarrow \mathbb{Z} \xrightarrow{f} \mathbb{Z}$ を考える．この完全列に対して，$N = \mathbb{Z}/2\mathbb{Z}$ とのテンソル積をとると，$0 \longrightarrow \mathbb{Z} \otimes N \xrightarrow{f \otimes 1} \mathbb{Z} \otimes N$ は完全列ではない．なぜならば，任意の $x \otimes y \in \mathbb{Z} \otimes N$ に対して，

$$(f \otimes 1)(x \otimes y) = 2x \otimes y = x \otimes 2y = x \otimes 0 = 0$$

となるので，$f \otimes 1$ は零写像となる．ところが，$\mathbb{Z} \otimes N \neq 0$ であるからである．

したがって，A-加群と準同型写像のつくる圏上の関手 $T_N : M \longmapsto M \otimes_A N$ は一般に完全ではない．T_N が完全関手であるとき，すなわち，すべての完全列に N をテンソルしたものが再び完全列になるとき，N を**平坦** A-加群 (flat A-module) という．

【命題 2.19】 A-加群 N に対して,次の命題は同値である.

i) N は平坦である.
ii) $0 \longrightarrow M' \longrightarrow M \longrightarrow M'' \longrightarrow 0$ を任意の A-加群の完全列とすると,N をテンソルした列 $0 \longrightarrow M' \otimes N \longrightarrow M \otimes N \longrightarrow M'' \otimes N \longrightarrow 0$ も完全である.
iii) $f : M' \longrightarrow M$ が単射ならば,$f \otimes 1 : M' \otimes N \longrightarrow M \otimes N$ も単射である.
iv) $f : M' \longrightarrow M$ が単射で,M と M' が有限生成ならば,$f \otimes 1 : M' \otimes N \longrightarrow M \otimes N$ も単射である.

(証明) i) $\Leftrightarrow$ ii):長い完全列を短完全列に分解して考えればよい.

ii) $\Leftrightarrow$ iii):命題 2.18 よりわかる.

iii) $\Rightarrow$ iv):これは明らかである.

iv) $\Rightarrow$ iii):$f : M' \longrightarrow M$ を単射とする.$u = \sum x'_i \otimes y_i \in \mathrm{Ker}(f \otimes 1)$ とすると,$M \otimes N$ で $\sum f(x'_i) \otimes y_i = 0$ となる.M'_0 を上の式に現れるすべての x'_i によって生成された M' の部分加群とし,u_0 を $M'_0 \otimes N$ における $\sum x'_i \otimes y_i$ を表すものとする.系 2.13 より $f(M'_0)$ を含む M の有限生成部分加群 M_0 が存在して,$M_0 \otimes N$ の元として $\sum f(x'_i) \otimes y_i = 0$ となる.$f_0 : M'_0 \longrightarrow M_0$ を f の制限写像とすれば,これは $(f_0 \otimes 1)(u_0) = 0$ を意味している.M_0 と M'_0 は有限生成であるから,$f_0 \otimes 1$ は単射である.ゆえに,$u_0 = 0$ となり,$u = 0$ が得られる.∎

【演習問題 2.20】 $f : A \longrightarrow B$ を環準同型写像で,M を平坦 A-加群とすると,$M_B = B \otimes_A M$ は平坦 B-加群である(命題 2.14 と演習問題 2.15 の標準的な同型写像を使う).

2.10 代数

$f : A \longrightarrow B$ を環準同型写像とする.$a \in A$, $b \in B$ とし,次のような積を定義する.
$$ab = f(a)b.$$

このスカラー乗法の定義によって，環 B は A-加群となる（これはスカラーの制限の特別な例の一つである）．このようにして，B は環の構造とともに A-加群の構造をもち，これら二つの構造は適合しており，このことは読者自ら定式化できるであろう．この A-加群の構造をもつ環 B は A-代数 (A-algebra) であるという．この定義によれば，A-代数とは環準同型写像 $f: A \longrightarrow B$ を合わせもつ環 B のことである．

《注意》 i) 特に A が体 K ならば（かつ $B \neq 0$ とする），命題 1.2 より f は単射であるから，K は自然に B におけるその像と同一視することができる．したがって，K-代数（K は体）は実際に部分環として K を含んでいる環である．

ii) A を任意の環とする．A は単位元をもつので，$n \longmapsto n \cdot 1$ によって定まる整数環 $\mathbb{Z}$ から A への唯一つの準同型写像が存在する．したがって，すべての環は自動的に $\mathbb{Z}$-代数となる．

$f: A \longrightarrow B$, $g: A \longrightarrow C$ を二つの環準同型写像とする．環準同型写像 $h: B \longrightarrow C$ は A-加群の準同型写像であるとき，A-代数の**準同型写像**という．h が A-代数の準同型写像であるための必要十分条件は $h \circ f = g$ が成り立つことである，ということを読者は確かめよ．

環準同型写像 $f: A \longrightarrow B$ は，B が A-加群として有限生成であるとき，**有限** (finite) であるといい，B は**有限 A-代数** (finite A-algebra) であるという．B の有限個の元 $x_1, \ldots, x_n$ からなる有限集合が存在して，B のすべての元は $f(A)$ に係数をもつ $x_1, \ldots, x_n$ の多項式として表されるとき，言い換えると，多項式環 $A[t_1, \ldots, t_n]$ から B の上への A-代数の準同型写像が存在するとき，準同型写像 f は**有限型** (finite type) であるといい，B は**有限生成 A-代数** (finitely-generated A-algebra) であるという．

環 A は $\mathbb{Z}$-代数として有限生成であるとき，**有限生成**であるという．このことは A の有限個の元 $x_1, \ldots, x_n$ が存在して，A のすべての元は有理整数を係数とする $x_1, \ldots, x_n$ の多項式として表されることを意味している．

2.11 代数のテンソル積

B と C を二つの A-代数, $f: A \longrightarrow B$, $g: A \longrightarrow C$ をそれぞれ対応している準同型写像とする. B と C は A-加群であるから, それらのテンソル積 $D = B \otimes_A C$ を構成することができ, これは A-加群となる. 次に, D 上に乗法を定義しよう.

$$(b, c, b', c') \longmapsto bb' \otimes cc'$$

によって定義される写像 $B \times C \times B \times C \longrightarrow D$ を考える. これは各成分に関して A-線形であるから, 命題 2.12* によって A-加群の準同型写像

$$B \otimes C \otimes B \otimes C \longrightarrow D$$

を誘導する. ゆえに, 命題 2.14 より A-加群の準同型写像

$$D \otimes D \longrightarrow D$$

を引き起こし, これは命題 2.12 より,

$$\mu(b \otimes c, b' \otimes c') = bb' \otimes cc'$$

によって定まる A-双線形写像

$$\mu: D \times D \longrightarrow D$$

に対応している. もちろん, この定式化を直接書き下すこともできるが, 我々がここで与えた何らかのこのような議論がなければ, μ が矛盾なく定義されることは保証されないだろう.

以上より, テンソル積 $D = B \otimes_A C$ 上に一つの乗法を定義したことになる. すなわち, D 上の乗法は $b \otimes c$ という形の元に対して

$$(b \otimes c)(b' \otimes c') = bb' \otimes cc'$$

によって定義され, 一般には

$$\left(\sum_i (b_i \otimes c_i)\right)\left(\sum_j (b'_j \otimes c'_j)\right) = \sum_{i,j} (b_i b'_j \otimes c_i c'_j)$$

によって与えられる．この乗法によって，D が単位元 $1 \otimes 1$ をもつ可換環になることを読者には課題としたい．さらに，D は A-代数である．すなわち，$a \longmapsto f(a) \otimes 1$ は環準同型写像 $A \longrightarrow D$ を定める．

実際，次のような環準同型写像の可換図式がある．

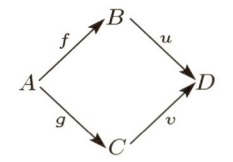

$$\begin{array}{ccc} & B & \\ {}^f\nearrow & & \searrow^u \\ A & & D \\ {}_g\searrow & & \nearrow_v \\ & C & \end{array}$$

ここで，たとえば，u は $u(b) = b \otimes 1$ によって定義されるものである．

演習問題

1. m と n が互いに素であるとき，$(\mathbb{Z}/m\mathbb{Z}) \otimes_{\mathbb{Z}} (\mathbb{Z}/n\mathbb{Z}) = 0$ であることを示せ．

2. A を環とし，$\mathfrak{a}$ をそのイデアル，M を A-加群とする．このとき，$(A/\mathfrak{a}) \otimes_A M$ は $M/\mathfrak{a}M$ に同型であることを示せ．
   [完全列 $0 \longrightarrow \mathfrak{a} \longrightarrow A \longrightarrow A/\mathfrak{a} \longrightarrow 0$ に対して，M とのテンソル積をとる．]

3. A を局所環とし，M と N を有限生成 A-加群とする．このとき，$M \otimes N = 0$ ならば，$M = 0$ または $N = 0$ であることを示せ．
   [$\mathfrak{m}$ を A の極大イデアル，$k = A/\mathfrak{m}$ をその剰余体とする．$M_k = k \otimes_A M$ とおけば，演習問題 2 より $M_k \cong M/\mathfrak{m}M$ となる．中山の補題（命題 2.6）より，$M_k = 0 \Longrightarrow M = 0$．ところが，$M_k$ と N_k は体上のベクトル空間であるから，$M \otimes_A N = 0 \Longrightarrow (M \otimes_A N)_k = 0 \Longrightarrow M_k \otimes_k N_k = 0 \Longrightarrow M_k = 0$ または $N_k = 0$ となる．]

4. M_i $(i \in I)$ を任意の A-加群の族とし，M をそれらの直和とする．このとき，次を示せ．M が平坦である $\Longleftrightarrow$ 各 M_i が平坦である．

5. $A[x]$ を環 A 上 1 変数の多項式環とする．このとき，$A[x]$ は平坦 A-代数であることを示せ．

[演習問題 4 を使う.]

6. 任意の A-加群 M に対して, $M[x]$ を M に係数をもつ x のすべての多項式の集合とする. すなわち, $M[x]$ は

$$m_0 + m_1 x + \cdots + m_r x^r \quad (m_i \in M)$$

の集合である. $A[x]$ の元と $M[x]$ の元の積を明らかな方法で定義する. このとき, $M[x]$ は $A[x]$-加群であることを示せ.
 さらに, $M[x] \cong A[x] \otimes_A M$ が成り立つことを示せ.

7. $\mathfrak{p}$ を A の素イデアルとする. このとき, $\mathfrak{p}[x]$ は $A[x]$ の素イデアルであることを示せ. $\mathfrak{m}$ が A の極大イデアルのとき, $\mathfrak{m}[x]$ は $A[x]$ の極大イデアルになるであろうか?

8. i) M と N が平坦 A-加群ならば, $M \otimes_A N$ もそうである.
 ii) B が平坦 A-代数でかつ N が平坦 B-加群ならば, N は A-加群として平坦である.

9. $0 \longrightarrow M' \longrightarrow M \longrightarrow M'' \longrightarrow 0$ を A-加群の完全列とする. M' と M'' が有限生成ならば, M も有限生成である.

10. A を環とし, $\mathfrak{a}$ を A のジャコブソン根基に含まれるイデアルとする. M を A-加群とし, N を有限生成 A-加群, また $u: M \longrightarrow N$ を準同型写像とする. 誘導された準同型写像 $M/\mathfrak{a}M \longrightarrow N/\mathfrak{a}N$ が全射ならば, u も全射である.

11. A を零環でないとする. このとき, $A^m \cong A^n$ ならば $m = n$ であることを示せ.
 [$\mathfrak{m}$ を A の極大イデアルとし, $\phi: A^m \longrightarrow A^n$ を同型写像とする. このとき, $1 \otimes \phi: (A/\mathfrak{m}) \otimes A^m \longrightarrow (A/\mathfrak{m}) \otimes A^n$ は体 $k = A/\mathfrak{m}$ 上の次元が m と n のベクトル空間の間の同型写像である. ゆえに $m = n$ となる.] (第 3 章, 演習問題 15 参照.)
  $\phi: A^m \longrightarrow A^n$ が全射ならば, $m \geqslant n$ である.

$\phi: A^m \longrightarrow A^n$ が単射であるとき, これは常に $m \leqslant n$ の場合だけであろうか?

12. M を有限生成 A-加群とし, $\phi: M \longrightarrow A^n$ を全準同型写像とする. このとき, $\mathrm{Ker}(\phi)$ が有限生成であることを示せ.
  [$e_1, \ldots, e_n$ を A^n の基底とし, $\phi(u_i) = e_i \ (1 \leqslant i \leqslant n)$ を満たす $u_i \in M$ をとる. このとき, M は $\mathrm{Ker}(\phi)$ と $u_1, \ldots, u_n$ によって生成される部分加群の直和であることを示せ.]

13. $f: A \longrightarrow B$ を環準同型写像とし, N を B-加群とする. N をスカラーの制限によって A-加群とみて, B-加群 $N_B = B \otimes_A N$ をつくる. このとき, y を $1 \otimes y$ に移す準同型写像 $g: N \longrightarrow N_B$ は単射であること, また $g(N)$ は N_B の直和因子であることを示せ.
  [$p(b \otimes y) = by$ によって $p: N_B \longrightarrow N$ を定義し, $N_B = \mathrm{Im}(g) \oplus \mathrm{Ker}(p)$ であることを示せ.]

順極限

14. 半順序集合 I は, I の任意の組 i, j に対して, $i \leqslant k$ かつ $j \leqslant k$ を満たす $k \in I$ が存在するとき, **有向集合** (directed set) であるという.
  A を環, I を有向集合, $(M_i)_{i \in I}$ を I によって添字づけられた A-加群の族とする. $i \leqslant j$ を満たす I の任意の組 i, j に対して, $\mu_{ij}: M_i \longrightarrow M_j$ を A-準同型写像とし, 次の公理が満足されていると仮定する.
  (1) すべての $i \in I$ に対して, μ_{ii} は M_i の恒等写像である.
  (2) $i \leqslant j \leqslant k$ に対して, $\mu_{ik} = \mu_{jk} \circ \mu_{ij}$ が成り立つ.
  このとき, 加群 M_i と準同型写像 μ_{ij} は有向集合 I 上の**順系** (direct system) $\mathbf{M} = (M_i, \mu_{ij})$ を構成するという.
  このとき, 順系 $\mathbf{M}$ の順極限と呼ばれる A-加群 M を構成しよう. C を $M_i \ (i \in I)$ の直和とし, 各加群 M_i を C における標準的な像と同一視する. $i \leqslant j$ かつ $x_i \in M_i$ のとき, $x_i - \mu_{ij}(x_i)$ という形のすべての元によって生成される C の部分加群を D とする. $M = C/D$ とし, $\mu: C \longrightarrow M$ を射影, μ_i を μ の M_i への制限写像とする.

加群 M, すなわち, より正確にいえば, M とすべての準同型写像 $\mu_i : M_i \longrightarrow M$ の族との組は順系 $\mathbf{M}$ の**順極限** (direct limit) といい, $\varinjlim M_i$ と表される. つくり方から, $i \leqslant j$ のとき $\mu_i = \mu_j \circ \mu_{ij}$ が成り立つことは明らかである.

15. 演習問題 14 と同じ状況において, M のすべての元はある $i \in I$ とある $x_i \in M_i$ により $\mu_i(x_i)$ という形で表されることを示せ.

    $\mu_i(x_i) = 0$ ならば, $j \geqslant i$ なる j が存在し, M_j において $\mu_{ij}(x_i) = 0$ となることを示せ.

16. 順極限は次の性質によって（同型を除いて）特徴づけられることを示せ.
    「N を A-加群とし, 任意の $i \in I$ に対して $\alpha_i : M_i \longrightarrow N$ を A-加群の準同型写像で, $i \leqslant j$ のとき $\alpha_i = \alpha_j \circ \mu_{ij}$ を満たしているものとする. このとき, すべての $i \in I$ に対して $\alpha_i = \alpha \circ \mu_i$ を満たす唯一つの準同型写像 $\alpha : M \longrightarrow N$ が存在する.」

17. $(M_i)_{i \in I}$ を一つの A-加群の部分加群の族とし, I の任意の添字 i, j の組に対してある $k \in I$ が存在して $M_i + M_j \subseteq M_k$ を満たしているものとする. $i \leqslant j$ を $M_i \subseteq M_j$ によって定義し, $\mu_{ij} : M_i \longrightarrow M_j$ を M_i の M_j への埋め込みとする. このとき,

$$\varinjlim M_i = \sum M_i = \bigcup M_i$$

であることを示せ. 特に, 任意の A-加群はその有限生成部分加群の順極限である.

18. $\mathbf{M} = (M_i, \mu_{ij})$, $\mathbf{N} = (N_i, \nu_{ij})$ を同じ有向集合上の A-加群の順系とする. M と N をそれぞれの順極限とし, $\mu_i : M_i \longrightarrow M$, $\nu_i : N_i \longrightarrow N$ をそれぞれ対応している準同型写像とする.

    準同型写像 $\mathbf{\Phi} : \mathbf{M} \longrightarrow \mathbf{N}$ は, $i \leqslant j$ のとき $\phi_j \circ \mu_{ij} = \nu_{ij} \circ \phi_i$ を満たす A-加群の準同型写像 $\phi_i : M_i \longrightarrow N_i$ の族として定義される. $\mathbf{\Phi}$ はすべての $i \in I$ に対して $\phi \circ \mu_i = \nu_i \circ \phi_i$ を満たす唯一つの準同型写像 $\phi = \varinjlim \phi_i : M \longrightarrow N$ を定義することを示せ.

19. 順系とその準同型写像の列

$$\mathbf{M} \longrightarrow \mathbf{N} \longrightarrow \mathbf{P}$$

は，任意の $i \in I$ に対して対応している加群と加群の準同型写像の列が完全であるとき，**完全**であるという．このとき，順極限の列 $M \longrightarrow N \longrightarrow P$ が完全であることを示せ．［演習問題 15 を使う．］

テンソル積は順極限と可換である

20. 演習問題 14 と同じ記号を用い，N を任意の A-加群とする．このとき，$(M_i \otimes N, \mu_{ij} \otimes 1)$ は順系である．$P = \varinjlim (M_i \otimes N)$ をその順極限とする．任意の $i \in I$ に対して，準同型写像 $\mu_i \otimes 1 : M_i \otimes N \longrightarrow M \otimes N$ がある．ゆえに，演習問題 16 より準同型写像 $\psi : P \longrightarrow M \otimes N$ を得る．ψ が同型写像であることを示せ．これより次が成り立つ．

$$\varinjlim (M_i \otimes N) \cong \left(\varinjlim M_i \right) \otimes N.$$

［任意の $i \in I$ に対して，$g_i : M_i \times N \longrightarrow M_i \otimes N$ を標準的な双線形写像とする．極限に移すと，写像 $g : M \times N \longrightarrow P$ を得る．g が A-双線形であり，したがって，準同型写像 $\phi : M \otimes N \longrightarrow P$ が定義されることを示せ．$\phi \circ \psi$ と $\psi \circ \phi$ は恒等写像であることを確かめよ．］

21. $(A_i)_{i \in I}$ を有向集合 I によって添字づけられた環の族とする．任意の I の組 $i \leq j$ に対して，$\alpha_{ij} : A_i \to A_j$ を環準同型写像で演習問題 14 の条件 (1) と (2) を満足しているものとする．各 A_i を $\mathbb{Z}$-加群とみなして，順極限 $A = \varinjlim A_i$ をつくることができる．A は A_i から環の構造を受け継ぎ，したがって写像 $A_i \longrightarrow A$ は環準同型写像となることを示せ．この環 A は順系 (A_i, α_{ij}) の**順極限**という．

 $A = 0$ ならば，ある $i \in I$ に対して $A_i = 0$ であることを示せ．
 ［すべての環は単位元をもつことを思い出そう！］

22. (A_i, α_{ij}) を環の順系とし，$\mathfrak{N}_i$ を A_i のベキ零元根基とする．このとき，$\varinjlim \mathfrak{N}_i$ は $\varinjlim A_i$ のベキ零元根基であることを示せ．

任意の A_i が整域ならば, $\varinjlim A_i$ は整域である.

23. $(B_\lambda)_{\lambda \in \Lambda}$ を A-代数の族とする. Λ の任意の有限部分集合 J に対して, $\lambda \in J$ とする B_λ の (A 上の) テンソル積を B_J によって表すものとする. J' をもう一つの Λ の有限部分集合で $J \subseteq J'$ とするとき, 標準的な A-代数の準同型写像 $B_J \longrightarrow B_{J'}$ が存在する. J を Λ のすべての有限部分集合を動かして, 環 B_J の順極限を B とする. この環 B は自然な A-代数の構造をもち, 対応している準同型写像 $B_J \longrightarrow B$ は A-代数の準同型写像である. この A-代数 B は A-代数の族 $(B_\lambda)_{\lambda \in \Lambda}$ の**テンソル積**という.

平坦性とトーション関手

以下の演習問題において, 読者はトーション関手の定義と性質に十分親しんでいると仮定する.

24. M を A-加群とするとき, 次の条件は同値である.
    i) M は平坦である.
    ii) すべての $n > 0$ とすべての A-加群 N に対して, $\mathrm{Tor}_n^A(M,N) = 0$ である.
    iii) すべての A-加群 N に対して, $\mathrm{Tor}_1^A(M,N) = 0$ である.
    [i) $\Rightarrow$ ii) を示すために, N の**自由分解** (free resolution) をとり, M とのテンソル積を考える. M は平坦だから, 得られた列は完全であり, ゆえにそのホモロジー群は $\mathrm{Tor}_n^A(M,N)$ という形をしているが, これらは $n > 0$ に対して零になる. iii) $\Rightarrow$ i) を示すために, $0 \longrightarrow N' \longrightarrow N \longrightarrow N'' \longrightarrow 0$ を完全列とする. このとき, トーション完全列から

$$\mathrm{Tor}_1(M,N'') \longrightarrow M \otimes N' \longrightarrow M \otimes N \longrightarrow M \otimes N'' \longrightarrow 0$$

は完全列となる. $\mathrm{Tor}_1(M,N'') = 0$ であるから, M は平坦となる.]

25. $0 \longrightarrow N' \longrightarrow N \longrightarrow N'' \longrightarrow 0$ を完全列とし, N'' を平坦とする. このとき, N' が平坦である $\iff N$ が平坦である.
    [演習問題 24 とトーション完全列を使う.]

26. N を A-加群とする．このとき，N が平坦である $\iff$ A のすべての有限生成イデアル $\mathfrak{a}$ に対して $\mathrm{Tor}_1(A/\mathfrak{a}, N) = 0$ である．
    [はじめに，命題 2.19 を用いて，すべての有限生成 A-加群 M に対して $\mathrm{Tor}_1(M, N) = 0$ ならば N は平坦であることを示す．M が有限生成であるとき，$x_1, \ldots, x_n$ を M の生成系とし，M_i を $x_1, \ldots, x_i$ によって生成された部分加群とする．逐次的に剰余群 M_i/M_{i-1} を考え，演習問題 25 を用いて，すべての巡回 A-加群 M に対して $\mathrm{Tor}_1(M, N) = 0$ ならば N が平坦となることを導け．ただし，**巡回 A-加群** (cyclic A-module) M であるとは，一つの元によって生成された A-加群 M のことであり，したがって M はあるイデアル $\mathfrak{a}$ によって $A/\mathfrak{a}$ という形になる．最後に再度，命題 2.19 を用いて，$\mathfrak{a}$ が有限生成イデアルである場合に帰着させよ．]

27. すべての A-加群が平坦であるとき，環 A は **絶対平坦** (absolutely flat) であるという．次の命題が同値であることを示せ．

    i) A は絶対平坦である．

    ii) すべての単項イデアルはベキ等である．

    iii) すべての有限生成イデアルは A の直和因子である．

    [i) $\Rightarrow$ ii)：$x \in A$ とする．このとき $A/(x)$ は平坦 A-加群であるから，次の図式
    $$\begin{array}{ccc} (x) \otimes A & \xrightarrow{\beta} & (x) \otimes A/(x) \\ \downarrow & & \downarrow \alpha \\ A & \longrightarrow & A/(x) \end{array}$$
    において，写像 α は単射である．ゆえに，$\mathrm{Im}(\beta) = 0$ となり，したがって $(x) = (x^2)$ を得る．

    ii) $\Rightarrow$ iii)：$x \in A$ とする．このとき，ある $a \in A$ によって $x = ax^2$ となるから，$e = ax$ はベキ等元である．ゆえに，$(e) = (x)$ を得る．次に，e, f をベキ等元とすると，$(e, f) = (e + f - ef)$．したがって，すべての有限生成イデアルは単項であり，ベキ等元 e によって生成される．したがって，$A = (e) \oplus (1 - e)$ であるから，それは直和因子である．

    iii) $\Rightarrow$ i)：演習問題 26 の判定法を使う．]

28. ブール環は絶対平坦である．第1章，演習問題7の環は絶対平坦である．絶対平坦である環のすべての準同型写像は絶対平坦である．局所環が絶対平坦ならば，それは体となる．

A が絶対平坦ならば，A のすべての非単元は零因子である．

第3章

商環と商加群

3.1 環と加群の局所化

　商環のつくり方とそれに対応している局所化の操作は，可換代数においてはおそらく最も重要な道具である．それらは代数幾何学的な図において，一つの開集合，あるいは一つの点の近くに注意を集中させるということに対応している．よって，これらの概念の重要性は自ら明らかである．この章では，分数の定義と簡単な性質を考察する．

　整数環 $\mathbb{Z}$ から有理数体 $\mathbb{Q}$ をつくるやり方は（このとき，$\mathbb{Z}$ は $\mathbb{Q}$ に埋め込まれる），容易に整域 A に拡張されて，A の**商体** (field of fractions) が得られる．そのつくり方は，$a, s \in A$, $s \neq 0$ なるすべての順序対 (a, s) をとり，これらの組に対して次のように同値関係を定義することからなる．

$$(a, s) \equiv (b, t) \iff at - bs = 0.$$

この定義は A が整域であるときだけうまく機能する．なぜなら，この関係が推移的であることの証明は消去律が成り立つこと，すなわち A は 0 と異なる零因子をもたないことを意味しているからである．しかしながら，これは次のように一般化される．

　A を任意の環とする．A の部分集合 S は，$1 \in S$ でかつ S が乗法に関して閉じているとき，言い換えると，S は A の乗法半群の部分半群であるとき，

S は**積閉集合** (multiplicatively closed set) であるという．$A \times S$ 上に次のような関係 $\equiv$ を定義する．

$$(a, s) \equiv (b, t) \iff \text{ある } u \in S \text{ に対して } (at - bs)u = 0.$$

この関係は明らかに反射的であり，かつ対称的である．推移律を示すために，$(a, s) \equiv (b, t)$ でかつ $(b, t) \equiv (c, u)$ と仮定する．このとき，S の元 v, w が存在して $(at - bs)v = 0$ でかつ $(bu - ct)w = 0$ となっている．これら二つの式から b を消去して $(au - cs)tvw = 0$ を得る．S は乗法に関して閉じているので，$tvw \in S$．よって，$(a, s) \equiv (c, u)$ となる．以上より，$\equiv$ は同値関係であることがわかる．a/s により (a, s) の同値類を表し，$S^{-1}A$ によってそのようなすべての同値類の集合を表すことにする．初等代数と同じようにして，これらの「分数」a/s の加法および乗法を次のように定義して，$S^{-1}A$ 上に環の構造を定義する．すなわち，

$$(a/s) + (b/t) = (at + bs)/st,$$
$$(a/s)(b/t) = ab/st.$$

【演習問題】 上の加法と乗法の定義は代表元 (a, s) と (b, t) の選び方に無関係であり，$S^{-1}A$ は単位元をもつ可換環の公理を満足することを確かめよ．

また，$f(x) = x/1$ によって定義される環準同型写像 $f : A \longrightarrow S^{-1}A$ がある．これは一般には単射ではない．

《注意》 A が整域で，$S = A - \{0\}$ のとき，$S^{-1}A$ は A の商体である．

環 $S^{-1}A$ を S に関する A の**商環** (ring of fractions) という．$S^{-1}A$ は次のような**普遍的な性質** (universal property) をもつ．

【命題 3.1】 $g : A \longrightarrow B$ を環準同型写像で，S の任意の元 $s \in S$ に対して $g(s)$ は B の単元であるとする．このとき，$h : S^{-1}A \longrightarrow B$ なる環準同型写像で $g = h \circ f$ を満たすものが唯一つ存在する．

（証明） i) 一意的であること：h が与えられた条件を満たす環準同型写像とすると，すべての元 $a \in A$ に対して $h(a/1) = hf(a) = g(a)$ が成り立つ．ゆえに，$s \in S$ とすると

$$h(1/s) = h\left((s/1)^{-1}\right) = h(s/1)^{-1} = g(s)^{-1}.$$

したがって，$h(a/s) = h(a/1) \cdot h(1/s) = g(a)g(s)^{-1}$ となり，h は g によって一意的に定まる．

ii) 存在すること：$h(a/s) = g(a)g(s)^{-1}$ とする．このとき，h が矛盾なく定義されれば，h は明らかに環準同型写像となる．$a/s = a'/s'$ と仮定する．すると，ある $t \in S$ が存在して $(as' - a's)t = 0$ となる．ゆえに，

$$(g(a)g(s') - g(a')g(s))g(t) = 0.$$

いま，$g(t)$ は B の単元であるから，$g(a)g(s)^{-1} = g(a')g(s')^{-1}$ を得る． ∎

環 $S^{-1}A$ と準同型写像 $f: A \longrightarrow S^{-1}A$ は次の性質をもつ．

1) $s \in S \Longrightarrow f(s)$ は $S^{-1}A$ の単元である．
2) $f(a) = 0 \Longrightarrow$ ある $s \in S$ に対して，$as = 0$ となる．
3) $S^{-1}A$ のすべての元は，ある $a \in A$ とある $s \in S$ によって，$f(a)f(s)^{-1}$ という形で表される．

逆に，これら三つの条件により環 $S^{-1}A$ は同型を除いて一意的に決定される．より正確には次のようである．

【系 3.2】 $g: A \longrightarrow B$ を次の条件を満たす環準同型写像とする．

i) $s \in S \Longrightarrow g(s)$ は B の単元である．
ii) $g(a) = 0 \Longrightarrow$ ある $s \in S$ に対して，$as = 0$ となる．
iii) B のすべての元は $g(a)g(s)^{-1}$ という形をしている．
　このとき，$g = h \circ f$ を満たす唯一つの同型写像 $h: S^{-1}A \longrightarrow B$ が存在する．

（証明） 命題 3.1 によって，次の式によって定義される（この定義は i) を使う）写像 $h: S^{-1}A \longrightarrow B$ が同型であることを示さねばならない．

$$h(a/s) = g(a)g(s)^{-1}$$

iii) によって，h は全射である．h が単射であること示すために，h の核を調べてみよう．$h(a/s) = 0$ とすると，$g(a) = 0$ となる．ゆえに，ii) よりある $t \in S$ に対して $at = 0$ が成り立つ．したがって，$(a, s) \equiv (0, 1)$．すなわち，$S^{-1}A$ で $a/s = 0$ となる． ∎

【例】 1) $\mathfrak{p}$ を A の素イデアルとする．このとき，$S = A - \mathfrak{p}$ は積閉集合である（実際，$A - \mathfrak{p}$ が積閉集合である $\iff \mathfrak{p}$ は素イデアルである）．この場合 $S^{-1}A$ を $A_\mathfrak{p}$ と書く．$a \in \mathfrak{p}$ として，a/s なる形のすべての元の集合は $A_\mathfrak{p}$ におけるイデアル $\mathfrak{m}$ をつくる．$b/t \notin \mathfrak{m}$ ならば，$b \notin \mathfrak{p}$．ゆえに $b \in S$．したがって，b/t は $A_\mathfrak{p}$ の単元となる．このことから，$\mathfrak{a}$ が $A_\mathfrak{p}$ のイデアルでかつ $\mathfrak{a} \not\subseteq \mathfrak{m}$ ならば，$\mathfrak{a}$ は単元を含むので環全体となる．以上より，$\mathfrak{m}$ は $A_\mathfrak{p}$ の唯一つの極大イデアルである．すなわち，$A_\mathfrak{p}$ は**局所環** (local ring) である．

A から $A_\mathfrak{p}$ へ移行する操作を $\mathfrak{p}$ における**局所化** (localization) という．

2) $S^{-1}A$ が零環 $\iff 0 \in S$．

3) $f \in A$ として，$S = \{f^n\}_{n \geqslant 0}$ とする．このとき，$S^{-1}A$ を A_f と書く．

4) $\mathfrak{a}$ を A のイデアルとし，$S = 1 + \mathfrak{a} = \{1 + x \mid x \in \mathfrak{a}\}$ とおく．明らかに，S は積閉集合である．

5) 1) と 3) の特別な場合

i) $A = \mathbb{Z}$, p を素数として $\mathfrak{p} = (p)$ とするとき，$A_\mathfrak{p}$ は分母 n が p と互いに素であるすべての有理数 m/n の集合である．$f \in \mathbb{Z}$ で $f \neq 0$ とするとき，A_f は分母が f のベキであるすべての有理数の集合である．

ii) k を体，t_i を独立な不定元とし，$A = k[t_1, \ldots, t_n]$ とおく．$\mathfrak{p}$ を A の素イデアルとする．このとき，$A_\mathfrak{p}$ は $g \notin \mathfrak{p}$ とするすべての有理関数 f/g のつくる環である．V を $\mathfrak{p}$ によって定義される多様体とする．すなわち，V は任意の $f \in \mathfrak{p}$ に対して，$f(x) = 0$ を満たすすべての $x = (x_1, \ldots, x_n) \in k^n$ の集合である．このとき，(k が無限集合という条件の下で) $A_\mathfrak{p}$ は V のほとんどすべての点で定義される k^n 上のすべての有理関数のつくる環と同一視される．これは**多様体 V に沿う** (along the variety) k^n の局所環である．これは代数幾何学において発生する局所環の原型である．

$S^{-1}A$ の構成は環 A のかわりに A-加群 M にも適用することができる．$M \times S$ 上に次のようにして関係 $\equiv$ を定義する．

$$(m, s) \equiv (m', s') \iff \exists t \in S,\ t(sm' - s'm) = 0.$$

環の場合と同様に，これは同値関係であることがわかる．m/s によって組 (m, s) の同値類を表し，$S^{-1}M$ をこのような分数の集合を表すものとし，明らかな加法とスカラー乗法の定義によって $S^{-1}M$ を $S^{-1}A$-加群とすることができる．上の例 1) と 3) のように，$S = A - \mathfrak{p}$ ($\mathfrak{p}$ は素イデアル) のとき，$S^{-1}M$ のかわりに $M_\mathfrak{p}$ と書く，$S = \{f^n\}_{n \geq 0}$ のとき，M_f と書く．

$u : M \longrightarrow N$ を A-加群の準同型写像とする．このとき，u は $S^{-1}A$-加群の準同型写像 $S^{-1}u : S^{-1}M \longrightarrow S^{-1}N$ を引き起こす．すなわち，$S^{-1}u$ は m/s を $u(m)/s$ に移す．また，$S^{-1}(v \circ u) = (S^{-1}v) \circ (S^{-1}u)$ が成り立つ．

【命題 3.3】 S^{-1} をとる操作は完全である．すなわち，$M' \xrightarrow{f} M \xrightarrow{g} M''$ が M で完全ならば，$S^{-1}M' \xrightarrow{S^{-1}f} S^{-1}M \xrightarrow{S^{-1}g} S^{-1}M''$ も $S^{-1}M$ で完全である．

(証明) $g \circ f = 0$ であるから，$S^{-1}g \circ S^{-1}f = S^{-1}(0) = 0$ となる．よって，$\mathrm{Im}\,(S^{-1}f) \subseteq \mathrm{Ker}\,(S^{-1}g)$．逆の包含関係を示すために，$m/s \in \mathrm{Ker}\,(S^{-1}g)$ とすると，$S^{-1}M''$ で $g(m)/s = 0$．ゆえに，M'' で $tg(m) = 0$ となる $t \in S$ が存在する．ところが，g は A-加群の準同型写像であるから $tg(m) = g(tm)$ となるので，$tm \in \mathrm{Ker}(g) = \mathrm{Im}(f)$．ゆえに，ある $m' \in M'$ があって $tm = f(m')$ となる．よって，$S^{-1}M$ において $m/s = f(m')/st = (S^{-1}f)(m'/st) \in \mathrm{Im}\,(S^{-1}f)$．したがって，$\mathrm{Ker}\,(S^{-1}g) \subseteq \mathrm{Im}\,(S^{-1}f)$ が示された． ∎

特に，命題 3.3 より，M' が M の部分加群ならば，写像 $S^{-1}M' \longrightarrow S^{-1}M$ は単射であるから，$S^{-1}M'$ は $S^{-1}M$ の部分加群とみることができる．この約束によって，次が成り立つ．

【系 3.4】 分数を作る操作は有限和，有限の共通集合，そして剰余環をとる操作と可換である．より正確にいうと，A-加群 M の部分加群を N, P とすると，次のことが成り立つ．

 i) $S^{-1}(N + P) = S^{-1}(N) + S^{-1}(P)$.

ii) $S^{-1}(N \cap P) = S^{-1}(N) \cap S^{-1}(P)$.

iii) $S^{-1}A$-加群 $S^{-1}(M/N)$ と $(S^{-1}M)/(S^{-1}N)$ は同型である．すなわち，

$$S^{-1}(M/N) \cong (S^{-1}M) / (S^{-1}N).$$

（証明）　i) は定義よりただちに従う．ii) は次のようにして容易に確かめられる．$y/s = z/t$ ($y \in N$, $z \in P$, $s,t \in S$) とすると，ある $u \in S$ によって $u(ty - sz) = 0$ となる．ゆえに，$w = uty = usz \in N \cap P$. すると，$y/s = w/stu \in S^{-1}(N \cap P)$. したがって，$S^{-1}N \cap S^{-1}P \subseteq S^{-1}(N \cap P)$ が得られる．逆の包含関係は明らかである．

iii) S^{-1} を完全列 $0 \longrightarrow N \longrightarrow M \longrightarrow M/N \longrightarrow 0$ に適用すればよい．■

【命題 3.5】　M を A-加群とする．このとき，$S^{-1}A$-加群 $S^{-1}M$ と $S^{-1}A \otimes_A M$ は同型である．より正確にいうと，同型写像 $f: S^{-1}A \otimes_A M \longrightarrow S^{-1}M$ が存在して，すべての元 $a \in A$, $m \in M$, $s \in S$ に対して，次の式を満たすものは唯一つである．

$$f((a/s) \otimes m) = am/s. \tag{1}$$

（証明）　次の対応

$$(a/s, m) \longmapsto am/s$$

によって定義される写像 $S^{-1}A \times M \longrightarrow S^{-1}M$ は A-双線形であるから，テンソル積の普遍性質（命題 2.12）によって A-準同型写像

$$f: S^{-1}A \otimes_A M \longrightarrow S^{-1}M$$

を引き起こし，これは (1) を満たしている．明らかに，f は全射であって，(1) によって一意的に定義される．

$\sum_i (a_i/s_i) \otimes m_i$ を $S^{-1}A \otimes M$ の任意の元とする．$s = \prod_i s_i \in S$, $t_i = \prod_{j \neq i} s_j$ とおけば，次が成り立つ．

$$\sum_i \frac{a_i}{s_i} \otimes m_i = \sum_i \frac{a_i t_i}{s} \otimes m_i = \sum_i \frac{1}{s} \otimes a_i t_i m_i = \frac{1}{s} \otimes \sum_i a_i t_i m_i.$$

ゆえに，$S^{-1}A \otimes M$ のすべての元は $(1/s) \otimes m$ という形で表される．$f((1/s) \otimes m) = 0$ と仮定する．このとき，$m/s = 0$ であるから，ある $t \in S$ によって

$tm = 0$ となる．
これより，
$$\frac{1}{s} \otimes m = \frac{t}{st} \otimes m = \frac{1}{st} \otimes tm = \frac{1}{st} \otimes 0 = 0.$$
ゆえに，f は単射となり，したがって，同型写像となる． ∎

【系 3.6】 $S^{-1}A$ は平坦 A-加群である．

（証明）　命題 3.3, 命題 3.5 を用いる． ∎

【命題 3.7】 M, N を A-加群とするとき, $S^{-1}A$-加群の同型写像 $f : S^{-1}M \otimes_{S^{-1}A} S^{-1}N \longrightarrow S^{-1}(M \otimes_A N)$ が存在して，次の式を満たすものは唯一つである．
$$f\big((m/s) \otimes (n/t)\big) = (m \otimes n)/st.$$
特に，$\mathfrak{p}$ を A の任意の素イデアルとするとき，$A_{\mathfrak{p}}$-加群として次の同型が成り立つ．
$$M_{\mathfrak{p}} \otimes_{A_{\mathfrak{p}}} N_{\mathfrak{p}} \cong (M \otimes_A N)_{\mathfrak{p}}.$$

（証明）　命題 3.5 と第 2 章の標準的同型写像を用いる． ∎

3.2　局所的性質

　環 A（または A-加群 M）の性質 P は，次が成り立つとき**局所的性質** (local property) であるという．

A（または M）が性質 P をもつ $\iff$ A の任意の素イデアル $\mathfrak{p}$ に対して $A_{\mathfrak{p}}$（または $M_{\mathfrak{p}}$）は性質 P をもつ．

以下の命題は局所的性質の例を与える．

【命題 3.8】 M を A-加群とする．このとき，次の条件は同値である．

　i)　$M = 0$.
　ii)　A のすべての素イデアル $\mathfrak{p}$ に対して $M_{\mathfrak{p}} = 0$ となる．
　iii)　A のすべての極大イデアル $\mathfrak{m}$ に対して $M_{\mathfrak{m}} = 0$ となる．

(証明) i) ⇒ ii) ⇒ iii) は明らかである．iii) が成り立つと仮定して，$M \neq 0$ とする．x を M の零でない元とし，$\mathfrak{a} = \mathrm{Ann}(x)$ とおく．$\mathfrak{a}$ は (1) と異なるイデアルである．ゆえに，系 1.4 よりある極大イデアル $\mathfrak{m}$ に含まれる．$x/1 \in M_\mathfrak{m}$ を考える．$M_\mathfrak{m} = 0$ だから，$x/1 = 0$ である．したがって，x は $A - \mathfrak{m}$ のある元によって零化される．ところが，$\mathrm{Ann}(x) \subseteq \mathfrak{m}$ であるから，これは不可能である． ∎

【命題 3.9】 $\phi : M \longrightarrow N$ を A-加群の準同型写像とする．このとき，次は同値である．

  i) ϕ は単射である．
  ii) 任意の素イデアル $\mathfrak{p}$ に対して，$\phi_\mathfrak{p} : M_\mathfrak{p} \longrightarrow N_\mathfrak{p}$ は単射である．
  iii) 任意の極大イデアル $\mathfrak{m}$ に対して，$\phi_\mathfrak{m} : M_\mathfrak{m} \longrightarrow N_\mathfrak{m}$ は単射である．

上記 i), ii), iii) は，「単射」を「全射」で置き換えても，同様に成り立つ．

(証明) i) ⇒ ii)：$0 \longrightarrow M \longrightarrow N$ は完全列であるから，$0 \longrightarrow M_\mathfrak{p} \longrightarrow N_\mathfrak{p}$ は完全列である．すなわち，$\phi_\mathfrak{p}$ は単射である．

ii) ⇒ iii)：極大イデアルは素イデアルであることより従う．

iii) ⇒ i)：$M' = \mathrm{Ker}(\phi)$ とおけば，列 $0 \longrightarrow M' \longrightarrow M \longrightarrow N$ は完全である．ゆえに，命題 3.3 によって，$0 \longrightarrow M'_\mathfrak{m} \longrightarrow M_\mathfrak{m} \longrightarrow N_\mathfrak{m}$ は完全である．$\phi_\mathfrak{m}$ は単射であるから，$M'_\mathfrak{m} \cong \mathrm{Ker}(\phi_\mathfrak{m}) = 0$．ゆえに，命題 3.8 より $M' = 0$．したがって，ϕ は単射である．

命題の他の部分については，すべての矢印の向きを逆向きにすればよい． ∎

平坦性は局所的な性質である．すなわち，次の命題が成り立つ．

【命題 3.10】 任意の A-加群 M に対して，次の条件は同値である．

  i) M は平坦 A-加群である．
  ii) 任意の素イデアル $\mathfrak{p}$ に対して，$M_\mathfrak{p}$ は平坦 $A_\mathfrak{p}$-加群である．
  iii) 任意の極大イデアル $\mathfrak{m}$ に対して，$M_\mathfrak{m}$ は平坦 $A_\mathfrak{m}$-加群である．

(証明) i) ⇒ ii)：命題 3.5 と演習問題 2.20 による．

ii) ⇒ iii)：自明である．

iii) ⇒ i)：$N \longrightarrow P$ を A-加群の準同型写像，$\mathfrak{m}$ を A の任意の極大イデアルとすると，

$$N \longrightarrow P \text{ が単射} \implies N_\mathfrak{m} \longrightarrow P_\mathfrak{m} \text{ は単射} \quad \text{（命題 3.9）}$$
$$\implies N_\mathfrak{m} \otimes_{A_\mathfrak{m}} M_\mathfrak{m} \longrightarrow P_\mathfrak{m} \otimes_{A_\mathfrak{m}} M_\mathfrak{m} \text{ は単射} \quad \text{（命題 2.19）}$$
$$\implies (N \otimes_A M)_\mathfrak{m} \longrightarrow (P \otimes_A M)_\mathfrak{m} \text{ は単射} \quad \text{（命題 3.7）}$$
$$\implies N \otimes_A M \longrightarrow P \otimes_A M \text{ は単射} \quad \text{（命題 3.9）}.$$

したがって，命題 2.19 によって M は平坦である．∎

3.3 商環の拡大イデアルと縮約イデアル

A を環とし，S を A の積閉集合，$f: A \longrightarrow S^{-1}A$ を $f(a) = a/1$ によって定義される自然な準同型写像とする．C を A における縮約イデアルの集合とし，E を $S^{-1}A$ における拡大イデアルの集合とする（命題 1.17 参照）．$\mathfrak{a}$ を A のイデアルとすると，$S^{-1}A$ におけるその拡大 $\mathfrak{a}^e$ は $S^{-1}\mathfrak{a}$ である（なぜならば，任意の $y \in \mathfrak{a}^e$ は $\sum a_i/s_i$ ($a_i \in \mathfrak{a}$, $s_i \in S$) という形をしている．この分数を共通分母にすればよい）．

【命題 3.11】 環 A と商環 $S^{-1}A$ のイデアルについて次のような関係がある．

i) $S^{-1}A$ におけるすべてのイデアルは拡大イデアルである．
ii) $\mathfrak{a}$ を A のイデアルとすると，$\mathfrak{a}^{ec} = \bigcup_{s \in S}(\mathfrak{a} : s)$ が成り立つ．ゆえに，$\mathfrak{a}^e = (1) \iff \mathfrak{a} \cap S \neq \emptyset$．
iii) $\mathfrak{a} \in C \iff S$ のいかなる元も $A/\mathfrak{a}$ において零因子ではない．
iv) $S^{-1}A$ のすべての素イデアルの集合は，S と共通部分をもたない A のすべての素イデアルの集合と 1 対 1 対応 ($\mathfrak{p} \longleftrightarrow S^{-1}\mathfrak{p}$) がある．
v) S^{-1} をとる操作は有限の和，積，共通集合および根基をとる操作と可換である．

（証明）　i) $\mathfrak{b}$ を $S^{-1}A$ におけるイデアルとし，$x/s \in \mathfrak{b}$ とする．このとき，$x/1 \in \mathfrak{b}$ であるから，$x \in \mathfrak{b}^c$．よって，$x/s \in \mathfrak{b}^{ce}$ となる．一般に $\mathfrak{b} \supseteq \mathfrak{b}^{ce}$ であるから（命題 1.17），したがって，$\mathfrak{b} = \mathfrak{b}^{ce}$ を得る．

ii) $x \in \mathfrak{a}^{ec} = (S^{-1}\mathfrak{a})^c \iff$ ある $a \in \mathfrak{a},\ s \in S$ があって, $x/1 = a/s \iff$ ある $t \in S$ があって, $(xs - a)t = 0 \iff xst \in \mathfrak{a} \iff x \in \bigcup_{s \in S}(\mathfrak{a} : s)$.

iii) $\mathfrak{a} \in C \iff \mathfrak{a}^{ec} \subseteq \mathfrak{a}$ (ある $s \in S$ によって $sx \in \mathfrak{a} \Longrightarrow x \in \mathfrak{a}$) $\iff$ いかなる $s \in S$ も $A/\mathfrak{a}$ の零因子ではない.

iv) $\mathfrak{q}$ が $S^{-1}A$ の素イデアルならば, $\mathfrak{q}^c$ は A の素イデアルである(このことは一般に任意の準同型写像に対しても成り立つ).逆に,$\mathfrak{p}$ が A の素イデアルならば,$A/\mathfrak{p}$ は整域である.$\overline{S}$ を S の $A/\mathfrak{p}$ への像とすれば,$S^{-1}A/S^{-1}\mathfrak{p} \cong \overline{S}^{-1}(A/\mathfrak{p})$ が成り立つ.これは,0 になるかまたは $A/\mathfrak{p}$ の商体に含まれる.後者の場合は整域である.したがって,$S^{-1}\mathfrak{p}$ は素イデアルであるか,または単位イデアルになる.i)より後者が起こるのは $\mathfrak{p}$ が S と共通部分をもつときであり,かつそのときに限る.

v) 和と積に関して,このことは演習問題 1.18 より従う.共通集合については系 3.4 から従う.根基をとる操作に関しては,演習問題 1.18 より $S^{-1}r(\mathfrak{a}) \subseteq r(S^{-1}\mathfrak{a})$ が成り立つ.逆の包含関係の証明は機械的な検証なので読者に任せる. ∎

《注意》 1) $\mathfrak{a}, \mathfrak{b}$ を A のイデアルとする.イデアル $\mathfrak{b}$ が有限生成ならば次が成り立つ(系 3.15 参照).

$$S^{-1}(\mathfrak{a} : \mathfrak{b}) = S^{-1}\mathfrak{a} : S^{-1}\mathfrak{b}.$$

2) $f \in A$ がベキ零元でなければ f を含まない A の素イデアルが存在する,という命題 1.8 における証明は,商環という術語を使うとより簡明に示される.すなわち,$S = \{f^n\}_{n \geqslant 0}$ は 0 を含まないので,$S^{-1}A = A_f$ は零環ではない.ゆえに,定理 1.3 より A_f は極大イデアルをもち,その A への縮約イデアル $\mathfrak{p}$ は命題 3.11 より S と共通部分をもたない素イデアルである.したがって,$f \notin \mathfrak{p}$ となる.

【系 3.12】 $\mathfrak{N}$ を A のベキ零元根基とすると,$S^{-1}A$ のベキ零元根基は $S^{-1}\mathfrak{N}$ である.

【系 3.13】 $\mathfrak{p}$ を A の素イデアルとするとき,局所環 $A_\mathfrak{p}$ のすべての素イデアルの集合と $\mathfrak{p}$ に含まれている A のすべての素イデアルの集合は 1 対 1 に対応している.

（証明）　命題 3.11, iv) で $S = A - \mathfrak{p}$ とすればよい．∎

《注意》　上で見たように，A から $A_\mathfrak{p}$ への移行によって，$\mathfrak{p}$ に含まれているイデアル以外は取り除かれる．他方，A から $A/\mathfrak{p}$ への移行によって $\mathfrak{p}$ を含んでいるイデアル以外は取り除かれる．したがって，$\mathfrak{p}$ と $\mathfrak{q}$ を $\mathfrak{p} \supseteq \mathfrak{q}$ なる素イデアルとし，$\mathfrak{p}$ によって局所化すること，そして $\bmod \mathfrak{q}$ による剰余環をとる操作を考えると（系 3.4 によって，これらの操作は交換可能であるから，順序はどちらでもよい），我々の関心を $\mathfrak{p}$ と $\mathfrak{q}$ の間にある素イデアルだけに限定することができる．特に，$\mathfrak{p} = \mathfrak{q}$ ならば，この二つの操作によって $\mathfrak{p}$ の**剰余体** (residue field at $\mathfrak{p}$) と呼ばれている体が得られる．この体は整域 $A/\mathfrak{p}$ の商体または局所環 $A_\mathfrak{p}$ の剰余体のいずれかによって得られる．

【命題 3.14】　M を有限生成 A-加群で，S を A の積閉集合とする．このとき，$S^{-1}(\mathrm{Ann}(M)) = \mathrm{Ann}(S^{-1}M)$ が成り立つ．

（証明）　これが二つの A-加群 M, N に対して成り立つと仮定すると，$M + N$ に対しても成り立つ．すなわち，

$$\begin{aligned}
S^{-1}(\mathrm{Ann}(M+N)) &= S^{-1}(\mathrm{Ann}(M) \cap \mathrm{Ann}(N)) & \text{（演習問題 2.2）} \\
&= S^{-1}(\mathrm{Ann}(M)) \cap S^{-1}(\mathrm{Ann}(N)) & \text{（系 3.4 より）} \\
&= \mathrm{Ann}(S^{-1}M) \cap \mathrm{Ann}(S^{-1}N) & \text{（仮定より）} \\
&= \mathrm{Ann}(S^{-1}M + S^{-1}N) \\
&= \mathrm{Ann}(S^{-1}(M+N)).
\end{aligned}$$

したがって，唯一つの元によって生成された M に対して，命題 3.14 を示せば十分である．このとき，$\mathfrak{a} = \mathrm{Ann}(M)$ とすると，A-加群として $M \cong A/\mathfrak{a}$ が成り立つ．系 3.4 によって，$S^{-1}M \cong (S^{-1}A)/(S^{-1}\mathfrak{a})$ であるから，$\mathrm{Ann}(S^{-1}M) = S^{-1}\mathfrak{a} = S^{-1}(\mathrm{Ann}(M))$ を得る．∎

【系 3.15】　N, P を A-加群 M の部分加群で，P を有限生成とすると，$S^{-1}(N : P) = (S^{-1}N : S^{-1}P)$ が成り立つ．

（証明）　演習問題 2.2 より $(N : P) = \mathrm{Ann}((N+P)/N)$ で，これに命題 3.14 を適用する．∎

【命題 3.16】 $A \longrightarrow B$ を環準同型写像とし, $\mathfrak{p}$ を A の素イデアルとする. このとき, $\mathfrak{p}$ が B の素イデアルの縮約であるための必要十分条件は, $\mathfrak{p}^{ec} = \mathfrak{p}$ が成り立つことである.

(証明) $\mathfrak{p} = \mathfrak{q}^c$ ならば, 命題 1.17 より $\mathfrak{p}^{ec} = \mathfrak{p}$ となる. 逆に, $\mathfrak{p}^{ec} = \mathfrak{p}$ であるとき, S を $A - \mathfrak{p}$ の B における像とする. すると, $\mathfrak{p}^e$ は S と共通部分をもたないので, 命題 3.11 よりその $S^{-1}B$ への拡大イデアルは真のイデアルであり, ゆえに, それは $S^{-1}B$ のある極大イデアル $\mathfrak{m}$ に含まれる. $\mathfrak{q}$ を $\mathfrak{m}$ の B への縮約とすれば, $\mathfrak{q}$ は素イデアルで, $\mathfrak{q} \supseteq \mathfrak{p}^e$ でかつ $\mathfrak{q} \cap S = \emptyset$ を満たしている. したがって, $\mathfrak{q}^c = \mathfrak{p}$ を得る. ■

演習問題

1. S を環 A の積閉集合, M を有限生成 A-加群とする. このとき, 次を証明せよ.「$S^{-1}M = 0$ であるための必要十分条件は, ある $s \in S$ が存在して $sM = 0$ となることである.」

2. $\mathfrak{a}$ を環 A のイデアルとし, $S = 1 + \mathfrak{a}$ とおく. このとき, $S^{-1}\mathfrak{a}$ は $S^{-1}A$ のジャコブソン根基に含まれることを示せ.
　　この結果と中山の補題 (命題 2.6) を用いて, 行列式に依存しない系 2.5 の証明を与えよ.
［$M = \mathfrak{a}M$ ならば, $S^{-1}M = (S^{-1}\mathfrak{a})(S^{-1}M)$. ゆえに, 中山の補題 (命題 2.6) より $S^{-1}M = 0$. ここで, 演習問題 1 を用いる.］

3. A を環とし, S と T を A の二つの積閉集合, U を T の $S^{-1}A$ への像とする. このとき, 環 $(ST)^{-1}A$ と $U^{-1}(S^{-1}A)$ は同型であることを示せ.

4. $f : A \longrightarrow B$ を環の準同型写像とし, S を A の積閉集合とする. $T = f(S)$ とおく. このとき, $S^{-1}B$ と $T^{-1}B$ は $S^{-1}A$-加群として同型であることを示せ.

5. A を環とする. 任意の素イデアル $\mathfrak{p}$ に対して, 局所環 $A_\mathfrak{p}$ はいかなるベキ零元 $\neq 0$ ももたないと仮定する. このとき, A はいかなるベキ零元 $\neq 0$

ももたないことを示せ．任意の A_p が整域であるとき，必然的に A は整域であるといえるであろうか？

6. A を零環でないとし，Σ を $0 \notin S$ なる A のすべての積閉集合 S の集合とする．このとき，次を示せ．「Σ が極大元をもつこと，また $S \in \Sigma$ が極大であるための必要十分条件は $A - S$ が A の極小な素イデアルになることである．」

7. 環 A の積閉集合 S は次の条件を満たすとき，**飽和**している (saturated) という．
$$xy \in S \iff x \in S \text{ かつ } y \in S.$$
このとき，次を証明せよ．
  i) S が飽和している $\iff A - S$ は素イデアルの和集合である．
  ii) S を A の任意の積閉集合とするとき，S を含んでいる最小の飽和している積閉集合 $\overline{S}$ が唯一つ存在する．そして，この $\overline{S}$ は S と共通部分をもたないすべての素イデアルの和集合の A における補集合として与えられる（$\overline{S}$ を S の**飽和集合** (saturation) という）．

8. S と T を A の積閉集合で $S \subseteq T$ を満たすものとする．$\phi : S^{-1}A \longrightarrow T^{-1}A$ を，$a/s \in S^{-1}A$ に対して $T^{-1}A$ の元としてみた a/s を対応させる準同型写像とする．このとき，次の条件は同値であることを示せ．
  i) ϕ は全単射である．
  ii) 任意の $t \in T$ に対して，$t/1$ は $S^{-1}A$ で単元である．
  iii) 任意の $t \in T$ に対して，$xt \in S$ となる $x \in A$ が存在する．
  iv) T は S の飽和集合に含まれる（演習問題 7 参照）．
  v) T と共通部分をもつすべての素イデアルは S と共通部分をもつ．

9. A の零因子でないすべての元の集合 S_0 は，飽和している A の積閉集合である．したがって，A におけるすべての零因子の集合 D は素イデアルの和集合である（第1章，演習問題 14 参照）．A のすべての極小素イデアルは D に含まれていることを示せ．
   [演習問題 6 を用いる．]

環 $S_0^{-1}A$ を A の**全商環** (total ring of fractions) という．このとき，次を証明せよ．

i) S_0 は準同型写像 $A \longrightarrow S_0^{-1}A$ が単射となるような A の最大の積閉集合である．

ii) $S_0^{-1}A$ のすべての元は零因子か単元かのいずれかである．

iii) すべての非単元が零因子であるようなすべての環は，その全商環と一致している（すなわち，$A \longrightarrow S_0^{-1}A$ は全単射である）．

10. A を環とする．このとき，次を証明せよ．

i) A を絶対平坦とし（第 2 章，演習問題 27），S を A の任意の積閉集合とすれば，$S^{-1}A$ は絶対平坦である．

ii) A が絶対平坦である $\iff$ 任意の極大イデアル $\mathfrak{m}$ に対して $A_\mathfrak{m}$ は体である．

11. A を環とする．次の条件は同値であることを証明せよ．

i) $A/\mathfrak{N}$ は絶対平坦である（$\mathfrak{N}$ は A のベキ零元根基である）．

ii) A のすべての素イデアルは極大である．

iii) $\mathrm{Spec}(A)$ は T_1-空間である（すなわち，唯一つの点からなるすべての集合は閉集合である）．

iv) $\mathrm{Spec}(A)$ はハウスドルフ空間である．

これらの条件が満足されるとき，$\mathrm{Spec}(A)$ はコンパクトでかつ完全不連結 (totally disconnected) であることを示せ（すなわち，$\mathrm{Spec}(A)$ の連結部分集合は唯一つの点からなる集合のみである）．

12. A を整域とし，M を A-加群とする．元 $x \in M$ が $\mathrm{Ann}(x) \neq 0$ のとき，すなわち A のある零でない元によって x が零化されるとき，x は M のねじれ元 (torsion element) であるという．M のすべてのねじれ元の集合は M の部分加群をつくることを示せ．

この部分加群は M の**ねじれ部分加群** (torsion submodule) といい，$T(M)$ によって表される．$T(M) = 0$ のとき，加群 M はねじれがない (torsion free) という．このとき，次のことを示せ．

i) M を任意の A-加群とするとき，$M/T(M)$ はねじれがない．

ii) $f: M \longrightarrow N$ を加群の準同型写像とすれば，$f(T(M)) \subseteq T(N)$ が成り立つ．

iii) $0 \longrightarrow M' \longrightarrow M \longrightarrow M''$ が完全列ならば，列 $0 \longrightarrow T(M') \longrightarrow T(M) \longrightarrow T(M'')$ も完全列である．

iv) M を任意の A-加群とし，K を A の商体とする．このとき，$T(M)$ は $x \longmapsto 1 \otimes x$ によって定まる M から $K \otimes_A M$ への写像の核である．

[iv) について，K はその部分加群 $A\xi$ $(\xi \in K)$ の順極限とみることができることを示せ．第1章の演習問題15と20を用いて，$K \otimes M$ において $1 \otimes x = 0$ ならば，ある $\xi \neq 0$ に対して $A\xi \otimes M$ において $1 \otimes x = 0$ であることを示せ．これより $\xi^{-1}x = 0$ を導け．]

13. S を整域 A の積閉集合とする．演習問題12の記号を用いて，$T(S^{-1}M) = S^{-1}(TM)$ であることを示せ．また，次の条件は同値であることを証明せよ．

 i) M はねじれがない加群である．
 ii) すべての素イデアル $\mathfrak{p}$ に対して $M_\mathfrak{p}$ はねじれがない．
 iii) すべての極大イデアル $\mathfrak{m}$ に対して $M_\mathfrak{m}$ はねじれがない．

14. M を A-加群とし，$\mathfrak{a}$ を A のイデアルとする．すべての極大イデアル $\mathfrak{m} \supseteq \mathfrak{a}$ に対して $M_\mathfrak{m} = 0$ と仮定する．このとき $M = \mathfrak{a}M$ であることを示せ．
[$A/\mathfrak{a}$-加群 $M/\mathfrak{a}M$ に移して，命題3.8を使う．]

15. A を環とし，F を A-加群 A^n とする．F の n 個の元からなるすべての生成系は F の基底になることを示せ．
[$x_1, \ldots, x_n$ を F の生成系とし，$e_1, \ldots, e_n$ を F の標準的な基底とする．$\phi(e_i) = x_i$ によって $\phi: F \longrightarrow F$ を定義する．このとき，ϕ は全射であり，これが同型写像であることを示さねばならない．命題3.9によって，A は局所環であると仮定できる．N を ϕ の核とし，$k = A/\mathfrak{m}$ を A の剰余体とする．F は平坦 A-加群であるから，完全列 $0 \longrightarrow N \longrightarrow F \longrightarrow F \longrightarrow 0$ より，完全列 $0 \longrightarrow k \otimes N \longrightarrow k \otimes F \xrightarrow{1 \otimes \phi} k \otimes F \longrightarrow 0$ が得られる．いま，$k \otimes F = k^n$ は k 上 n 次元ベクトル空間である．ここで，$1 \otimes \phi$ は全射であるから，全単射であることがわかる．ゆえに，$k \otimes N = 0$ を得る．

第 2 章,演習問題 12 より N は有限生成でもあるから,中山の補題 (命題 2.6) より $N=0$ を得る.したがって,ϕ は同型写像である.]
　　F のすべての生成系は少なくとも n 個の元をもつことを証明せよ.

16. B を平坦 A-代数とする.このとき,次の条件は同値である.

   i) A の任意のイデアル $\mathfrak{a}$ に対して,$\mathfrak{a}^{ec} = \mathfrak{a}$ が成り立つ.
   ii) $\mathrm{Spec}(B) \longrightarrow \mathrm{Spec}(A)$ は全射である.
   iii) A のすべての極大イデアル $\mathfrak{m}$ に対して,$\mathfrak{m}^e \neq (1)$ が成り立つ.
   iv) 任意の零でない A-加群 M に対して,$M_B \neq 0$ が成り立つ.
   v) すべての A-加群 M に対して,$x \longmapsto 1 \otimes x$ によって定まる M から M_B への写像は単射である.

   [i) ⇒ ii) については,命題 3.16 を使う.ii) ⇒ iii) は明らかである.
   iii) ⇒ iv):x を M の零でない元とし,$M' = Ax$ とおく.B は A 上平坦であるから,$M'_B \neq 0$ を示せば十分である.ある適当なイデアル $\mathfrak{a} \neq (1)$ に対して $M' \cong A/\mathfrak{a}$ が成り立つから,$M'_B \cong B/\mathfrak{a}^e$.いま,ある極大イデアル $\mathfrak{m}$ が存在して,$\mathfrak{a} \subseteq \mathfrak{m}$ だから,$\mathfrak{a}^e \subseteq \mathfrak{m}^e \neq (1)$.ゆえに,$M'_B \neq 0$ を得る.
   iv) ⇒ v):M' を $M \longrightarrow M_B$ の核とする.B は A 上平坦であるから,列 $0 \longrightarrow M'_B \longrightarrow M_B \longrightarrow (M_B)_B$ は完全列である.ところが,写像 $M_B \longrightarrow (M_B)_B$ は単射であるから (第 2 章,演習問題 13 において,$N = M_B$ とする),$M'_B = 0$ となり,したがって $M' = 0$ を得る.
   v) ⇒ i):$M = A/\mathfrak{a}$ とすればよい.]

　　これらの条件を満たすとき,B は A 上**忠実平坦** (faithfully flat) であるという.

17. $A \xrightarrow{f} B \xrightarrow{g} C$ を環準同型写像とする.このとき,$g \circ f$ が平坦でかつ g が忠実平坦ならば,f は平坦である.

18. $f: A \longrightarrow B$ を環の平坦な準同型写像とし,$\mathfrak{q}$ を B の素イデアルで $\mathfrak{p} = \mathfrak{q}^c$ とする.このとき,$f^*: \mathrm{Spec}(B_\mathfrak{q}) \longrightarrow \mathrm{Spec}(A_\mathfrak{p})$ は全射である.
   [なぜならば,命題 3.10 より $B_\mathfrak{p}$ は $A_\mathfrak{p}$ 上平坦であり,$B_\mathfrak{q}$ は $B_\mathfrak{p}$ の局所環であるから,$B_\mathfrak{p}$ 上平坦である.したがって,$B_\mathfrak{q}$ は $A_\mathfrak{p}$ 上平坦となり,演習問題 16 の条件 iii) を満足する.]

19. A を環とし，M を A-加群とする．$M_\mathfrak{p} \neq 0$ を満たす A の素イデアル $\mathfrak{p}$ の集合を M の台 (support) といい，$\mathrm{Supp}(M)$ で表す．このとき，次の結果を証明せよ．

   i) $M \neq 0 \iff \mathrm{Supp}(M) \neq \emptyset$.

   ii) $V(\mathfrak{a}) = \mathrm{Supp}(A/\mathfrak{a})$.

   iii) $0 \longrightarrow M' \longrightarrow M \longrightarrow M'' \longrightarrow 0$ が完全列ならば，$\mathrm{Supp}(M) = \mathrm{Supp}(M') \cup \mathrm{Supp}(M'')$ が成り立つ．

   iv) $M = \sum M_i$ ならば，$\mathrm{Supp}(M) = \bigcup \mathrm{Supp}(M_i)$ が成り立つ．

   v) M が有限生成ならば，$\mathrm{Supp}(M) = V(\mathrm{Ann}(M))$ が成り立つ（したがって，$\mathrm{Spec}(A)$ の閉集合である）．

   vi) M と N が有限生成ならば，$\mathrm{Supp}(M \otimes_A N) = \mathrm{Supp}(M) \cap \mathrm{Supp}(N)$ が成り立つ．

   [第 2 章，演習問題 3 を使う．]

   vii) M が有限生成で $\mathfrak{a}$ が A のイデアルであるとき，$\mathrm{Supp}(M/\mathfrak{a}M) = V(\mathfrak{a} + \mathrm{Ann}(M))$ が成り立つ．

   viii) $f: A \longrightarrow B$ を環準同型写像とし，かつ M が有限生成 A-加群であるとき，$\mathrm{Supp}(B \otimes_A M) = f^{*-1}(\mathrm{Supp}(M))$ が成り立つ．

20. $f: A \longrightarrow B$ を環準同型写像とし，$f^*: \mathrm{Spec}(B) \longrightarrow \mathrm{Spec}(A)$ を f に対応している写像とするとき，次を示せ．

    i) A のすべての素イデアルは縮約イデアルである $\iff f^*$ は全射である．

    ii) B のすべての素イデアルは拡大イデアルである $\implies f^*$ は単射である．

    また，ii) の逆は成り立つであろうか？

21. i) A を環，S を A の積閉集合とし，$\phi: A \longrightarrow S^{-1}A$ を標準的な準同型写像とする．このとき，$\phi^*: \mathrm{Spec}(S^{-1}A) \longrightarrow \mathrm{Spec}(A)$ は $\mathrm{Spec}(S^{-1}A)$ から $X = \mathrm{Spec}(A)$ におけるその像の上への位相同型写像であることを示せ．この像を $S^{-1}X$ で表す．

    特に，$f \in A$ のとき，X における $\mathrm{Spec}(A_f)$ の像は基本開集合 X_f である（第 1 章，演習問題 17）．

    ii) $f: A \longrightarrow B$ を環準同型写像とする．$X = \mathrm{Spec}(A)$, $Y = \mathrm{Spec}(B)$ とし，$f^*: Y \longrightarrow X$ を f に対応した写像とする．$\mathrm{Spec}(S^{-1}A)$ を X への

標準的な像 $S^{-1}X$ と同一視し，また $\operatorname{Spec}(S^{-1}B)$ $(= \operatorname{Spec}(f(S)^{-1}B))$ を Y への標準的な像 $S^{-1}Y$ と同一視したとき，$S^{-1}f^*: \operatorname{Spec}(S^{-1}B) \longrightarrow \operatorname{Spec}(S^{-1}A)$ は f^* を $S^{-1}Y$ へ制限したものであり，$S^{-1}Y = f^{*-1}(S^{-1}X)$ が成り立つことを示せ．

iii) $\mathfrak{a}$ を A のイデアルとし，$\mathfrak{b} = \mathfrak{a}^e$ を B への拡大とする．f から引き起こされた準同型写像を $\overline{f}: A/\mathfrak{a} \longrightarrow B/\mathfrak{b}$ とする．$\operatorname{Spec}(A/\mathfrak{a})$ をその X への標準的な像 $V(\mathfrak{a})$ と同一視し，また $\operatorname{Spec}(B/\mathfrak{b})$ を Y へのその像 $V(\mathfrak{b})$ と同一視したとき，$\overline{f}^*$ は f^* の $V(\mathfrak{b})$ への制限したものになることを示せ．

iv) $\mathfrak{p}$ を A の素イデアルとする．ii) において，$S = A - \mathfrak{p}$ とし，iii) のように $S^{-1}\mathfrak{p}$ による剰余環で考える．$k(\mathfrak{p})$ を局所環 $A_\mathfrak{p}$ の剰余体としたとき，Y の部分空間 $f^{*-1}(\mathfrak{p})$ は自然に $\operatorname{Spec}(B_\mathfrak{p}/\mathfrak{p}B_\mathfrak{p}) = \operatorname{Spec}(k(\mathfrak{p}) \otimes_A B)$ と位相同型になることを示せ．

$\operatorname{Spec}(k(\mathfrak{p}) \otimes_A B)$ を $\mathfrak{p}$ 上 f^* のファイバー (fiber) という．

22. A を環とし，$\mathfrak{p}$ を A の素イデアルとする．このとき，$\operatorname{Spec}(A_\mathfrak{p})$ の $\operatorname{Spec}(A)$ への標準的な像は，$\operatorname{Spec}(A)$ において，$\mathfrak{p}$ のすべての開近傍の共通部分に等しい．

23. A を環とし，$X = \operatorname{Spec}(A)$，$U$ を X の基本開集合とする（すなわち，ある $f \in A$ によって $U = X_f$ と表されるものである．第 1 章，演習問題 17）．

i) $U = X_f$ としたとき，環 $A(U) = A_f$ は U にのみ依存し，f には依存しないことを示せ．

ii) $U' = X_g$ を $U' \subseteq U$ を満たす別の基本開集合とする．このとき，ある整数 $n > 0$ とある元 $u \in A$ が存在して $g^n = uf$ なる形の等式が成り立つことを示せ．これを用いて，a/f^m に au^m/g^{mn} を対応させる準同型写像 $\rho: A(U) \longrightarrow A(U')$（すなわち，$A_f \longrightarrow A_g$）が定義されることを示せ．さらに，$\rho$ は U と U' にのみ依存することを示せ．この準同型写像を**制限準同型写像** (restriction homomorphism) という．

iii) $U = U'$ のとき，ρ は恒等写像であることを示せ．

iv) $U \supseteq U' \supseteq U''$ を X における基本開集合とするとき，次の図式は可換であることを示せ（この図で矢印は制限準同型写像を表す）．

$$\begin{array}{ccc} A(U) & \longrightarrow & A(U'') \\ & \searrow & \nearrow \\ & A(U') & \end{array}$$

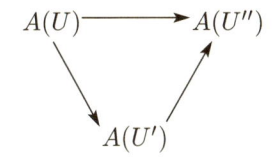

v) $x\,(=\mathfrak{p})$ を X の点とする．このとき，次の同型が成り立つことを示せ．
$$\varinjlim_{U \ni x} A(U) \cong A_{\mathfrak{p}}.$$

X の任意の基本開集合 U に対する環 $A(U)$ と，上の条件 iii) と iv) を満たす制限準同型写像 ρ を定めることにより，基本開集合 $(X_f)_{f \in A}$ 上の環の**前層** (presheaf) が構成される．v) は，$x \in X$ におけるこの前層の茎 (stalk) が対応している局所環 $A_{\mathfrak{p}}$ であることを述べている．

24. 演習問題 23 の前層は次のような性質をもつことを示せ．「$(U_i)_{i \in I}$ を基本開集合による X の被覆とする．任意の $i \in I$ に対して，$s_i \in A(U_i)$ を次のような条件を満たすものとする．すなわち，任意の添字の組 i, j に対して s_i と s_j の $A(U_i \cap U_j)$ への像が一致しているものとする．このとき，すべての $i \in I$ に対して $A(U_i)$ における像が s_i となる元 $s \in A\,(= A(X))$ が唯一つ存在する（これは本質的に前層が**層** (sheaf) であることを意味している）．」

25. $f: A \longrightarrow B$, $g: A \longrightarrow C$ を環準同型写像とし，$h: A \longrightarrow B \otimes_A C$ を $h(x) = f(x) \otimes g(x)$ によって定義される写像とする．X, Y, Z, T をそれぞれ $A, B, C, B \otimes_A C$ の素イデアルの集合とする．このとき，$h^*(T) = f^*(Y) \cap g^*(Z)$ が成り立つ．
[$\mathfrak{p} \in X$ とし，$k = k(\mathfrak{p})$ を $\mathfrak{p}$ の剰余体とする．演習問題 21 より，ファイバー $h^{*-1}(\mathfrak{p})$ は $(B \otimes_A C) \otimes_A k \cong (B \otimes_A k) \otimes_k (C \otimes_A k)$ のスペクトラムである．ゆえに，$\mathfrak{p} \in h^*(T) \iff (B \otimes_A k) \otimes_k (C \otimes_A k) \neq 0 \iff B \otimes_A k \neq 0$ かつ $C \otimes_A k \neq 0 \iff \mathfrak{p} \in f^*(Y) \cap g^*(Z)$．]

26. $(B_\alpha, g_{\alpha\beta})$ を環の順系で B をその順極限とする．任意の α に対して，$f_\alpha: A \longrightarrow B_\alpha$ を，$\alpha \leq \beta$ のとき $g_{\alpha\beta} \circ f_\alpha = f_\beta$ を満たす環準同型写像とする

(すなわち，B_α は A-代数の順系を構成する)．f_α は $f: A \longrightarrow B$ を誘導する．このとき，次を示せ．
$$f^*(\mathrm{Spec}(B)) = \bigcap_\alpha f_\alpha^*(\mathrm{Spec}(B_\alpha)).$$

[$\mathfrak{p} \in \mathrm{Spec}(A)$ とすると，$f^{*-1}(\mathfrak{p})$ は
$$B \otimes_A k(\mathfrak{p}) \cong \varinjlim (B_\alpha \otimes_A k(\mathfrak{p}))$$
のスペクトラムである（テンソル積は順極限と可換であるから：第 2 章，演習問題 20 参照）．第 2 章の演習問題 21 より，$f^{*-1}(\mathfrak{p}) = \emptyset$ であるための必要十分条件は，適当な α に対して $B_\alpha \otimes_A k(\mathfrak{p}) = 0$ となること，すなわち，$f_\alpha^{*-1}(\mathfrak{p}) = \emptyset$ となることである．]

27. i) $f_\alpha : A \longrightarrow B_\alpha$ を A-代数の任意の族とし，$f: A \longrightarrow B$ をそれらの A 上のテンソル積とする（第 2 章，演習問題 23）．このとき，次が成り立つ．
$$f^*(\mathrm{Spec}(B)) = \bigcap_\alpha f_\alpha^*(\mathrm{Spec}(B_\alpha)).$$
[演習問題 25 と 26 を使う．]

ii) $f_\alpha : A \longrightarrow B_\alpha$ を A-代数の有限な集合族とし，$B = \prod_\alpha B_\alpha$ とおく．$f: A \longrightarrow B$ を $f(x) = (f_\alpha(x))$ によって定義する．このとき，$f^*(\mathrm{Spec}(B)) = \bigcup_\alpha f_\alpha^*(\mathrm{Spec}(B_\alpha))$ が成り立つ．

iii) したがって，$f: A \longrightarrow B$ を環準同型写像としたとき，$f^*(\mathrm{Spec}(B))$ の形の $X = \mathrm{Spec}(A)$ の部分集合は位相空間の閉集合に対する公理を満足する．これに対応する位相は X 上の**構成可能位相** (constructible topology) である．この位相はザリスキー位相より強い（すなわち，より多くの開集合がある．または，より多くの閉集合があるといっても同じである）．

iv) X_c によって構成可能位相をもつ集合 X を表すとき，X_c は擬コンパクトであることを示せ．

28. （演習問題 27 の続き）
    i) 任意の $g \in A$ に対して，集合 X_g （第 1 章，演習問題 17）は構成可能位相で開集合であり，かつ閉集合である．
    ii) C' を X_g という形の集合が開集合であり，かつ閉集合であるような X 上の最小の位相とし，このような位相が与えられた集合 X を $X_{c'}$ で表す．このとき，$X_{c'}$ はハウスドルフ空間であることを示せ．
    iii) 恒等写像 $X_c \longrightarrow X_{c'}$ は位相同型写像であることを導け．したがって，X のある部分集合 E がある $f: A \longrightarrow B$ によって $f^*(\mathrm{Spec}(B))$ という形をしているための必要十分条件は，X が位相 C' で閉集合になることである．
    iv) 位相空間 X_c はコンパクトで，かつハウスドルフであり，さらに完全不連結である．

29. $f: A \longrightarrow B$ を環準同型写像とする．構成可能位相に関して，$f^*: \mathrm{Spec}(B) \longrightarrow \mathrm{Spec}(A)$ は連続な**閉写像** (closed mapping) （すなわち，閉集合を閉集合に写す）であることを示せ．

30. $\mathrm{Spec}(A)$ 上のザリスキー位相と構成可能位相が同じものであるための必要十分条件は，$A/\mathfrak{N}$ が絶対平坦になることである（ただし，$\mathfrak{N}$ は A のベキ零元根基である）．
    ［演習問題 11 を使う．］

第4章

準素分解

　イデアルの準素イデアルへの分解は，伝統的にイデアル論の中心をなすものである．それは代数多様体をその既約成分に分解するための代数的な基礎を提供する．しかしながら，代数学的な図は，素朴な幾何学が提示している図より，もっと複雑であるということを指摘しておくことは公平なことであろう．別の観点から見ると，準素分解は整数を素数ベキの積に分解することの一般化を与える．現代的な扱いにおいては，局所化を強調することにより，準素分解はこの理論においてもはや中心的な道具ではない．しかしながら，それでもなおそれ自身に興味をそそるものがあり，この章においてはその中でも古典的な一意性定理を証明しよう．

　可換環の原型は有理整数環 $\mathbb{Z}$ と，体 k 上の多項式環 $k[x_1,\ldots,x_n]$ である．これらは二つとも一意分解整域である．このことは任意の可換環については正しくないし，それらが整域であっても成り立たない（古典的な例では環 $\mathbb{Z}[\sqrt{-5}]$ がある．この環ではその元 6 は本質的に異なる二つの分解 $2\cdot 3$ と $(1+\sqrt{-5})(1-\sqrt{5})$ をもつ）．しかし，ある広い環の種類（ネーター環）の中には（元ではなく）イデアルの「一意分解性」の一般化された形がある．

　環 A の素イデアルはある意味で素数の一般化である．素数のベキに対応して一般化されたものが準素イデアルである．環 A のイデアルを $\mathfrak{q}$ とする．$\mathfrak{q} \neq A$ でかつ，

$$xy \in \mathfrak{q} \implies x \in \mathfrak{q}, \quad \text{または, ある } n > 0 \text{ に対して } y^n \in \mathfrak{q}$$

という性質を満たすとき，$\mathfrak{q}$ は**準素イデアル** (primary ideal) であるという．言い換えると，

$$\mathfrak{q} : \text{準素イデアル} \iff A/\mathfrak{q} \neq 0 \text{ かつ } A/\mathfrak{q} \text{ のすべての零因子は}$$
$$\text{ベキ零元である．}$$

明らかに，すべての素イデアルは準素イデアルである．準素イデアルの縮約も準素イデアルである．なぜならば，$f: A \longrightarrow B$ とし，$\mathfrak{q}$ を B の準素イデアルとすると，$A/\mathfrak{q}^c$ は $B/\mathfrak{q}$ の部分環に同型であるからである．

【命題 4.1】 $\mathfrak{q}$ を環 A における準素イデアルとする．このとき，根基 $r(\mathfrak{q})$ は $\mathfrak{q}$ を含んでいる最小の素イデアルである．

（証明） 命題 1.14 より，$\mathfrak{p} = r(\mathfrak{q})$ が素イデアルであることを示せば十分である．$xy \in r(\mathfrak{q})$ とすると，ある $m > 0$ に対して $(xy)^m \in \mathfrak{q}$ となる．したがって，$x^m \in \mathfrak{q}$ であるか，またはある $n > 0$ に対して $y^{mn} \in \mathfrak{q}$ となる．すなわち，$x \in r(\mathfrak{q})$ または $y \in r(\mathfrak{q})$ である． ∎

$\mathfrak{q}$ が準素イデアルであるとき，$\mathfrak{p} = r(\mathfrak{q})$ とおき，$\mathfrak{q}$ は **$\mathfrak{p}$-準素イデアル**であるという．

【例】 1) $\mathbb{Z}$ における準素イデアルは (0) と (p^n) という形をしており，かつこれらに限る．ただし，p は素数である．なぜならば，根基イデアルが素イデアルとなる $\mathbb{Z}$ のイデアルはこのような形をしているものだけであり，それらが準素イデアルであることはただちに確かめられる．

2) $A = k[x, y]$ とおき，$\mathfrak{q} = (x, y^2)$ とする．このとき，$A/\mathfrak{q} \cong k[y]/(y^2)$ が成り立つ．$A/\mathfrak{q}$ における零因子はすべての y の倍元であり，ゆえにベキ零元である．したがって，$\mathfrak{q}$ は準素イデアルで，その根基イデアル $\mathfrak{p}$ は (x, y) となる．このとき，$\mathfrak{p}^2 \subset \mathfrak{q} \subset \mathfrak{p}$ （狭義の包含関係）が成り立つ．よって，準素イデアルは必ずしも素イデアルのベキではない．

3) 逆に，素イデアルのベキ $\mathfrak{p}^n$ の根基イデアルは素イデアル $\mathfrak{p}$ になるにもかかわらず，必ずしも $\mathfrak{p}^n$ は準素イデアルになるとは限らない．たとえば，

$A = k[x,y,z]/(xy - z^2)$ とし, $\bar{x}, \bar{y}, \bar{z}$ をそれぞれ A における x, y, z の像を表すものとする. このとき, $\mathfrak{p} = (\bar{x}, \bar{z})$ は素イデアルである ($A/\mathfrak{p} \cong k[y]$ で, これは整域であるから). このとき, $\bar{x}\bar{y} = \bar{z}^2 \in \mathfrak{p}^2$ であるが, $\bar{x} \notin \mathfrak{p}^2$ でかつ $\bar{y} \notin r(\mathfrak{p}^2) = \mathfrak{p}$ となる. ゆえに, $\mathfrak{p}^2$ は準素イデアルではない.

しかしながら, 次の結果がある.

【命題 4.2】 $r(\mathfrak{a})$ が極大イデアルならば, $\mathfrak{a}$ は準素イデアルである. 特に, 極大イデアル $\mathfrak{m}$ のベキは $\mathfrak{m}$-準素イデアルである.

(証明) $r(\mathfrak{a}) = \mathfrak{m}$ とおく. $\mathfrak{m}$ の $A/\mathfrak{a}$ への像は $A/\mathfrak{a}$ のベキ零元根基であるから, 命題 1.8 より $A/\mathfrak{a}$ は唯一つの素イデアルをもつ. ゆえに $A/\mathfrak{a}$ のすべての元は単元であるか, またはベキ零元である. したがって, $A/\mathfrak{a}$ におけるすべての零因子はベキ零元である. ∎

次に一つのイデアルを準素イデアルの共通部分として表現することを考えよう. はじめに次の二つの補題を示す.

【補題 4.3】 $\mathfrak{q}_i \ (1 \leqslant i \leqslant n)$ が $\mathfrak{p}$-準素イデアルならば, $\mathfrak{q} = \bigcap_{i=1}^n \mathfrak{q}_i$ は $\mathfrak{p}$-準素イデアルである.

(証明) $r(\mathfrak{q}) = r(\bigcap_{i=1}^n \mathfrak{q}_i) = \bigcap r(\mathfrak{q}_i) = \mathfrak{p}$ となっている. そこで, $xy \in \mathfrak{q}, y \notin \mathfrak{q}$ とする. このとき, ある i に対して, $xy \in \mathfrak{q}_i$ かつ $y \notin \mathfrak{q}_i$ である. $\mathfrak{q}_i$ は準素イデアルであるから, $x \in \mathfrak{p}$ を得る. ∎

【補題 4.4】 $\mathfrak{q}$ を $\mathfrak{p}$-準素イデアルとし, x を A の元とする. このとき, 次が成り立つ.
  i) $x \in \mathfrak{q}$ ならば, $(\mathfrak{q} : x) = (1)$ である.
  ii) $x \notin \mathfrak{q}$ ならば, $(\mathfrak{q} : x)$ は $\mathfrak{p}$-準素イデアルであり, ゆえに $r(\mathfrak{q} : x) = \mathfrak{p}$ となる.
  iii) $x \notin \mathfrak{p}$ ならば, $(\mathfrak{q} : x) = \mathfrak{q}$ である.

(証明) i) と iii) は定義よりただちにわかる.
  ii) $y \in (\mathfrak{q} : x)$ ならば, $xy \in \mathfrak{q}$ となる. よって, ($x \notin \mathfrak{q}$ だから) $y \in \mathfrak{p}$ が成り立つ. ゆえに, $\mathfrak{q} \subseteq (\mathfrak{q} : x) \subseteq \mathfrak{p}$. 根基をとると, $r(\mathfrak{q} : x) = \mathfrak{p}$ を得る.

$yz \in (\mathfrak{q}:x)$ でかつ $y \notin \mathfrak{p}$ とする. すると, $xyz \in \mathfrak{q}$ であるから, $xz \in \mathfrak{q}$ となり, したがって $z \in (\mathfrak{q}:x)$ を得る. ∎

A のイデアル $\mathfrak{a}$ を有限個の準素イデアルの共通集合として表したものを $\mathfrak{a}$ の**準素分解** (primary decomposition) という. すなわち,

$$\mathfrak{a} = \bigcap_{i=1}^{n} \mathfrak{q}_i. \tag{1}$$

(一般にこのような準素分解が存在するとは限らない. この章では, 我々の注意を準素分解をもつイデアルに限定しよう.) さらに,

(i) すべての $r(\mathfrak{q}_i)$ が相異なり, かつ

(ii) $\mathfrak{q}_i \not\supseteq \bigcap_{j \neq i} \mathfrak{q}_j$ $(1 \leqslant i \leqslant n)$

が成り立つとき, この準素分解 (1) は**最短** (minimal) である, あるいは**むだがない** (irredundant) という. 補題 4.3 によって (i) が成り立つようにすることができ, そのとき余分なイデアルを除けば (ii) が成り立つようにすることができる. このようにして, 任意の準素分解は最短なものに縮小される. イデアル $\mathfrak{a}$ は準素分解をもつとき, **分解可能** (decomposable) であるという.

【定理 4.5】(第 1 一意性定理) $\mathfrak{a}$ を分解可能なイデアルとし, $\mathfrak{a} = \bigcap_{i=1}^{n} \mathfrak{q}_i$ を $\mathfrak{a}$ の最短準素分解とする. $\mathfrak{p}_i = r(\mathfrak{q}_i)$ $(1 \leqslant i \leqslant n)$ とおく. このとき, $\mathfrak{p}_1, \ldots, \mathfrak{p}_n$ はイデアルの集合 $r(\mathfrak{a}:x)$ $(x \in A)$ の中に現れる素イデアルの集合と一致する. したがって, これらの $\mathfrak{p}_i$ は $\mathfrak{a}$ の準素分解の仕方に依存しない.

(証明) 任意の $x \in A$ に対して, $(\mathfrak{a}:x) = (\bigcap_{i=1}^{n} \mathfrak{q}_i : x) = \bigcap_{i=1}^{n} (\mathfrak{q}_i : x)$ が成り立つ. ゆえに, 補題 4.4 より $r(\mathfrak{a}:x) = \bigcap_{i=1}^{n} r(\mathfrak{q}_i : x) = \bigcap_{x \notin \mathfrak{q}_j} \mathfrak{p}_j$ である. ここで, $r(\mathfrak{a}:x)$ が素イデアルであると仮定する. このとき, 命題 1.11 よりある j に対して $r(\mathfrak{a}:x) = \mathfrak{p}_j$ となる. ゆえに, $r(\mathfrak{a}:x)$ という形のすべての素イデアルはこれらの $\mathfrak{p}_j$ の中の一つになる. 逆に, この準素分解は最短であるから, 各 i に対して $x_i \notin \mathfrak{q}_i$ でかつ $x_i \in \bigcap_{j \neq i} \mathfrak{q}_j$ なるものが存在する. これより $r(\mathfrak{a}:x_i) = \mathfrak{p}_i$ が成り立つ. ∎

《注意》 1) 補題 4.4 の最後の部分と合わせて考えると, 上の証明は, 任意の i に対して $(\mathfrak{a}:x_i)$ が $\mathfrak{p}_i$-準素イデアルとなる元 x_i が A に存在することを示している.

2) $A/\mathfrak{a}$ を A-加群と考えると，定理 4.5 は，$\mathfrak{p}_1,\ldots,\mathfrak{p}_n$ は $A/\mathfrak{a}$ の元の零化イデアルの根基として現れる素イデアルの集合と一致する，ということと同値である．

【例】 $A = k[x,y]$ において，$\mathfrak{a} = (x^2, xy)$ とする．このとき，$\mathfrak{p}_1 = (x)$, $\mathfrak{p}_2 = (x,y)$ とすると，$\mathfrak{a} = \mathfrak{p}_1 \cap \mathfrak{p}_2^2$ となる．イデアル $\mathfrak{p}_2^2$ は命題 4.2 より準素イデアルである．そして，$\mathfrak{a}$ に属している素イデアルは $\mathfrak{p}_1, \mathfrak{p}_2$ である．この例では $\mathfrak{p}_1 \subset \mathfrak{p}_2$ であり，$r(\mathfrak{a}) = \mathfrak{p}_1 \cap \mathfrak{p}_2 = \mathfrak{p}_1$ となっている．ところが，$\mathfrak{a}$ は準素イデアルではない．

定理 4.5 における素イデアル $\mathfrak{p}_i$ は $\mathfrak{a}$ に**属している** (belong to)，あるいは $\mathfrak{a}$ に**付随している** (associate) という．イデアル $\mathfrak{a}$ が準素イデアルであるための必要十分条件は，$\mathfrak{a}$ が $\mathfrak{a}$ に属している素イデアルを唯一つもつことである．集合 $\{\mathfrak{p}_1,\ldots,\mathfrak{p}_n\}$ の中の極小元は $\mathfrak{a}$ に属する**極小素イデアル** (minimal prime ideal)，または**孤立素イデアル** (isolated prime ideal) という．その他の素イデアルは**非孤立素イデアル** (embedded prime ideal) と呼ばれる．上の例では，$\mathfrak{p}_2 = (x,y)$ が非孤立素イデアルである．

【命題 4.6】 $\mathfrak{a}$ を分解可能なイデアルとする．このとき，任意の素イデアル $\mathfrak{p} \supseteq \mathfrak{a}$ は $\mathfrak{a}$ に属する極小素イデアルを含んでいる．したがって，$\mathfrak{a}$ の極小素イデアルの集合は，$\mathfrak{a}$ を含んでいるすべての素イデアルの集合における極小元の集合と一致する．

(証明) $\mathfrak{p} \supseteq \mathfrak{a} = \bigcap_{i=1}^n \mathfrak{q}_i$ ならば，$\mathfrak{p} = r(\mathfrak{p}) \supseteq \bigcap_{i=1}^n r(\mathfrak{q}_i) = \bigcap \mathfrak{p}_i$ である．ゆえに，命題 1.11 よりある i に対して $\mathfrak{p} \supseteq \mathfrak{p}_i$ が成り立つ．したがって，$\mathfrak{p}$ は $\mathfrak{a}$ の極小素イデアルを含む． ■

《注意》 1) 孤立と非孤立という名前は幾何学に由来している．体 k 上の多項式環 $A = k[x_1,\ldots,x_n]$ を考えると，そのイデアル $\mathfrak{a}$ は多様体 $X \subseteq k^n$ を定義する（第 1 章，演習問題 27 参照）．極小素イデアル $\mathfrak{p}_i$ は X の既約成分に対応しており，非孤立素イデアルはこれらの部分多様体，すなわち，既約成分に埋め込まれている多様体に対応している．命題 4.6 の前の例では，$\mathfrak{a}$ によって定義される多様体は直線 $x = 0$ であり，非孤立素イデアル $\mathfrak{p}_2 = (x,y)$ は原点 $(0,0)$ に対応している．

2) すべての準素成分が分解の仕方に無関係であるというのは，必ずしも正しくない．たとえば，$(x^2, xy) = (x) \cap (x,y)^2 = (x) \cap (x^2, y)$ は異なった二つの最短準素分解である．しかしながら，ある意味での一意性に関する性質がある．定理 4.10 を参照せよ．

【命題 4.7】 $\mathfrak{a}$ を分解可能なイデアルとし，$\mathfrak{a} = \bigcap_{i=1}^n \mathfrak{q}_i$ を最短準素分解で，$r(\mathfrak{q}_i) = \mathfrak{p}_i$ とする．このとき，次が成り立つ．

$$\bigcup_{i=1}^n \mathfrak{p}_i = \{x \in A : (\mathfrak{a} : x) \neq \mathfrak{a}\}.$$

特に，零イデアルが分解可能ならば，A の零因子全体の集合 D は 0 に属するすべての素イデアルの和集合である．

(証明) $\mathfrak{a}$ が分解可能ならば，0 は $A/\mathfrak{a}$ で分解可能である．すなわち，$0 = \bigcap \bar{\mathfrak{q}}_i$ と表される．ただし，$\bar{\mathfrak{q}}_i$ は $\mathfrak{q}_i$ の $A/\mathfrak{a}$ への像で，準素イデアルである．したがって，命題 4.7 の最後の部分を示せば十分である．命題 1.15 によって，$D = \bigcup_{x \neq 0} r(0 : x)$ が成り立つ．定理 4.5 の証明より，ある j に対して $r(0 : x) = \bigcap_{x \notin \mathfrak{q}_j} \mathfrak{p}_j \subseteq \mathfrak{p}_j$ となる．ゆえに，$D \subseteq \bigcup_{i=1}^n \mathfrak{p}_i$ が成り立つ．ところが再び定理 4.5 より，各 $\mathfrak{p}_i$ はある $x \in A$ によって $r(0 : x)$ という形をしているので，$\bigcup \mathfrak{p}_i \subseteq D$ であることがわかる．■

以上より（零イデアルが分解可能であるとき），次のことがわかった．

$D = $ すべての零因子の集合
　$= 0$ に属するすべての素イデアルの和集合，
$\mathfrak{N} = $ すべてのベキ零元の集合
　$= 0$ に属するすべての極小素イデアルの共通集合．

次に局所化の操作を行ったとき，準素イデアルがどのように変化するかを考察する．

【命題 4.8】 S を A の積閉集合とし，$\mathfrak{q}$ を $\mathfrak{p}$-準素イデアルとする．このとき，次が成り立つ．

 i) $S \cap \mathfrak{p} \neq \emptyset$ ならば，$S^{-1}\mathfrak{q} = S^{-1}A$ となる．

ii) $S \cap \mathfrak{p} = \emptyset$ ならば，$S^{-1}\mathfrak{q}$ は $S^{-1}\mathfrak{p}$-準素イデアルであり，その A における縮約は $\mathfrak{q}$ である．

したがって，命題 3.11 における $S^{-1}A$ のイデアルと A における縮約イデアルの間の対応において，準素イデアルは準素イデアルに対応している．

(証明)　i) $s \in S \cap \mathfrak{p}$ ならば，ある $n > 0$ によって $s^n \in S \cap \mathfrak{q}$ となる．ゆえに，$S^{-1}\mathfrak{q}$ は $s^n/1$ を含み，これは $S^{-1}A$ の単元である．

ii) $S \cap \mathfrak{p} = \emptyset$ と仮定する．このとき，$s \in S$ かつ $as \in \mathfrak{q}$ は $a \in \mathfrak{q}$ を意味している．ゆえに，命題 3.11 より $\mathfrak{q}^{ec} = \mathfrak{q}$ が得られる．また命題 3.11 より，$r(\mathfrak{q}^e) = r(S^{-1}\mathfrak{q}) = S^{-1}r(\mathfrak{q}) = S^{-1}\mathfrak{p}$ が成り立つ．$S^{-1}\mathfrak{q}$ が準素イデアルであることはすぐにわかる．最期に，準素イデアルの縮約は準素イデアルである．∎

A の任意のイデアル $\mathfrak{a}$ と A の任意の積閉集合 S に対して，イデアル $S^{-1}\mathfrak{a}$ の A への縮約は $S(\mathfrak{a})$ によって表される．

【命題 4.9】　S を A の積閉集合とし，$\mathfrak{a}$ を分解可能なイデアルとする．$\mathfrak{a} = \bigcap_{i=1}^{n} \mathfrak{q}_i$ を $\mathfrak{a}$ の最短準素分解とする．$\mathfrak{p}_i = r(\mathfrak{q}_i)$ とおき，S が $\mathfrak{p}_{m+1}, \ldots, \mathfrak{p}_n$ と共通部分をもち，$\mathfrak{p}_1, \ldots, \mathfrak{p}_m$ と共通部分をもたないように $\mathfrak{q}_1, \ldots, \mathfrak{q}_n$ に番号がつけられていると仮定する．このとき，

$$S^{-1}\mathfrak{a} = \bigcap_{i=1}^{m} S^{-1}\mathfrak{q}_i, \qquad S(\mathfrak{a}) = \bigcap_{i=1}^{m} \mathfrak{q}_i$$

が成り立ち，これらは最短の準素分解である．

(証明)　命題 3.11, v) より，$S^{-1}\mathfrak{a} = \bigcap_{i=1}^{n} S^{-1}\mathfrak{q}_i$，さらに命題 4.8 よりこの集合は $\bigcap_{i=1}^{m} S^{-1}\mathfrak{q}_i$ に等しい．また，$i = 1, \ldots, m$ に対して，$S^{-1}\mathfrak{q}_i$ は $S^{-1}\mathfrak{p}_i$-準素イデアルである．$\mathfrak{p}_1, \ldots, \mathfrak{p}_n$ は相異なるので，$S^{-1}\mathfrak{p}_i$ $(1 \leq i \leq m)$ も相異なる．ゆえに，最短準素分解を得る．両辺の縮約をとると，再び命題 4.8 より次を得る．

$$S(\mathfrak{a}) = (S^{-1}\mathfrak{a})^c = \bigcap_{i=1}^{m}(S^{-1}\mathfrak{q}_i)^c = \bigcap_{i=1}^{m} \mathfrak{q}_i. \quad \blacksquare$$

$\mathfrak{a}$ に属している素イデアルのある集合を Σ とする．$\mathfrak{p}'$ を $\mathfrak{a}$ に属する素イデアルとし，ある $\mathfrak{p} \in \Sigma$ に対して $\mathfrak{p}' \subseteq \mathfrak{p}$ ならば $\mathfrak{p}' \in \Sigma$，という条件を満たすとき Σ は **孤立集合** (isolated set) であるという．

Σ を $\mathfrak{a}$ に属する素イデアルのある孤立集合とし，$S = A - \bigcup_{\mathfrak{p} \in \Sigma} \mathfrak{p}$ とおく．このとき S は積閉集合であり，$\mathfrak{a}$ に属する任意の素イデアル $\mathfrak{p}'$ に対して次が成り立つ．

$$\mathfrak{p}' \in \Sigma \implies \mathfrak{p}' \cap S = \emptyset,$$
$$\mathfrak{p}' \notin \Sigma \implies \mathfrak{p}' \not\subseteq \bigcup_{\mathfrak{p} \in \Sigma} \mathfrak{p} \,(\text{命題 1.11 より}) \implies \mathfrak{p}' \cap S \neq \emptyset.$$

したがって，命題 4.9 より次の定理を証明することができる．

【定理 4.10】（第 2 一意性定理）　$\mathfrak{a}$ を分解可能なイデアルとする．$\mathfrak{a} = \bigcap_{i=1}^{n} \mathfrak{q}_i$ を $\mathfrak{a}$ の最短準素分解とし，$\{\mathfrak{p}_{i_1}, \ldots, \mathfrak{p}_{i_m}\}$ を $\mathfrak{a}$ に属している素イデアルのある孤立集合とする．このとき，$\mathfrak{q}_{i_1} \cap \cdots \cap \mathfrak{q}_{i_m}$ は分解の仕方に依存しない．

特に，次が成り立つ．

【系 4.11】　孤立準素成分（すなわち，極小素イデアル $\mathfrak{p}_i$ に対応している準素成分 $\mathfrak{q}_i$ のこと）は $\mathfrak{a}$ によって一意的に定まる．

（定理 4.10 の証明）$S = A - \mathfrak{p}_{i_1} \cup \cdots \cup \mathfrak{p}_{i_m}$ とするとき，$\mathfrak{q}_{i_1} \cap \cdots \cap \mathfrak{q}_{i_m} = S(\mathfrak{a})$ が成り立つ．したがって，この共通集合は $\mathfrak{a}$ にのみ依存する（これらの $\mathfrak{p}_i$ は $\mathfrak{a}$ にのみ依存するからである）．　∎

《注意》　これに反して，一般に非孤立準素成分は $\mathfrak{a}$ だけでは一意的に定まらない．実際 A がネーター環であるとき，各非孤立準素成分に対して無限に多くの選び方がある（第 8 章，演習問題 1 参照）．

演習問題

1. イデアル $\mathfrak{a}$ が準素分解をもてば，$\mathrm{Spec}(A/\mathfrak{a})$ は有限個の既約成分をもつ．

2. $\mathfrak{a} = r(\mathfrak{a})$ ならば,$\mathfrak{a}$ は非孤立素イデアルをもたない.

3. A が絶対平坦ならば,すべての準素イデアルは極大である.

4. 多項式環 $\mathbb{Z}[t]$ において,イデアル $\mathfrak{m} = (2, t)$ は極大であり,かつイデアル $\mathfrak{q} = (4, t)$ は $\mathfrak{m}$-準素イデアルである.ところが,これは $\mathfrak{m}$ のベキではない.

5. x, y, z を独立な不定元とする体 K 上の多項式環 $K[x, y, z]$ において,$\mathfrak{p}_1 = (x, y), \mathfrak{p}_2 = (x, z), \mathfrak{m} = (x, y, z)$ とする.$\mathfrak{p}_1$ と $\mathfrak{p}_2$ は素イデアルであり,$\mathfrak{m}$ は極大イデアルである.$\mathfrak{a} = \mathfrak{p}_1\mathfrak{p}_2$ とおく.このとき,$\mathfrak{a} = \mathfrak{p}_1 \cap \mathfrak{p}_2 \cap \mathfrak{m}^2$ は $\mathfrak{a}$ の最短準素分解であることを示せ.どの成分が孤立成分で,どの成分が非孤立成分か?

6. X を無限コンパクト・ハウスドルフ空間とし,$C(X)$ を X 上の実数値連続関数のつくる環とする(第1章,演習問題 26).この環において,零イデアルは分解可能か.

7. A を環とし,$A[x]$ を A 上1変数の多項式環を表すものとする.A の任意のイデアル $\mathfrak{a}$ に対して,$\mathfrak{a}[x]$ を $\mathfrak{a}$ に係数をもつ $A[x]$ のすべての多項式の集合を表すものとする.
   i) $\mathfrak{a}[x]$ は $\mathfrak{a}$ の $A[x]$ への拡大である.
   ii) $\mathfrak{p}$ が A の素イデアルならば,$\mathfrak{p}[x]$ は $A[x]$ の素イデアルである.
   iii) $\mathfrak{q}$ が A の $\mathfrak{p}$-準素イデアルならば,$\mathfrak{q}[x]$ は $A[x]$ において $\mathfrak{p}[x]$-準素イデアルである.[第1章,演習問題2を用いる.]
   iv) $\mathfrak{a} = \bigcap_{i=1}^{n} \mathfrak{q}_i$ が A における最短準素分解ならば,$\mathfrak{a}[x] = \bigcap_{i=1}^{n} \mathfrak{q}_i[x]$ は $A[x]$ における最短準素分解である.
   v) $\mathfrak{p}$ が $\mathfrak{a}$ の極小素イデアルならば,$\mathfrak{p}[x]$ は $\mathfrak{a}[x]$ の極小素イデアルである.

8. k を体とする.多項式環 $k[x_1, \ldots, x_n]$ において,イデアル $\mathfrak{p}_i = (x_1, \ldots, x_i)$ $(1 \leqslant i \leqslant n)$ は素イデアルであり,それらのベキはすべて準素イデアルである.
   [演習問題7を用いる.]

9. 環 A において，$D(A)$ を次の条件を満たすすべての素イデアル $\mathfrak{p}$ の集合とする：ある $a \in A$ が存在して，$\mathfrak{p}$ は $(0:a)$ を含んでいる素イデアルの中で極小である．このとき，次を示せ．「$x \in A$ が零因子である $\iff$ ある $\mathfrak{p} \in D(A)$ に対して $x \in \mathfrak{p}$ である．」

S を A の積閉集合とし，$\mathrm{Spec}(S^{-1}A)$ を $\mathrm{Spec}(A)$ へのその像と同一視する（第3章，演習問題21）．このとき，次のことを示せ．

$$D(S^{-1}A) = D(A) \cap \mathrm{Spec}(S^{-1}A).$$

零イデアルが準素分解をもてば，$D(A)$ は 0 に属するすべての素イデアルの集合であることを示せ．

10. 環 A の任意の素イデアル $\mathfrak{p}$ に対して，$S_{\mathfrak{p}}(0)$ を準同型写像 $A \longrightarrow A_{\mathfrak{p}}$ の核を表すものとする．このとき，次のことを証明せよ．
    i) $S_{\mathfrak{p}}(0) \subseteq \mathfrak{p}$.
    ii) $r(S_{\mathfrak{p}}(0)) = \mathfrak{p} \iff \mathfrak{p}$ は A の極小素イデアルである．
    iii) $\mathfrak{p} \supseteq \mathfrak{p}'$ ならば，$S_{\mathfrak{p}}(0) \subseteq S_{\mathfrak{p}'}(0)$ である．
    iv) $\bigcap_{\mathfrak{p} \in D(A)} S_{\mathfrak{p}}(0) = 0$ が成り立つ．ただし，$D(A)$ は演習問題9で定義されたものとする．

11. $S_{\mathfrak{p}}(0)$ を演習問題10で定義されたものとする．このとき，$\mathfrak{p}$ が環 A の極小素イデアルならば，$S_{\mathfrak{p}}(0)$ は最小の $\mathfrak{p}$-準素イデアルであることを示せ．

$\mathfrak{p}$ が A の極小素イデアル全体を動くとき，イデアル $S_{\mathfrak{p}}(0)$ の共通集合を $\mathfrak{a}$ とする．このとき，$\mathfrak{a}$ はベキ零元根基に含まれることを示せ．

零イデアルが分解可能であると仮定する．このとき，$\mathfrak{a} = 0$ であるための必要十分条件は，0 に属するすべての素イデアルが孤立していることである．これを証明せよ．

12. A を環とし，S を A の積閉集合とする．任意のイデアル $\mathfrak{a}$ に対して，$S(\mathfrak{a})$ を $S^{-1}\mathfrak{a}$ の A への縮約を表すものとする．イデアル $S(\mathfrak{a})$ を S に関する $\mathfrak{a}$ の **飽和イデアル** (saturation) という．このとき，次を証明せよ．
    i) $S(\mathfrak{a}) \cap S(\mathfrak{b}) = S(\mathfrak{a} \cap \mathfrak{b})$.
    ii) $S(r(\mathfrak{a})) = r(S(\mathfrak{a}))$.

iii) $S(\mathfrak{a}) = (1) \iff \mathfrak{a} \cap S \neq \emptyset$.
iv) $S_1(S_2(\mathfrak{a})) = (S_1 S_2)(\mathfrak{a})$.

$\mathfrak{a}$ が準素分解をもてば，イデアル $S(\mathfrak{a})$ の集合（ここで，S は A のすべての積閉集合を動く）は有限であることを証明せよ．

13. A を環とし，$\mathfrak{p}$ を A の素イデアルとする．$\mathfrak{p}$ の**記号的 n 乗** (n-th symbolic power) は次のようなイデアルとして定義される（演習問題 12 の記号を用いて）．

$$\mathfrak{p}^{(n)} = S_{\mathfrak{p}}(\mathfrak{p}^n).$$

ただし，$S_{\mathfrak{p}} = A - \mathfrak{p}$ である．このとき，次を示せ．
 i) $\mathfrak{p}^{(n)}$ は $\mathfrak{p}$-準素イデアルである．
 ii) $\mathfrak{p}^n$ が準素分解をもてば，$\mathfrak{p}^{(n)}$ はその $\mathfrak{p}$-準素成分である．
 iii) $\mathfrak{p}^{(m)} \mathfrak{p}^{(n)}$ が準素分解をもてば，$\mathfrak{p}^{(m+n)}$ はその $\mathfrak{p}$-準素成分である．
 iv) $\mathfrak{p}^{(n)} = \mathfrak{p}^n \iff \mathfrak{p}^n$ は $\mathfrak{p}$-準素イデアルである．

14. $\mathfrak{a}$ を環 A において分解可能なイデアルとする．$x \in A$ かつ $x \notin \mathfrak{a}$ を満たすイデアル $(\mathfrak{a} : x)$ の集合の中で極大なものを $\mathfrak{p}$ とする．このとき，$\mathfrak{p}$ は $\mathfrak{a}$ に属する素イデアルであることを示せ．

15. $\mathfrak{a}$ を環 A において分解可能なイデアルとし，Σ を $\mathfrak{a}$ に属している素イデアルの孤立集合，また $\mathfrak{q}_\Sigma$ を対応している準素成分の共通集合とする．f を A の元で，$\mathfrak{a}$ に属している任意の素イデアル $\mathfrak{p}$ に対して「$f \in \mathfrak{p} \iff \mathfrak{p} \notin \Sigma$」が成り立つものとする．また，$S_f$ を f のすべてのベキの集合とする．このとき，すべての大きな n に対して $\mathfrak{q}_\Sigma = S_f(\mathfrak{a}) = (\mathfrak{a} : f^n)$ が成り立つことを示せ．

16. A をすべてのイデアルが準素分解をもつ環とするとき，すべての商環 $S^{-1}A$ は同じ性質をもつことを示せ．

17. A を次の性質をもつ環とする．
(L1) A のすべてのイデアル $\mathfrak{a} \neq (1)$ とすべての素イデアル $\mathfrak{p}$ に対して，ある元 $x \notin \mathfrak{p}$ が存在して $S_{\mathfrak{p}}(\mathfrak{a}) = (\mathfrak{a} : x)$ を満たす．ただし，$S_{\mathfrak{p}} = A - \mathfrak{p}$ である．

このとき，A のすべてのイデアルは（無限個でもよい）準素イデアルの共通集合であることを示せ．
[$\mathfrak{a} \neq (1)$ を A のイデアルとし，$\mathfrak{a}$ を含んでいる素イデアルの集合の極小元を $\mathfrak{p}_1$ とする．すると，$\mathfrak{q}_1 = S_{\mathfrak{p}_1}(\mathfrak{a})$ は $\mathfrak{p}_1$-準素イデアルであり（演習問題 11 により），また適当な $x \notin \mathfrak{p}_1$ に対して $\mathfrak{q}_1 = (\mathfrak{a} : x)$ が成り立つ．このとき，$\mathfrak{a} = \mathfrak{q}_1 \cap (\mathfrak{a} + (x))$ が成り立つことを示せ．

$\mathfrak{q}_1 \cap \mathfrak{b} = \mathfrak{a}$ を満たすイデアル $\mathfrak{b} \supseteq \mathfrak{a}$ の集合の極大元を $\mathfrak{a}_1$ とし，$x \in \mathfrak{a}_1$ となるように $\mathfrak{a}_1$ を選ぶと，$\mathfrak{a}_1 \not\subseteq \mathfrak{p}_1$ となる．$\mathfrak{a}_1$ を出発点としてこのつくり方を続ける．n 回目の段階で，$\mathfrak{a} = \mathfrak{q}_1 \cap \cdots \cap \mathfrak{q}_n \cap \mathfrak{a}_n$ が成り立つ．ただし，$\mathfrak{q}_i$ は準素イデアル，$\mathfrak{a}_n$ は $\mathfrak{a} = \mathfrak{q}_1 \cap \cdots \cap \mathfrak{q}_n \cap \mathfrak{b}$ を満たし，$\mathfrak{a}_{n-1} = \mathfrak{a}_n \cap \mathfrak{q}_n$ を含んでいるイデアル $\mathfrak{b}$ の中で極大なものであり，さらに $\mathfrak{a}_n \not\subseteq \mathfrak{p}_n$ を満たしている．ある段階で $\mathfrak{a}_n = (1)$ が成り立つとすれば，この手続きは終わりになり，$\mathfrak{a}$ は準素イデアルの有限個の共通集合となる．そうでなければ，各 $\mathfrak{a}_n$ は真に $\mathfrak{a}_{n-1}$ を含んでいることに注意して超限帰納法を用いてこの操作を続ける．]

18. 環 A について次の条件を考える：
(L2) イデアル $\mathfrak{a}$ と A の積閉集合の降鎖 $S_1 \supseteq S_2 \supseteq \cdots \supseteq S_n \supseteq \cdots$ に対して，ある整数 n が存在して $S_n(\mathfrak{a}) = S_{n+1}(\mathfrak{a}) = \cdots$ を満たす．このとき，次の条件は同値であることを証明せよ．
i) A のすべてのイデアルは準素分解をもつ．
ii) A は (L1) と (L2) を満たす．
[i) $\Rightarrow$ ii) については，演習問題 12 と 15 を用いる．ii) $\Rightarrow$ i) については，演習問題 17 の証明における記号を用いて，次のことを示せ．すなわち，$S_n = S_{\mathfrak{p}_1} \cap \cdots \cap S_{\mathfrak{p}_n}$ ならば，$S_n \cap \mathfrak{a}_n \neq \emptyset$ である．ゆえに，$S_n(\mathfrak{a}_n) = (1)$ となり，したがって，$S_n(\mathfrak{a}) = \mathfrak{q}_1 \cap \cdots \cap \mathfrak{q}_n$ を得る．そこで，(L2) を使って，このつくり方は有限回の操作で終わることを示せ．]

19. A を環とし，$\mathfrak{p}$ を A の素イデアルとする．このとき，すべての $\mathfrak{p}$-準素イデアルは $S_{\mathfrak{p}}(0)$ を含んでいることを示せ．ただし，$S_{\mathfrak{p}}(0)$ は標準的な準同型写像 $A \longrightarrow A_{\mathfrak{p}}$ の核である．

A は次の条件を満足していると仮定する：すべての素イデアル $\mathfrak{p}$ に対

して, A のすべての $\mathfrak{p}$-準素イデアルの共通部分は $S_\mathfrak{p}(0)$ に等しい. (ネーター環はこの条件を満足する. 第 10 章を参照せよ.) $\mathfrak{p}_1, \ldots, \mathfrak{p}_n$ を相異なる素イデアルとし, これらのどれも A の極小素イデアルではないものとする. このとき, A のあるイデアル $\mathfrak{a}$ が存在して, $\mathfrak{a}$ に属している素イデアルは $\mathfrak{p}_1, \ldots, \mathfrak{p}_n$ となる.

[n についての帰納法により証明する. $n = 1$ の場合は自明である ($\mathfrak{a} = \mathfrak{p}_1$ とすればよい). $n > 1$ と仮定して, $\mathfrak{p}_n$ を集合 $\{\mathfrak{p}_1, \ldots, \mathfrak{p}_n\}$ において極大なものとする. 帰納法の仮定によって, あるイデアル $\mathfrak{b}$ が存在して $\mathfrak{b}$ は最短準素分解 $\mathfrak{b} = \mathfrak{q}_1 \cap \cdots \cap \mathfrak{q}_{n-1}$ をもつ. ただし, $\mathfrak{q}_i$ は $\mathfrak{p}_i$-準素イデアルである. $\mathfrak{b} \subseteq S_{\mathfrak{p}_n}(0)$ のとき, $\mathfrak{p}$ を $\mathfrak{p}_n$ に含まれる A の極小素イデアルとする. すると, $S_{\mathfrak{p}_n}(0) \subseteq S_\mathfrak{p}(0)$ であるから, $\mathfrak{b} \subseteq S_\mathfrak{p}(0)$ を得る. イデアルの根基をとり, 演習問題 10 を使えば $\mathfrak{p}_1 \cap \cdots \cap \mathfrak{p}_{n-1} \subseteq \mathfrak{p}$ が成り立つ. ゆえに, ある i に対して $\mathfrak{p}_i \subseteq \mathfrak{p}$ となる. ここで $\mathfrak{p}$ は極小であるから, $\mathfrak{p}_i = \mathfrak{p}$ を得る. ところが, いかなる $\mathfrak{p}_i$ も極小ではないから, これは矛盾である. 以上より, $\mathfrak{b} \not\subseteq S_{\mathfrak{p}_n}(0)$ であり, したがって, $\mathfrak{p}_n$-準素イデアル $\mathfrak{q}_n$ が存在し, $\mathfrak{b} \not\subseteq \mathfrak{q}_n$ を満たす. このとき, $\mathfrak{a} = \mathfrak{q}_1 \cap \cdots \cap \mathfrak{q}_n$ は求める性質を満たすことを示せ.]

加群の準素分解

実際に, この章の全体は環 A 上の加群の状況に置き換えることができる. 以下の演習問題はどのようにしてこのことがなされるかを示している.

20. M を固定した A-加群とし, N を M の部分加群とする. M における N の**根基**を次のように定義する.

$$r_M(N) = \{x \in A : \text{適当な } q > 0 \text{ に対して } x^q M \subseteq N\}.$$

このとき, $r_M(N) = r(N : M) = r(\mathrm{Ann}(M/N))$ が成り立つことを示せ. 特に, $r_M(N)$ は A のイデアルである.

r_M に対して演習問題 1.13 と同様な公式が成り立つことを述べて, これを証明せよ.

21. 元 $x \in A$ は $m \longmapsto xm$ によって定まる M の自己準同型写像 ϕ_x を定義する．ϕ_x が単射でないとき（それぞれ，ベキ零であるとき），元 x は M の **零因子**（それぞれ，**ベキ零元**）であるという．M の部分加群 Q は，$Q \neq M$ かつ M/Q のすべての零因子がベキ零であるとき，M の**準素部分加群**であるという．

    Q が M の準素部分加群ならば，$(Q:M)$ は準素イデアルであり，ゆえに $r_M(Q)$ は素イデアル $\mathfrak{p}$ となる．このとき，Q は（M における）$\mathfrak{p}$-**準素部分加群**であるという．

    このとき，補題 4.3 と 補題 4.4 と同様なことが成り立つことを証明せよ．

22. M における N の**準素分解**とは，M の準素部分加群の共通集合として表される N の表現
    $$N = Q_1 \cap \cdots \cap Q_n$$
    のことである．イデアル $\mathfrak{p}_i = r_M(Q_i)$ はすべて相異なり，かつその表現において成分 Q_i のどの一つも省略することができない，すなわち $Q_i \not\supseteq \bigcap_{j \neq i} Q_j$ $(1 \leqslant i \leqslant n)$ であるとき，この分解は**最短準素分解**であるという．

    定理 4.5 と同様なこと，すなわち，素イデアル $\mathfrak{p}_1, \ldots, \mathfrak{p}_n$ は N（と M）にのみに依存することを証明せよ．それらは M において **N に属する素イデアル**という．それらは M/N において 0 に属する素イデアルであることも示せ．

23. 命題 4.6, 4.7, 4.8, 4.9, そして定理 4.10 とその系 4.11 と同様なことが成り立つことを述べて証明せよ．（$N = 0$ としても一般性は失われない．）

第5章

整従属と付値

　古典的な代数幾何学において，曲線はしばしばそれらを直線上に射影し，また曲線を直線の（分岐した）被覆とみなすことによって研究されてきた．これは数体と有理数体との間の関係，すなわち，それらの整数のつくる環の間の関係にきわめて類似している．そしてまた，それらにおける共通の代数的特徴は整従属の概念である．この章においては，整従属についての一連の結果を証明する．特に，整拡大における素イデアルの間の関係についてのコーエン–ザイデンベルグ (Cohen-Seidenberg) の定理（上昇定理 (going-up theorem) と下降定理 (going-down theorem)）を証明する．章末にある演習問題で代数幾何的状況と，特に正規化定理を論じよう．

　また，付値についても簡単な考察をする．

5.1　整従属

　B を環とし，A を B の部分環とする（ゆえに，$1 \in A$ である）．B の元 x が A に係数をもつモニック多項式の根であるとき，すなわち，次の形の式を満足するとき，x は ***A*** **上整** (integral over A) であるという．

$$x^n + a_1 x^{n-1} + \cdots + a_n = 0. \tag{1}$$

ただし，a_i は A の元である．A のすべての元は明らかに A 上整である．

【例 5.0】 $A = \mathbb{Z}$, $B = \mathbb{Q}$ とする．r と s が共通因数をもたない整数とするとき，有理数 $x = r/s$ が $\mathbb{Z}$ 上整ならば，(1) より，有理整数 a_i を係数とする次の式が成り立つ．
$$r^n + a_1 r^{n-1} s + \cdots + a_n s^n = 0.$$
したがって，s は r^n を割り切るので，$s = \pm 1$ となる．ゆえに，$x \in \mathbb{Z}$ となる．

【命題 5.1】 A を環 B の部分環とするとき，次の条件は同値である．

i) $x \in B$ は A 上整である．
ii) $A[x]$ は有限生成 A-加群である．
iii) 有限生成 A-加群である B の部分環 C が存在して，$A[x]$ は C に含まれる．
iv) A-加群としては有限生成であり，$A[x]$-加群としては忠実な M が存在する．

（証明） i) $\Rightarrow$ ii)：(1) より，すべての $r \geqslant 0$ に対して次が成り立つ．
$$x^{n+r} = -(a_1 x^{n+r-1} + \cdots + a_n x^r).$$
ゆえに，帰納法によって，すべての x の正のベキは $1, x, \ldots, x^{n-1}$ によって生成される A-加群に属している．したがって，$A[x]$ は（A-加群として）$1, x, \ldots, x^{n-1}$ によって生成される．

ii) $\Rightarrow$ iii)：$C = A[x]$ とすればよい．

iii) $\Rightarrow$ iv)：$M = C$ とすれば，これは忠実な $A[x]$-加群である（なぜならば，$yC = 0 \Longrightarrow y \cdot 1 = 0$ であるから）．

iv) $\Rightarrow$ i)：これは命題 2.4 より従う．すなわち，ϕ を x をかける乗法とし，$\mathfrak{a} = A$ とする（M は $A[x]$-加群であるから，$xM \subseteq M$ となっている）．M は忠実であるから，適当な $a_i \in A$ によって $x^n + a_1 x^{n-1} + \cdots + a_n = 0$ が成り立つ． ∎

【系 5.2】 x_i $(1 \leqslant i \leqslant n)$ を B の元とし，それぞれは A 上整であるとする．このとき，環 $A[x_1, \ldots, x_n]$ は有限生成 A-加群である．

(証明) n についての帰納法によって示す．$n=1$ の場合は命題 5.1 の一部である．$n>1$ と仮定し，$A_r = A[x_1,\ldots,x_r]$ とおく．帰納法の仮定によって，A_{n-1} は有限生成 A-加群である．$A_n = A_{n-1}[x_n]$ は有限生成 A_{n-1}-加群である (x_n は A_{n-1} 上整であるから $n=1$ の場合によって)．ゆえに，命題 2.16 によって A_n は A-加群として有限生成である．■

【系 5.3】 A 上整である B のすべての元の集合 C は，A を含んでいる B の部分環である．

(証明) $x,y \in C$ とすると，$A[x,y]$ は系 5.2 によって有限生成 A-加群である．ゆえに，命題 5.1 の iii) により，$x \pm y$ と xy は A 上整である．■

系 5.3 における環 C を B における A の**整閉包** (integral closure) という．$C = A$ のとき，A は **B で整閉** (integrally closed in B) であるという．$C = B$ のとき，環 B は **A 上整**であるという．

《注意》 $f : A \longrightarrow B$ を環準同型写像とすると，B は A-代数と考えられる．B がその部分環 $f(A)$ 上整であるとき，f は**整**であるといい，B は**整 A-代数** (integral A-algebra) であるという．この術語によれば，上の結果は次のように表される．

$$\text{有限型} + \text{整} = \text{有限}.$$

【系 5.4】 $A \subseteq B \subseteq C$ を環の拡大とする．このとき，B が A 上整でかつ C が B 上整であるならば，C は A 上整である (整従属の推移律)．

(証明) $x \in C$ とすると，次の式が成り立つ．

$$x^n + b_1 x^{n-1} + \cdots + b_n = 0 \qquad (b_i \in B).$$

環 $B' = A[b_1,\ldots,b_n]$ は系 5.2 より，有限生成 A-加群であり，$B'[x]$ は有限生成 B'-加群である (なぜなら，x は B' 上整であるから)．ゆえに，$B'[x]$ は命題 2.16 より有限生成 A-加群となり，したがって命題 5.1 の iii) より，x は A 上整である．■

【系 5.5】 $A \subseteq B$ を環として，C を B における A の整閉包とする．このとき，C は B において整閉である．

（証明） $x \in B$ を C 上整とする．系5.4より，x は A 上整となり，したがって $x \in C$ となる． ■

次の命題は，整従属性が剰余環や商環に移行しても保存されることを示している．

【命題 5.6】 $A \subseteq B$ を環とし，B を A 上整とするとき，次が成り立つ．

i) $\mathfrak{b}$ を B のイデアルとし，$\mathfrak{a} = \mathfrak{b}^c = A \cap \mathfrak{b}$ とすれば，$B/\mathfrak{b}$ は $A/\mathfrak{a}$ 上整である．

ii) S を A の積閉集合とするとき，$S^{-1}B$ は $S^{-1}A$ 上整である．

（証明） i) $x \in B$ とすると，$a_i \in A$ を係数とする関係 $x^n + a_1 x^{n-1} + \cdots + a_n = 0$ が成り立つ．これを剰余環 $B/\mathfrak{b}$ で考えればよい．

ii) $x/s \in S^{-1}B$ $(x \in B, s \in S)$ とする．このとき，上の式より次の関係が得られる．

$$(x/s)^n + (a_1/s)(x/s)^{n-1} + \cdots + a_n/s^n = 0.$$

この式は x/s が $S^{-1}A$ 上整であることを示している． ■

5.2 上昇定理

【命題 5.7】 $A \subseteq B$ を整域とし，かつ B が A 上整であるとする．このとき，B が体であるための必要十分条件は，A が体になることである．

（証明） A が体であると仮定して，$y \in B$, $y \neq 0$ とする．最小次数をもつ y の整従属を表す関係式を

$$y^n + a_1 y^{n-1} + \cdots + a_n = 0 \quad (a_i \in A)$$

とする．B は整域であるから，$a_n \neq 0$ である．ゆえに，$y^{-1} = -a_n^{-1}(y^{n-1} + a_1 y^{n-2} + \cdots + a_{n-1}) \in B$ となる．したがって，B は体である．

逆に，B が体であると仮定して，$x \in A$, $x \neq 0$ とする．このとき，$x^{-1} \in B$ であるから，x^{-1} は A 上整である．ゆえに，整従属を表す関係式がある．

$$x^{-m} + a'_1 x^{-m+1} + \cdots + a'_m = 0 \qquad (a'_i \in A).$$

これより，$x^{-1} = -(a'_1 + a'_2 x + \cdots + a'_m x^{m-1}) \in A$ が得られる．したがって，A は体である．■

【系 5.8】 $A \subseteq B$ を環とし，B を A 上整とする．$\mathfrak{q}$ を B の素イデアルとし，$\mathfrak{p} = \mathfrak{q}^c = \mathfrak{q} \cap A$ とおく．このとき，$\mathfrak{q}$ が極大イデアルであるための必要十分条件は，$\mathfrak{p}$ が極大イデアルになることである．

(証明)　命題 5.6 より，$B/\mathfrak{q}$ は $A/\mathfrak{p}$ 上整であり，これらの環は整域である．そこで，命題 5.7 を用いる．■

【系 5.9】 $A \subseteq B$ を環とし，B を A 上整とする．$\mathfrak{q}$ と $\mathfrak{q}'$ を B の素イデアルで，$\mathfrak{q} \subseteq \mathfrak{q}'$ かつ $\mathfrak{q}^c = \mathfrak{q}'^c$ を満たすものとする．このとき，$\mathfrak{q} = \mathfrak{q}'$ となる．

(証明)　$\mathfrak{q}^c = \mathfrak{q}'^c = \mathfrak{p}$ とおく．命題 5.6 より，$B_\mathfrak{p}$ は $A_\mathfrak{p}$ 上整である．$\mathfrak{m}$ を $\mathfrak{p}$ の $A_\mathfrak{p}$ への拡大とし，$\mathfrak{n}, \mathfrak{n}'$ をそれぞれ $\mathfrak{q}, \mathfrak{q}'$ の $B_\mathfrak{p}$ への拡大とする．このとき，$\mathfrak{m}$ は $A_\mathfrak{p}$ の極大イデアルである．また，$\mathfrak{n} \subseteq \mathfrak{n}'$ でかつ $\mathfrak{n}^c = \mathfrak{n}'^c = \mathfrak{m}$ が成り立つ．系 5.8 より，$\mathfrak{n}$ と $\mathfrak{n}'$ は極大であるから，$\mathfrak{n} = \mathfrak{n}'$ となる．ゆえに，命題 3.11, iv) より $\mathfrak{q} = \mathfrak{q}'$ を得る．■

【定理 5.10】 $A \subseteq B$ を環とし，B を A 上整とする．$\mathfrak{p}$ を A の素イデアルとする．このとき，B の素イデアル $\mathfrak{q}$ が存在して $\mathfrak{q} \cap A = \mathfrak{p}$ を満たす．

(証明)　命題 5.6 より，$B_\mathfrak{p}$ は $A_\mathfrak{p}$ 上整であり，また次の図式は可換である（ここで，水平の矢印は単射である）．

$$\begin{array}{ccc} A & \longrightarrow & B \\ \alpha \downarrow & & \downarrow \beta \\ A_\mathfrak{p} & \longrightarrow & B_\mathfrak{p} \end{array}$$

$\mathfrak{n}$ を $B_\mathfrak{p}$ の極大イデアルとする．$\mathfrak{m} = \mathfrak{n} \cap A_\mathfrak{p}$ は系 5.8 より極大であり，ゆえに，局所環 $A_\mathfrak{p}$ の唯一つの極大イデアルである．$\mathfrak{q} = \beta^{-1}(\mathfrak{n})$ とおけば，$\mathfrak{q}$ は素イデアルであり，$\mathfrak{q} \cap A = \alpha^{-1}(\mathfrak{m}) = \mathfrak{p}$ が成り立つ．■

【定理 5.11】（上昇定理） $A \subseteq B$ を環とし，B を A 上整とする．$\mathfrak{p}_1 \subseteq \cdots \subseteq \mathfrak{p}_n$ を A の素イデアルの昇鎖とし，$\mathfrak{q}_1 \subseteq \cdots \subseteq \mathfrak{q}_m$ ($m < n$) を B の素イデアルの昇鎖で $\mathfrak{q}_i \cap A = \mathfrak{p}_i$ ($1 \leqslant i \leqslant m$) を満たすものとする．このとき，昇鎖 $\mathfrak{q}_1 \subseteq \cdots \subseteq \mathfrak{q}_m$ を $\mathfrak{q}_1 \subseteq \cdots \subseteq \mathfrak{q}_n$ に延長して，$1 \leqslant i \leqslant n$ に対して $\mathfrak{q}_i \cap A = \mathfrak{p}_i$ となるようにすることができる．

（証明） 帰納法によって，ただちに $m = 1$, $n = 2$ の場合に帰着できる．$\overline{A} = A/\mathfrak{p}_1$, $\overline{B} = B/\mathfrak{q}_1$ とおく．このとき，$\overline{A} \subseteq \overline{B}$ でかつ，命題 5.6 より $\overline{B}$ は $\overline{A}$ 上整である．$\mathfrak{p}_2$ の $\overline{A}$ への像を $\overline{\mathfrak{p}}_2$ とすると，定理 5.10 より $\overline{\mathfrak{q}}_2 \cap \overline{A} = \overline{\mathfrak{p}}_2$ を満たす $\overline{B}$ の素イデアル $\overline{\mathfrak{q}}_2$ が存在する．$\overline{\mathfrak{q}}_2$ を B へ引き戻すと，求める性質を満たす素イデアル $\mathfrak{q}_2$ が得られる． ■

5.3 整閉整域，下降定理

命題 5.6, ii) のより深い結果が成り立つ．

【命題 5.12】 $A \subseteq B$ を環とし，C を B における A の整閉包とする．S を A の積閉集合とする．このとき，$S^{-1}C$ は $S^{-1}B$ における $S^{-1}A$ の整閉包である．

（証明） 命題 5.6 より，$S^{-1}C$ は $S^{-1}A$ 上整である．逆に，$b/s \in S^{-1}B$ を $S^{-1}A$ 上整であるとすれば，次の形の式が成り立つ．

$$(b/s)^n + (a_1/s_1)(b/s)^{n-1} + \cdots + a_n/s_n = 0.$$

ただし，$a_i \in A, s_i \in S$ ($1 \leqslant i \leqslant n$) である．$t = s_1 \cdots s_n$ とおき，この等式の両辺に $(st)^n$ をかける．すると，それは bt に対する A 上の整従属を表す関係式になる．よって，$bt \in C$ となり，したがって，$b/s = bt/st \in S^{-1}C$ が得られる． ■

整域がその商体の中で整閉であるとき，その整域は（修飾語なしに）**整閉**，または**整閉整域**であるという．たとえば，$\mathbb{Z}$ は整閉である（例 5.0 参照）．同じ議論により，任意の一意分解整域は整閉であることがわかる．特に，体 k 上の多項式環 $k[x_1, \ldots, x_n]$ は整閉である．

整閉包は次の命題が示しているように局所的な性質である．

【命題 5.13】 A を整域とする．このとき，次の条件は同値である．

i) A は整閉である．
ii) 任意の素イデアル $\mathfrak{p}$ に対して，$A_\mathfrak{p}$ は整閉である．
iii) 任意の極大イデアル $\mathfrak{m}$ に対して，$A_\mathfrak{m}$ は整閉である．

(証明) K を A の商体，C を K における A の整閉包とし，$f: A \longrightarrow C$ を A から C への恒等写像とする．このとき，A が整閉である $\iff f$ が全射である．命題 5.12 より，$A_\mathfrak{p}$ (それぞれ $A_\mathfrak{m}$) が整閉である $\iff f_\mathfrak{p}$ (それぞれ $f_\mathfrak{m}$) が全射である．そこで，命題 3.9 を用いる．■

$A \subseteq B$ を環とし，$\mathfrak{a}$ を A のイデアルとする．B の元は，すべての係数が $\mathfrak{a}$ に属している A 上の整従属の関係式を満たすとき，**$\mathfrak{a}$ 上整** であるという．B における $\mathfrak{a}$ の**整閉包**とは，$\mathfrak{a}$ 上整である B のすべての元の集合である．

【補題 5.14】 C を B における A の整閉包とし，$\mathfrak{a}^e$ を $\mathfrak{a}$ の C への 拡大とする．このとき，B における $\mathfrak{a}$ の整閉包はイデアル $\mathfrak{a}^e$ の根基である (したがって，加法と乗法に関して閉じている)．

(証明) $x \in B$ が $\mathfrak{a}$ 上整ならば，$a_1, \ldots, a_n \in \mathfrak{a}$ を係数として，次の関係式を満たす．
$$x^n + a_1 x^{n-1} + \cdots + a_n = 0.$$
ゆえに，$x \in C$ となり，したがって $x^n \in \mathfrak{a}^e$，すなわち $x \in r(\mathfrak{a}^e)$ が成り立つ．逆に，$x \in r(\mathfrak{a}^e)$ ならば，適当な $n > 0$ に対して $x^n = \sum a_i x_i$ が成り立つ．ただし，この式に現れるすべての a_i は $\mathfrak{a}$ の元であり，すべての x_i は C の元である．ここで各 x_i は A 上整であるから，系 5.2 より，$M = A[x_1, \ldots, x_n]$ は有限生成 A-加群であり，また $x^n M \subseteq \mathfrak{a} M$ が成り立つ．ゆえに，命題 2.4 より (そこでの ϕ を x^n をかける乗法としてとる)，x^n が $\mathfrak{a}$ 上整であることがわかる．したがって，x は $\mathfrak{a}$ 上整である．■

【命題 5.15】 $A \subseteq B$ を整域の拡大とし，A を整閉，$x \in B$ を A のイデアル $\mathfrak{a}$ 上整である元とする．このとき，x は A の商体 K 上代数的な元であり，K 上 x の最小多項式が $t^n + a_1 t^{n-1} + \cdots + a_n$ ならば，$a_1, \ldots, a_n$ は $r(\mathfrak{a})$ に属する．

(証明) 明らかに，x は K 上代数的である．x のすべての共役 $x_1,\ldots,x_n$ を含んでいる K の拡大体を L とする．各 x_i は x と同じ整従属関係式を満たすので，各 x_i は $\mathfrak{a}$ 上整である．K 上 x の最小多項式の係数は $x_1,\ldots,x_n$ の多項式であるから，補題 5.14 よりこれらは $\mathfrak{a}$ 上整である．A は整閉であるから，それらは再び補題 5.14 より $r(\mathfrak{a})$ に属さなければならない．∎

【定理 5.16】（下降定理）　$A \subseteq B$ を整域の拡大とし，A を整閉，B を A 上整であるとする．$\mathfrak{p}_1 \supseteq \cdots \supseteq \mathfrak{p}_n$ を A の素イデアルの降鎖とし，$\mathfrak{q}_1 \supseteq \cdots \supseteq \mathfrak{q}_m$ $(m < n)$ を B の素イデアルの降鎖で $\mathfrak{q}_i \cap A = \mathfrak{p}_i$ $(1 \leqslant i \leqslant m)$ を満たすものとする．このとき，降鎖 $\mathfrak{q}_1 \supseteq \cdots \supseteq \mathfrak{q}_m$ を $\mathfrak{q}_1 \supseteq \cdots \supseteq \mathfrak{q}_n$ に延長して，$1 \leqslant i \leqslant n$ に対して $\mathfrak{q}_i \cap A = \mathfrak{p}_i$ を満たすようにすることができる．

(証明) 定理 5.11 と同様にして，ただちに $m=1$, $n=2$ の場合に帰着できる．このとき，$\mathfrak{p}_2$ が環 $B_{\mathfrak{q}_1}$ の素イデアルの縮約であること，すなわち，これと同値である次の式（命題 3.16），$B_{\mathfrak{q}_1}\mathfrak{p}_2 \cap A = \mathfrak{p}_2$ を示さなければならない．

すべての元 $x \in B_{\mathfrak{q}_1}\mathfrak{p}_2$ は，$y \in B\mathfrak{p}_2$, $s \in B - \mathfrak{q}_1$ として y/s なる形をしている．補題 5.14 によって，y は $\mathfrak{p}_2$ 上整である．ゆえに命題 5.15 より，A の商体 K 上 y の最小多項式は，$u_1,\ldots,u_r \in \mathfrak{p}_2$ として次の形をしている．

$$y^r + u_1 y^{r-1} + \cdots + u_r = 0. \tag{1}$$

さて，ここで $x \in B_{\mathfrak{q}_1}\mathfrak{p}_2 \cap A$ と仮定する．すると $s = yx^{-1}$, $x^{-1} \in K$ であるから，このとき K 上 s の最小多項式は (1) を x^r で割ることによって得られる．ゆえに，$v_i = u_i/x^i$ とおけば

$$s^r + v_1 s^{r-1} + \cdots + v_r = 0 \tag{2}$$

を得る．したがって，

$$x^i v_i = u_i \in \mathfrak{p}_2 \qquad (1 \leqslant i \leqslant r). \tag{3}$$

ところが，s は A 上整であるから，命題 5.15 によって $(\mathfrak{a} = (1)$ として$)$，各 v_i は A に属する．ここで，$x \notin \mathfrak{p}_2$ と仮定する．すると (3) より $v_i \in \mathfrak{p}_2$ $(1 \leqslant i \leqslant r)$ であることがわかる．ゆえに，(2) より，$s^r \in B\mathfrak{p}_2 \subseteq B\mathfrak{p}_1 \subseteq \mathfrak{q}_1$ であることがわかる．したがって，$s \in \mathfrak{q}_1$ を得るが，これは矛盾である．よって，$x \in \mathfrak{p}_2$ となり，ゆえに，$B_{\mathfrak{q}_1}\mathfrak{p}_2 \cap A = \mathfrak{p}_2$ を得る．これが求めるものであった．∎

次の命題の証明は体論からのいくつかの一般的な事実を用いる．

【命題 5.17】 A を整閉整域とし，K をその商体，L を K の有限次分離代数拡大，B を L における A の整閉包とする．このとき，K 上 L の基底 $v_1, \ldots, v_n$ が存在して，$B \subseteq \sum_{j=1}^n Av_j$ を満たす．

（証明） v を L の任意の元とすると，v は K 上代数的であるから，次の形の関係式を満足する．

$$a_0 v^r + a_1 v^{r-1} + \cdots + a_r = 0 \qquad (a_i \in A).$$

この式に a_0^{r-1} をかけると，$a_0 v = u$ は A 上整であることがわかる．ゆえに，u は B に属する．このようにして，K 上 L の任意の基底が与えられたとき，適当な A の元をその基底の各元にかけて，各 u_i が $u_i \in B$ であるような基底 $u_1, \ldots, u_n$ を得ることができる．

T を（L から K への）トレースとする．L/K は分離的であるから，（K 上のベクトル空間とみたとき）L 上の双線形写像 $(x, y) \longmapsto T(xy)$ は非退化であり，ゆえに $T(u_i v_j) = \delta_{ij}$ によって定義される K 上 L の相補基底 $v_1, \ldots, v_n$ が存在する．$x \in B$ として，$x = \sum_j x_j v_j$ $(x_j \in K)$ と表されたとする．($u_i \in B$ であるから) $xu_i \in B$ である．したがって，命題 5.15 より $T(xu_i) \in A$ となる（なぜならば，ある元のトレースは最小多項式のある係数の倍数であるから）．ところが，$T(xu_i) = \sum_j T(x_j u_i v_j) = \sum_j x_j T(u_i v_j) = \sum_j x_j \delta_{ij} = x_i$. ゆえに，$x_i \in A$ となる．以上より，$B \subseteq \sum_j Av_j$ が成り立つ． ∎

5.4　付値環

B を整域とし，その商体を K とする．K の任意の元 $x \neq 0$ に対して，$x \in B$ であるか，または $x^{-1} \in B$ が成り立つとき（二つとも可），B を K の**付値環** (valuation ring) という．

【命題 5.18】 B を整域とし，その商体を K とする．B が K の付値環であるとき，次が成り立つ．

　i) B は局所環である．

ii) B' が $B \subseteq B' \subseteq K$ を満たす環ならば，B' は K の付値環である．

iii) B は（K で）整閉である．

(証明) i) $\mathfrak{m}$ を B の非単元全体の集合とする．すると，$x \in \mathfrak{m} \iff x = 0$ または $x^{-1} \notin B$ である．$a \in B$ かつ $x \in \mathfrak{m}$ とすると，$ax \in \mathfrak{m}$ である．そうでないとすると $(ax)^{-1} \in B$ となり，$x^{-1} = a \cdot (ax)^{-1} \in B$ となるからである．次に，x と y を零でない $\mathfrak{m}$ の元とする．このとき，$xy^{-1} \in B$ であるか，または $x^{-1}y \in B$ である．$xy^{-1} \in B$ とすると，$x + y = (1 + xy^{-1})y \in B\mathfrak{m} \subseteq \mathfrak{m}$ となる．$x^{-1}y \in B$ のときも同様である．ゆえに，$\mathfrak{m}$ はイデアルとなる．したがって，命題 1.6 より B は局所環である．

ii) 定義より明らかである．

iii) $x \in K$ を B 上整であるとする．このとき，次のような x の整従属関係式がある．
$$x^n + b_1 x^{n-1} + \cdots + b_n = 0 \qquad (b_i \in B).$$
$x \in B$ ならば，何も証明することはない．そうでないとすると，$x^{-1} \in B$ である．ゆえに，$x = -(b_1 + b_2 x^{-1} + \cdots + b_n x^{1-n}) \in B$ となる．■

K を体とし，Ω を代数的閉体とする．A を K の部分環で，f を A から Ω への準同型写像とするとき，このようなすべての対 (A, f) の集合を Σ とする．次のようにして集合 Σ に半順序を定義する．

$$(A, f) \leqslant (A', f') \iff A \subseteq A', \text{ かつ } f'|A = f.$$

このとき，明らかにツォルンの補題の条件が満足されるので，集合 Σ には少なくとも一つの極大元が存在する．

(B, g) を Σ の極大元の一つとする．このとき，B は K の付値環であることを証明したい．その証明の第一段は次の補題である．

【補題 5.19】 B は局所環であり，かつ $\mathfrak{m} = \mathrm{Ker}(g)$ はその極大イデアルである．

(証明) $g(B)$ は体の部分環であるから，整域である．よって，$\mathfrak{m} = \mathrm{Ker}(g)$ は素イデアルである．すべての $b \in B$ とすべての $s \in B - \mathfrak{m}$ に対して，$g(s)$ は

零にならないから，$\bar{g}(b/s) = g(b)/g(s)$ とおくことによって，g を $\bar{g}: B_\mathfrak{m} \longrightarrow \Omega$ なる準同型写像に拡張することができる．問題の組 (B, g) は極大であるから，$B = B_\mathfrak{m}$ でなければならない．したがって，B は局所環であり，$\mathfrak{m}$ はその極大イデアルである．∎

【補題 5.20】 x を K の零でない元とする．$B[x]$ を B 上 x によって生成された K の部分環とし，$\mathfrak{m}[x]$ をイデアル $\mathfrak{m}$ の $B[x]$ への拡大とする．このとき，$\mathfrak{m}[x] \neq B[x]$ であるか，または $\mathfrak{m}[x^{-1}] \neq B[x^{-1}]$ のいずれかが成り立つ．

（証明） $\mathfrak{m}[x] = B[x]$ と $\mathfrak{m}[x^{-1}] = B[x^{-1}]$ が同時に成り立つと仮定する．このとき，次の二つの関係式が成り立つ．

$$u_0 + u_1 x + \cdots + u_m x^m = 1 \qquad (u_i \in \mathfrak{m}), \tag{1}$$

$$v_0 + v_1 x^{-1} + \cdots + v_n x^{-n} = 1 \qquad (v_j \in \mathfrak{m}). \tag{2}$$

ここで，次数 m, n はできるだけ小さいものと仮定することができる．$m \geq n$ と仮定し，(2) の両辺に x^n をかけると，次の式が得られる．

$$(1 - v_0)x^n = v_1 x^{n-1} + \cdots + v_n. \tag{3}$$

$v_0 \in \mathfrak{m}$ であるから，補題 5.19 より，$1 - v_0$ は B における単元である．したがって，式 (3) は次の形に表される．

$$x^n = w_1 x^{n-1} + \cdots + w_n \qquad (w_j \in \mathfrak{m}).$$

ゆえに，式 (1) において x^m を $w_1 x^{m-1} + \cdots + w_n x^{m-n}$ によって置き換えることができる．これは指数 m の最小性に矛盾する．∎

【定理 5.21】 (B, g) を Σ の極大元とすると，B は体 K の付値環である．

（証明） $x \neq 0$ を K の元とするとき，$x \in B$ であるかまたは，$x^{-1} \in B$ であることを示せばよい．補題 5.20 より，$\mathfrak{m}[x]$ は環 $B' = B[x]$ の単位イデアルではないと仮定してよい．このとき，$\mathfrak{m}[x]$ は B' のある極大イデアル $\mathfrak{m}'$ に含まれ，また $\mathfrak{m}' \cap B = \mathfrak{m}$ が成り立つ（なぜなら，$\mathfrak{m}' \cap B$ は B の真のイデアルであって，$\mathfrak{m}$ を含んでいるから）．したがって，B の B' への埋め込みは，

体 $k = B/\mathfrak{m}$ の体 $k' = B'/\mathfrak{m}'$ への埋め込みを誘導する．$\bar{x}$ を x の k' への像とすると，$k' = k[\bar{x}]$ が成り立つ．ゆえに，$\bar{x}$ は k 上代数的である．したがって，k' は k の有限次代数拡大である．

さて，補題 5.19 より，$\mathfrak{m}$ は g の核であるから，準同型写像 g は k から Ω への埋め込み $\bar{g}$ を誘導する．Ω は代数的閉体であるから，$\bar{g}$ は k' から Ω への埋め込み $\bar{g}'$ へ拡張される．$\bar{g}'$ と自然な準同型写像 $B' \longrightarrow k'$ を合成すると，g の拡張になっている $g': B' \longrightarrow \Omega$ が得られる．(B, g) は極大であるから，$B' = B$ となる．したがって，$x \in B$ が得られる．■

【系 5.22】 A を体 K の部分環とする．K における A の整閉包 $\overline{A}$ は A を含んでいる K のすべての付値環の共通集合である．

（証明） B を $A \subseteq B$ を満たす K の付値環とする．B は整閉であるから，命題 5.18, iii) によって，$\overline{A} \subseteq B$ が得られる．

逆に，$x \notin \overline{A}$ とする．このとき，x は環 $A' = A[x^{-1}]$ に属さない．ゆえに，x^{-1} は A' の非単元であるから，したがって A' のある極大イデアル $\mathfrak{m}'$ に含まれる．Ω を体 $k' = A'/\mathfrak{m}'$ の代数的閉包とする．このとき，自然な準同型写像 $A' \longrightarrow k'$ の A への制限写像は A から Ω への準同型写像を定義する．定理 5.21 によって，この写像はある付値環 $B \supseteq A$ へ拡張される．x^{-1} は零に写像されるので，$x \notin B$ となる．■

【命題 5.23】 $A \subseteq B$ を整域とし，B を A 上有限生成とする．v を B の零でない元とする．このとき，次の条件を満たす元 $u \neq 0$ が A に存在する．すなわち，$f(u) \neq 0$ を満たす A からある代数的閉体 Ω への任意の準同型写像 f は，$g(v) \neq 0$ を満たす B から Ω への準同型写像 g に拡張される．

（証明） A 上 B の生成元の個数に関する帰納法によって，B が A 上唯一つの元 x によって生成される場合に帰着される．

i) x が A 上超越的であると仮定する．すなわち，A に係数をもつ零でない多項式は x を根としてもたない．$v = a_0 x^n + a_1 x^{n-1} + \cdots + a_n$ とおき，$u = a_0$ とする．$f: A \longrightarrow \Omega$ が $f(u) \neq 0$ を満たせば，Ω は無限集合であるから，$f(a_0)\xi^n + f(a_1)\xi^{n-1} + \cdots + f(a_n) \neq 0$ を満たす元 $\xi \in \Omega$ が存在する．

$g : B \longrightarrow \Omega$ を $g(x) = \xi$ とおくことによって，f を拡張したものとする．このとき，$g(v) \neq 0$ となり，これが求めるものであった．

ii) x が A 上代数的であると仮定する（すなわち，A の商体上代数的である）．v は x の多項式であるから，v^{-1} も A 上代数的である．ゆえに，次の関係式がある．

$$a_0 x^m + a_1 x^{m-1} + \cdots + a_m = 0 \qquad (a_i \in A), \tag{1}$$

$$a'_0 v^{-n} + a'_1 v^{1-n} + \cdots + a'_n = 0 \qquad (a'_j \in A). \tag{2}$$

$u = a_0 a'_0$ とし，$f : A \longrightarrow \Omega$ を $f(u) \neq 0$ を満たすようなものとする．このとき，f は最初に準同型写像 $f_1 : A[u^{-1}] \longrightarrow \Omega$ $(f_1(u^{-1}) = f(u)^{-1}$ として$)$ に拡張される．さらに，定理 5.21 により $A[u^{-1}]$ を含んでいる付値環 C が存在して，準同型写像 $h : C \longrightarrow \Omega$ に拡張される．(1) より，x は $A[u^{-1}]$ 上整である．ゆえに，系 5.22 より $x \in C$ となるので，C は B を含む．特に，$v \in C$ となる．一方，(2) より，v^{-1} は $A[u^{-1}]$ 上整であるから，再び系 5.22 より v^{-1} は C に属する．したがって，v は C で単元である．ゆえに，$h(v) \neq 0$ である．そこで，g を h の B への制限とすればよい． ∎

【系 5.24】 k を体とし，B を有限生成 k-代数とする．B が体ならば，それは k の有限次代数拡大である．

（証明） $A = k, v = 1$ とし，$\Omega = k$ の代数的閉包とすればよい． ∎

系 5.24 はヒルベルトの零点定理の一つの形である．別証明については命題 7.9 を参照せよ．

演習問題

1. $f : A \longrightarrow B$ を環の整準同型写像とする．$f^* : \mathrm{Spec}(B) \longrightarrow \mathrm{Spec}(A)$ は閉写像であること，すなわち閉集合を閉集合に移すことを示せ．（これは幾何学的には定理 5.10 に同値である．）

2. A を環 B の部分環であるとし，B は A 上整，かつ $f: A \longrightarrow \Omega$ を A から代数的閉体 Ω への準同型写像とする．このとき，f は B から Ω への準同型写像に拡張されることを示せ．
   [定理 5.10 を用いる．]

3. $f: B \longrightarrow B'$ を A-代数の準同型写像とし，かつ C を A-代数とする．f が整ならば，$f \otimes 1: B \otimes_A C \longrightarrow B' \otimes_A C$ は整であることを証明せよ．（これは特別な場合として命題 5.6, ii) を含んでいる．）

4. A を環 B の部分環で，B は A 上整であるとする．$\mathfrak{n}$ を B のイデアルとし，$\mathfrak{m} = \mathfrak{n} \cap A$ を A の対応している極大イデアルとする．このとき，$B_\mathfrak{n}$ は必然的に $A_\mathfrak{m}$ 上整となるであろうか？
   [k を体として，$k[x]$ の部分環 $k[x^2 - 1]$ を考え，$\mathfrak{n} = (x - 1)$ とする．元 $1/(x+1)$ は整となるであろうか？]

5. $A \subseteq B$ を環とし，B は A 上整とする．このとき，次を示せ．
   i) $x \in A$ が B で単元ならば，x は A で単元である．
   ii) A のジャコブソン根基は B のジャコブソン根基の縮約である．

6. $B_1, \ldots, B_n$ を整 A-代数とする．このとき，$\prod_{i=1}^n B_i$ は整 A-代数であることを示せ．

7. A を環 B の部分環とし，集合 $B - A$ が乗法に関して閉じているものとする．このとき，A は B において整閉であることを示せ．

8. i) A を整域 B の部分環とし，C を B における A の整閉包とする．f, g を $B[x]$ のモニック多項式とし，$fg \in C[x]$ を満たすものとする．このとき，f と g は $C[x]$ に属する．
   [f, g が 1 次因数に分解するような B を含んでいる体を考える．$f = \prod(x - \xi_i)$, $g = \prod(x - \eta_j)$ とする．任意の ξ_i と η_j は fg の根であるから，C 上で整である．したがって，f と g の係数は C 上で整である．]
   ii) B（または A）が整域であるという仮定なしに，同じ結果が成り立つことを証明せよ．

9. A を環 B の部分環とし,C を B における A の整閉包とする.$C[x]$ は $B[x]$ における $A[x]$ の整閉包であることを示せ.
[$f \in B[x]$ が $A[x]$ 上で整であるならば,次の式が成り立つ.
$$f^m + g_1 f^{m-1} + \cdots + g_m = 0 \qquad (g_i \in A[x]).$$
r を m と $g_1, \ldots, g_m$ の次数より大きい整数とし,$f_1 = f - x^r$ とおけば,
$$(f_1 + x^r)^m + g_1(f + x^r)^{m-1} + \cdots + g_m = 0.$$
すなわち,
$$f_1^m + h_1 f_1^{m-1} + \cdots + h_m = 0$$
と表される.ただし,$h_m = (x^r)^m + g_1(x^r)^{m-1} + \cdots + g_m \in A[x]$ である.そこで,演習問題 8 を多項式 $-f_1$ と $f_1^{m-1} + h_1 f_1^{m-2} + \cdots + h_{m-1}$ に適用する.]

10. 環準同型写像 $f : A \longrightarrow B$ は,上昇定理 5.11 (または,下降定理 5.16) の結論が B とその部分環 $f(A)$ に対して成り立つとき **上昇性質**(going-up property) (または,**下降性質**(going-down property)) をもつという.

$f^* : \mathrm{Spec}(B) \longrightarrow \mathrm{Spec}(A)$ を f に対応している写像とする.

i) 次の三つの条件を考える.
  (a) f^* は閉写像である.
  (b) f は上昇性質をもつ.
  (c) $\mathfrak{q}$ を B の任意の素イデアルとし,$\mathfrak{p} = \mathfrak{q}^c$ とおく.このとき,
  $f^* : \mathrm{Spec}(B/\mathfrak{q}) \longrightarrow \mathrm{Spec}(A/\mathfrak{p})$ は全射である.

 このとき,(a) $\Rightarrow$ (b) $\Leftrightarrow$ (c) を証明せよ.(第 6 章,演習問題 11 も参照せよ.)

ii) 次の三つの条件を考える.
  (a') f^* は開写像である.
  (b') f は下降性質をもつ.
  (c') B の任意の素イデアル $\mathfrak{q}$ に対して,$\mathfrak{p} = \mathfrak{q}^c$ ならば,$f^* : \mathrm{Spec}(B_\mathfrak{q})$
   $\longrightarrow \mathrm{Spec}(A_\mathfrak{p})$ は全射である.

 このとき,(a') $\Rightarrow$ (b') $\Leftrightarrow$ (c') を証明せよ.(第 7 章,演習問題 23 も参照せよ.)

[(a′) ⇒ (c′) を証明するために, $B_\mathfrak{q}$ は $t \in B-\mathfrak{q}$ とする環 B_t の順極限であることに注意せよ. ゆえに, 第3章, 演習問題26により, $f^*(\mathrm{Spec}(B_\mathfrak{q})) = \bigcap_t f^*(\mathrm{Spec}(B_t)) = \bigcap_t f^*(Y_t)$ が成り立つ. Y_t は Y における $\mathfrak{q}$ の開近傍であり, かつ f^* は開写像であるから, $f^*(Y_t)$ は X における $\mathfrak{p}$ の開近傍である. したがって, これは $\mathrm{Spec}(A_\mathfrak{p})$ を含んでいる.]

11. $f: A \longrightarrow B$ を環の平坦な準同型写像とする. このとき, f は下降性質をもつ.
    [第3章, 演習問題18参照.]

12. G を環 A の自己同型写像のつくるある有限群とし, A^G を G-不変なすべての元のつくる部分環, すなわち, すべての $\sigma \in G$ に対して $\sigma(x) = x$ を満たすすべての $x \in A$ の集合とする. このとき, A は A^G 上整であることを証明せよ.
    [$x \in A$ としたとき, x は多項式 $\prod_{\sigma \in G}(t - \sigma(x))$ の根であることに注意せよ.]

    S を A の積閉集合で, すべての $\sigma \in G$ に対して $\sigma(S) \subseteq S$ を満たすものとし, $S^G = S \cap A^G$ とおく. G の A 上への作用は $S^{-1}A$ の上への作用に拡張でき, $(S^G)^{-1}A^G \cong (S^{-1}A)^G$ が成り立つことを示せ.

13. 演習問題12の状況で, $\mathfrak{p}$ を A^G の素イデアルとし, P をその縮約が $\mathfrak{p}$ である A の素イデアルの集合とする. このとき, G は P 上に推移的に作用することを示せ. 特に, P は有限集合である.
    [$\mathfrak{p}_1\mathfrak{p}_2 \in P$ かつ $x \in \mathfrak{p}_1$ とする. このとき, $\prod_\sigma \sigma(x) \in \mathfrak{p}_1 \cap A^G = \mathfrak{p} \subseteq \mathfrak{p}_2$ が成り立つので, ある $\sigma \in G$ に対して $\sigma(x) \in \mathfrak{p}_2$ となる. これより, $\mathfrak{p}_1$ が $\bigcap_{\sigma \in G} \sigma(\mathfrak{p}_2)$ に含まれることを導き, それから命題1.11と系5.9を適用する.]

14. A を整閉整域とし, K をその商体, そして L を K の分離的な有限次正規拡大体とする. G を K 上 L のガロア群とし, B を A の L における整閉包とする. このとき, すべての $\sigma \in G$ に対して $\sigma(B) = B$ であること, および $A = B^G$ が成り立つことを示せ.

15. A と K を演習問題 14 と同じ記号とする. L を K の任意の有限次拡大体とし, B を L における A の整閉包とする. $\mathfrak{p}$ を A の任意の素イデアルとしたとき, 縮約が $\mathfrak{p}$ である B のすべての素イデアル $\mathfrak{q}$ の集合は有限であることを示せ (言い換えると, $\mathrm{Spec}(B) \longrightarrow \mathrm{Spec}(A)$ は有限のファイバーをもつということである).

[次の二つの場合に帰着させる. (a) L は K 上分離的である, (b) L は K 上純非分離的である. (a) の場合, L を K の分離的な有限次正規拡大の中に埋め込み, 演習問題 13 と 14 を用いる. (b) の場合, $\mathfrak{q}$ が B の素イデアルで $\mathfrak{q} \cap A = \mathfrak{p}$ を満たすならば, $\mathfrak{q}$ はある $m \geq 0$ に対して $x^{p^m} \in \mathfrak{p}$ となるすべての $x \in B$ の集合であることを示せ. ただし, p は K の標数である. したがって, この場合 $\mathrm{Spec}(B) \longrightarrow \mathrm{Spec}(A)$ は全単射である.]

ネーターの正規化定理

16. k を体として, $A \neq 0$ を有限生成 k-代数とする. このとき, k 上代数的に独立な元 $y_1, \ldots, y_r \in A$ が存在して, A は $k[y_1, \ldots, y_r]$ 上整となる.

    k は無限であると仮定しよう. (k が有限であってもこの結果は正しい. しかし異なった証明が必要である.) $x_1, \ldots, x_n$ が k-代数として A を生成しているとする. これらの番号を付け替えて, $x_1, \ldots, x_r$ が k-上代数的独立であり, $x_{r+1}, \ldots, x_n$ のどの元も $k[x_1, \ldots, x_r]$ 上代数的であるようにすることができる. n についての帰納法によって証明する. $n = r$ ならば, 証明することはないので, $n > r$ として $n-1$ に対して主張が正しいと仮定する. 生成元 x_n は $k[x_1, \ldots, x_{n-1}]$ 上代数的であり, ゆえに n 変数の多項式 $f \neq 0$ が存在して $f(x_1, \ldots, x_{n-1}, x_n) = 0$ を満たす. F を f における最高次数の斉次部分とする. k は無限体であるから, $\lambda_1, \ldots, \lambda_{n-1} \in k$ が存在して $F(\lambda_1, \ldots, \lambda_{n-1}, 1) \neq 0$ を満たす. $x_i' = x_i - \lambda_i x_n$ $(1 \leq i \leq n-1)$ とおく. x_n は環 $A' = k[x_1', \ldots, x_{n-1}']$ 上整であること, ゆえに A は A' 上整となることを示せ. このとき, 帰納法の仮定を A' に適用して証明を完成させよ.

    証明より $y_1, \ldots, y_r$ は $x_1, \ldots, x_n$ の 1 次結合として選ぶことができる. これより次のような幾何学的解釈ができる. すなわち, k を代数的閉体

とし，X を k^n におけるアフィン代数多様体で座標環 $A \neq 0$ をもつものとする．このとき，k^n に次元 r の線形空間 L と，k^n から L の上への線形写像で X を L の上へ移すものが存在する．[演習問題2を用いる．]

弱零点定理 (Nullstellensatz, weak form)

17. k を代数的閉体とする．X を k^n におけるアフィン代数多様体とし，$I(X)$ を多項式環 $k[t_1,\ldots,t_n]$ における X のイデアルとする（第1章，演習問題27）．このとき，$I(X) \neq (1)$ ならば，X は空集合ではない．
    [$A = k[t_1,\ldots,t_n]/I(X)$ を X の座標環とする．このとき，$A \neq 0$ である．よって，演習問題16より k^n において次元 $\geqslant 0$ の線形空間 L と，X から L の上への写像が存在する．ゆえに，$X \neq \emptyset$ である．]
    環 $k[t_1,\ldots,t_n]$ におけるすべての極大イデアルは $(t_1-a_1,\ldots,t_n-a_n)$，$a_i \in k$ という形をしていることを導け．

18. k を体とし，B を有限生成 k-代数とする．B が体であると仮定する．このとき，B は k の有限次拡大体である．（これは別の形のヒルベルトの零点定理である．次の証明はザリスキーによる．他の証明については系5.24, 命題7.9を参照せよ．）
    $x_1,\ldots,x_n$ が k-代数として B を生成しているとする．証明は n についての帰納法による．$n = 1$ ならば主張は明らかに正しいから，$n > 1$ と仮定する．$A = k[x_1]$ として，$K = k(x_1)$ を A の商体とする．帰納法の仮定より B は K の有限次代数拡大であり，ゆえに $x_2,\ldots,x_n$ のそれぞれの元は K に係数をもつモニック多項式を満足する．その係数は $a, b \in A$ として a/b という形をしている．f がこれらすべての係数の分母の積とすれば，$x_2,\ldots,x_n$ の各元は A_f 上整となる．ゆえに，B は A_f 上整となり，したがって K も A_f 上整となる．
    x_1 が k 上超越的であると仮定する．このとき，A は一意分解整域であるから，整閉である．ゆえに，A_f は整閉である（命題5.12）．すると，$A_f = K$ となるが，これは明らかに不合理である．ゆえに，x_1 は k 上代数的であるから，K は（したがって B も）k の有限次拡大である．

19. 演習問題 17 の結果を演習問題 18 から導け．

20. A を整域 B の部分環とし，B は A 上有限生成であるとする．A の元 $s \neq 0$ と，A 上代数的に独立である B の元 $y_1, \ldots, y_n$ が存在して，B_s は B'_s 上整となることを示せ．ただし，$B' = A[y_1, \ldots, y_n]$ とする．
    [$S = A - \{0\}$ とし，$K = S^{-1}A$, すなわち K を A の商体とする．$S^{-1}B$ は有限生成 K-代数であり，ゆえに正規化定理（演習問題 16）により，K 上代数的に独立な $S^{-1}B$ の元 $x_1, \ldots, x_n$ が存在して $S^{-1}B$ が $K[x_1, \ldots, x_n]$ 上整となる．$z_1, \ldots, z_m$ を A-代数として B を生成しているものとする．このとき，各 z_j は（$S^{-1}B$ の元とみて）$K[x_1, \ldots, x_n]$ 上整である．各 z_j に対する整従属の多項式を書くことによって，ある $s \in S$ が存在して，$x_i = y_i/s$ $(1 \leqslant i \leqslant n)$, $y_i \in B$ でかつ sz_j が B' 上整であることを示せ．この s は求める条件を満たすことを示せ．]

21. A, B を演習問題 20 と同じ記号とする．A にある $s \neq 0$ が存在して，Ω が代数的閉体でかつ準同型写像 $f: A \longrightarrow \Omega$ が $f(s) \neq 0$ を満たすならば，f は準同型写像 $B \longrightarrow \Omega$ に拡張することができることを示せ．
    [演習問題 20 の記号で，f はまず最初に B' に拡張することができる．たとえば各 y_i を 0 に写像すればよい．それから B'_s に拡張し（$f(s) \neq 0$ であるから），最後に B_s に拡張する（B_s は B'_s 上整であるから，演習問題 2 より B_s に拡張できる）．]

22. A, B を演習問題 20 と同じ記号とする．A のジャコブソン根基が零ならば，B のジャコブソン根基もそうである．
    [$v \neq 0$ を B の元とする．v を含まない B の極大イデアルが存在することを示さねばならない．演習問題 21 を環 B_v とその部分環 A に適用すると，A の元 $s \neq 0$ を得る．$\mathfrak{m}$ を A の極大イデアルで $s \notin \mathfrak{m}$ を満たすものとし，$k = A/\mathfrak{m}$ とおく．このとき，標準的な写像 $A \longrightarrow k$ は B_v から k の代数的閉包 Ω への準同型写像 g へ拡張される．$g(v) \neq 0$ であり，$\mathrm{Ker}(g) \cap B$ は B の極大イデアルであることを示せ．]

23. A を環とする．次の条件は同値であることを示せ．
    i) A のすべての素イデアルは極大イデアルの共通集合である．

ii) A のすべての準同型像において，ベキ零元根基はジャコブソン根基に等しい．

iii) 極大ではない A のすべての素イデアルは，それを真に含んでいる素イデアルの共通集合に等しい．

[難しい部分は iii) $\Rightarrow$ ii) のみである．ii) が偽であると仮定すると，極大イデアルの共通部分として表されない素イデアルが存在する．剰余環に移して考えると，A はジャコブソン根基 $\mathfrak{R}$ が零ではない整域であると仮定できる．f を $\mathfrak{R}$ の零ではない元とする．すると，$A_f \neq 0$ であるから，A_f は極大イデアルをもち，その A における縮約は素イデアル $\mathfrak{p}$ で $f \notin \mathfrak{p}$ を満たし，かつ $\mathfrak{p}$ はこの性質に関して極大である．このとき，$\mathfrak{p}$ は極大ではなく，また $\mathfrak{p}$ を真に含んでいる素イデアルの共通集合に等しくはない．]

上記の三つの同値な条件を満たす環 A のことを**ジャコブソン環** (Jacobson ring) という．

24. A をジャコブソン環とし（演習問題 23），B を A-代数とする．B が (i) A 上整であるか，または，(ii) A-代数として有限生成であるならば，B はジャコブソン環であることを示せ．

    [(ii) に対しては演習問題 22 を用いる．]

    特に，すべての有限生成環，そして体上のすべての有限生成代数はジャコブソン環である．

25. A を環とする．次の条件は同値であることを示せ．

    i) A はジャコブソン環である．

    ii) 体であるすべての有限生成 A-代数 B は A 上有限である．

    [i) $\Rightarrow$ ii)：A が B の部分環である場合に帰着させ，演習問題 21 を用いる．$s \in A$ を演習問題 21 におけるようなものとすると，A の極大イデアル $\mathfrak{m}$ で s を含まないものが存在し，準同型写像 $A \longrightarrow A/\mathfrak{m} = k$ は B から k の代数的閉包への準同型写像 g に拡張される．B は体であるから，g は単射である．また，$g(B)$ は k 上代数的であり，したがって，k 上有限次代数的である．

    ii) $\Rightarrow$ i)：演習問題 23 の判定基準 iii) を使う．$\mathfrak{p}$ を A の極大ではない素

イデアルとして, $B = A/\mathfrak{p}$ とおく. f を B の零でない元とする. このとき, B_f は有限生成 A-代数である. B_f が体ならば, B_f は B 上有限であり, ゆえに B 上整となるから, B は命題 5.7 より体となる. したがって, B_f は体ではない. ゆえに, それは零でない素イデアルをもち, その B への縮約は零でないイデアル $\mathfrak{p}'$ であり, $f \notin \mathfrak{p}'$ を満たす.]

26. X を位相空間とする. X のある部分集合が開集合と閉集合の共通集合であるとき, 言い換えると, その部分集合がその閉包の中で開集合であるとき, **局所閉集合** (locally closed) であるという.

    X の部分集合 X_0 について次の条件は同値である.
    (1) X のすべての空でない局所閉集合は X_0 と共通部分をもつ.
    (2) X のすべての閉集合 E に対して, $\overline{E \cap X_0} = E$ が成り立つ.
    (3) $U \longmapsto U \cap X_0$ により定義される X のすべての開集合の族から X_0 のすべての開集合の族の上への写像は全単射である.

    これらの条件を満たす集合 X_0 は X で **非常に稠密** (very dense) であるという. A を環とするとき, 次の条件は同値であることを示せ.
    i) A はジャコブソン環である.
    ii) A のすべての極大イデアルの集合は $\mathrm{Spec}(A)$ で非常に稠密である.
    iii) 1 点からなる $\mathrm{Spec}(A)$ のすべての局所閉集合は閉集合である.
    [ii) と iii) は演習問題 23 の条件 ii) と iii) の幾何学的定式化である.]

付値環と付値

27. A, B を二つの局所環とする. A が B の部分環であり, かつ A の極大イデアル $\mathfrak{m}$ が B の極大イデアル $\mathfrak{n}$ に含まれるとき (言い換えると, $\mathfrak{m} = \mathfrak{n} \cap A$ のとき), B は A を **支配する** (dominate) という. K を体とし, Σ を K のすべての局所部分環の集合とする. Σ に支配するという関係により順序を入れたとき, Σ は極大元をもつこと, および, $A \in \Sigma$ が極大であるための必要十分条件は A が K の付値環であることを示せ.
    [定理 5.21 を使う.]

28. A を整域とし，K をその商体とする．このとき，次の条件が同値であることを示せ．
    (1) A は K の付値環である．
    (2) $\mathfrak{a}, \mathfrak{b}$ を A の任意の二つのイデアルとすると，$\mathfrak{a} \subseteq \mathfrak{b}$ かまたは $\mathfrak{b} \subseteq \mathfrak{a}$ のいずれかが成り立つ．

    A が付値環でかつ $\mathfrak{p}$ が A の素イデアルならば，$A_\mathfrak{p}$ と $A/\mathfrak{p}$ はそれらの商体の付値環であることを導け．

29. A を体 K の付値環とする．A を含んでいる K のすべての部分環は A の局所環であることを示せ．

30. A を体 K の付値環とする．A のすべての単元のつくる群 U は K の乗法群 K^* の部分群である．

    $\Gamma = K^*/U$ とおく．$\xi, \eta \in \Gamma$ の代表元をそれぞれ $x, y \in K$ とする．$xy^{-1} \in A$ のとき，$\xi \geqslant \eta$ として Γ に順序を定義する．これは Γ 上に群構造と適合している全順序を定義することを示せ（すなわち，すべての $\omega \in \Gamma$ に対して，$\xi \geqslant \eta \Longrightarrow \xi\omega \geqslant \eta\omega$）．言い換えると，$\Gamma$ は全順序である可換群となる．これを A の**値群** (value group) という．

    $v: K^* \longrightarrow \Gamma$ を標準的な準同型写像とする．すべての $x, y \in K^*$ に対して，$v(x+y) \geqslant \min(v(x), v(y))$ が成り立つことを示せ．

31. 逆に，Γ を全順序集合である可換群とし（加法的に書く），K を体とする．Γ に値をもつ K の**付値** (valuation) とは次の条件を満たす写像 $v: K^* \longrightarrow \Gamma$ のことである．

    すなわち，すべての $x, y \in K^*$ に対して次の (1), (2) が成り立つ．
    (1) $v(xy) = v(x) + v(y)$．
    (2) $v(x+y) \geqslant \min(v(x), v(y))$．
    このとき，$v(x) \geqslant 0$ を満たすすべての元 $x \in K^*$ の集合は K の付値環であることを示せ．この環を v の**付値環**といい，Γ の部分群 $v(K^*)$ を v の**値群**という．

    以上のように，付値環と付値の概念は本質的に同値である．

32. Γ を全順序集合である可換群とし，Δ をその部分群とする．$0 \leqslant \beta \leqslant \alpha$ で かつ $\alpha \in \Delta$ ならば，$\beta \in \Delta$ となるとき，Δ は Γ で孤立している (isolated) という．A を体 K の付値環とし，その値群を Γ とする（演習問題 31）．$\mathfrak{p}$ を A の素イデアルとしたとき，$v(A-\mathfrak{p})$ は Γ のある孤立部分群 Δ の中の $\geqslant 0$ なるすべての元の集合であることと，このように定義された $\mathrm{Spec}(A)$ から Γ のすべての孤立部分群の集合への写像は全単射であることを示せ．

　$\mathfrak{p}$ を A の素イデアルとしたとき，付値環 $A/\mathfrak{p}$ と $A_\mathfrak{p}$ の値群は何になるか？

33. Γ を全順序集合である可換群とする．体 K と値群として Γ をもつ K の付値 v をどのように構成するかを示そう．k を任意の体とし，$A = k[\Gamma]$ を k 上 Γ の群環とする．定義によって，A は $x_\alpha x_\beta = x_{\alpha+\beta}$ を満たす元 x_α $(\alpha \in \Gamma)$ により k-ベクトル空間として自由に生成される．このとき，A は整域であることを示せ．

　$u = \lambda_1 x_{\alpha_1} + \cdots + \lambda_n x_{\alpha_n}$ を A の零でない元とする．ただし，λ_i はすべて $\neq 0$ であり，かつ $\alpha_1 < \cdots < \alpha_n$ とする．このとき，$v_0(u)$ を α_1 として定義する．写像 $v_0 : A - \{0\} \longrightarrow \Gamma$ は演習問題 31 の条件 (1) と (2) を満足することを示せ．

　K を A の商体とする．v_0 は K の付値 v へ一意的に拡張することができ，v の値群はちょうど Γ に一致することを示せ．

34. A を付値環とし，K をその商体とする．$f : A \longrightarrow B$ を環準同型写像で $f^* : \mathrm{Spec}(B) \longrightarrow \mathrm{Spec}(A)$ が閉写像となるようなものとする．このとき，$g : B \longrightarrow K$ を任意の A-代数の準同型写像とすれば（すなわち，$g \circ f$ は A から K への埋め込みとすれば），$g(B) = A$ が成り立つ．

　[$C = g(B)$ とすると，明らかに $C \supseteq A$ が成り立つ．$\mathfrak{n}$ を C の極大イデアルとする．f^* は閉写像であるから，$\mathfrak{m} = \mathfrak{n} \cap A$ は A の極大イデアルであり，ゆえに $A_\mathfrak{m} = A$ となる．局所環 $C_\mathfrak{n}$ も $A_\mathfrak{m}$ を支配する．ゆえに，演習問題 27 より $C_\mathfrak{n} = A$ が成り立つので，$C \subseteq A$ を得る．]

35. 演習問題 1 と 3 より，$f : A \longrightarrow B$ は整でかつ C を任意の A-代数とすれば，写像 $(f \otimes 1)^* : \mathrm{Spec}(B \otimes_A C) \longrightarrow \mathrm{Spec}(C)$ は閉写像である．

逆に，$f: A \longrightarrow B$ がこの性質をもち，B が整域であると仮定する．このとき，f は整である．
[A を B へのその像で置き換え，$A \subseteq B$ でかつ f がその埋め込みである場合に帰着させる．K を B の商体とし，A' を A を含んでいる K の付値環とする．系 5.22 より，A' が B を含むことを示せば十分である．仮定より，$\mathrm{Spec}(B \otimes_A A') \longrightarrow \mathrm{Spec}(A')$ は閉写像である．演習問題 34 の結果を $b \otimes a' \longmapsto ba'$ により定義される準同型写像 $B \otimes_A A' \longrightarrow K$ に適用する．したがって，すべての $b \in B$ とすべての $a' \in A'$ に対して $ba' \in A'$ が成り立つ．$a' = 1$ とすれば，証明したいことが得られる．]

B が有限個の極小素イデアルをもつ環に対しても（たとえば，B がネーター環ならば），上で証明した結果が成り立つことを示せ．
[$\mathfrak{p}_i$ を極小素イデアルとする．このとき，それぞれ合成された準同型写像 $A \longrightarrow B \longrightarrow B/\mathfrak{p}_i$ は整であるから，$A \longrightarrow \prod(B/\mathfrak{p}_i)$ も整である．ゆえに，$A \longrightarrow B/\mathfrak{N}$ は整となり（ここで，$\mathfrak{N}$ は B のベキ零元根基である），したがって最終的に $A \longrightarrow B$ が整であることがわかる．]

第6章

連鎖条件

　これまで我々はかなり一般的な（単位元をもつ）可換環を考察してきた．しかしながら，これよりさらに調べたり，またより深い定理を得るためには，ある種の有限性の条件を仮定することが必要になってくる．最も簡便な方法は「連鎖条件」という形で表すことである．これらの条件は環と加群の両方に対して適用できるが，この章では加群の場合を考察する．ここにおけるほとんどの議論はどちらかというと一種の形式的なものであり，そのために昇鎖と降鎖の間に対称性がある．以下の章でみるように，この対称性は環の場合においては消滅する．

　Σ を関係 $\leqslant$ によって順序づけられた半順序集合とする（すなわち，$\leqslant$ は反射的かつ推移的であり，さらに $x \leqslant y$ かつ $y \leqslant x$ ならば $x = y$ が成り立つ関係である）．

【命題 6.1】 Σ について，次の条件は同値である．

　i) Σ におけるすべての増大列 $x_1 \leqslant x_2 \leqslant \cdots$ は停留的である（すなわち，ある自然数 n が存在して $x_n = x_{n+1} = \cdots$ となる）．
　ii) Σ のすべての空でない部分集合は極大元をもつ．

（証明） i) $\Rightarrow$ ii)：ii) が成り立たないとすると，Σ の空でない部分集合 T で極大元をもたないものが存在する．すると，帰納的に T の中に終わりのな

い狭義の増大列をつくることができる．

ii) ⇒ i)：集合 $(x_m)_{m \geqslant 1}$ はある極大元 x_n をもつ． ∎

Σ を関係 $\subseteq$ によって順序づけられた，加群 M のすべての部分加群の集合とするとき，i) を**昇鎖条件**（ascending chain condition，簡単に a.c.c. で表すこともある）といい，ii) を**極大条件** (maximal condition) という．これらの同値条件の一つを満たす加群 M を**ネーター加群** (Noetherian module) という（ E. ネーター (Emmy Noether) にちなんで）．Σ が関係 $\supseteq$ によって順序づけられているとき，i) を**降鎖条件**（descending chain condition，簡単に d.c.c. で表すこともある）といい，ii) を**極小条件** (minimal condition) という．これらの条件を満たす加群 M を**アルティン加群** (Artinian module) という（ E. アルティン (Emil Artin) にちなんで）．

【例】 1) 有限アーベル群は（$\mathbb{Z}$-加群として），昇鎖条件と降鎖条件の二つの条件とも満足する．

2) 有理整数環 $\mathbb{Z}$ は（$\mathbb{Z}$-加群として）昇鎖条件を満足するが，降鎖条件を満足しない．なぜならば，$a \in \mathbb{Z}$ でかつ $a \neq 0, \pm 1$ とするとき，$(a) \supset (a^2) \supset \cdots \supset (a^n) \supset \cdots$（狭義の包含関係）が成り立つからである．

3) p を固定した素数とする．G を位数が p のベキであるすべての元からなる $\mathbb{Q}/\mathbb{Z}$ の部分群とする．このとき，G は任意の $n \geqslant 0$ に対して位数 p^n の唯一の部分群 G_n をもち，$G_0 \subset G_1 \subset \cdots \subset G_n \subset \cdots$（狭義の包含関係）が成り立つ．したがって，$G$ は昇鎖条件を満足しない．一方，G の真の部分群はこれらの G_n だけであるから，G は降鎖条件を満足する．

4) m/p^n $(m, n \in \mathbb{Z}, n \geqslant 0)$ という形のすべての有理数のつくる群 H はどちらの連鎖条件も満足しない．なぜなら，完全列 $0 \longrightarrow \mathbb{Z} \longrightarrow H \longrightarrow G \longrightarrow 0$ があり，このとき $\mathbb{Z}$ は降鎖条件を満足しないので，H も満足しないからである．また，G は昇鎖条件を満足しないので，H も満足しない．

5) 環 $k[x]$ （k は体で，x は不定元）はイデアルについて昇鎖条件を満足するが，降鎖条件を満足しない．

6) 無限個の不定元 x_n に関する多項式環 $k[x_1, x_2, \ldots]$ はイデアルについて

どちらの連鎖条件も満足しない. なぜならば, 昇鎖 $(x_1) \subset (x_1, x_2) \subset \cdots$ は狭義の増加列であり, 一方, 列 $(x_1) \supset (x_1^2) \supset (x_1^3) \supset \cdots$ は狭義の減少列であるからである.

7) 後になって, イデアルについて降鎖条件を満たす環は, イデアルについての昇鎖条件を満たすことをみるであろう. (このことは一般に加群に対しては成り立たない. 上記の例 2), 3) を参照せよ.)

【命題 6.2】 M がネーター A-加群である $\iff M$ のすべての部分加群は有限生成である.

(証明) ($\Rightarrow$): N を M の部分加群とし, Σ を N のすべての有限生成部分加群の集合とする. すると, Σ は空集合ではない ($0 \in \Sigma$ であるから). ゆえに, Σ は極大元をもつ. これを N_0 とする. $N_0 \neq N$ ならば, $x \in N$, $x \notin N_0$ とする部分加群 $N_0 + Ax$ を考えることができる. これは有限生成で, かつ N_0 を真に含んでいる. これは矛盾である. 以上より, $N = N_0$ であり, ゆえに N は有限生成となる.

($\Leftarrow$): $M_1 \subseteq M_2 \subseteq \cdots$ を M の部分加群の昇鎖とする. このとき, $N = \bigcup_{n=1}^{\infty} M_n$ は M の部分加群であるから, 有限生成である. $x_1, \ldots, x_r$ をその生成元とする. $x_i \in M_{n_i}$ とし, $n = \max_{i=1}^{r} n_i$ とおく. すると, $x_1, \ldots, x_r \in M_n$ であるから, $M_n = N$ となる. したがって, この昇鎖は停留的である. ■

命題 6.2 によって, ネーター加群はアルティン加群より重要である. すなわち, ネーターの条件は多くの定理を機能させるためのまさに当を得た有限性条件である. しかしながら, 初等的な形式的性質の多くが等しくネーター加群とアルティン加群に適用される.

【命題 6.3】 $0 \longrightarrow M' \xrightarrow{\alpha} M \xrightarrow{\beta} M'' \longrightarrow 0$ を A-加群の完全列とする. このとき, 次が成り立つ.

 i) M はネーター加群である $\iff M'$ と M'' はネーター加群である.
 ii) M はアルティン加群である $\iff M'$ と M'' はアルティン加群である.

(証明) i) を証明しよう. ii) の証明は同様である.

($\Rightarrow$)：M'（または M''）の部分加群の昇鎖は M における昇鎖を引き起こし，ゆえに停留的である．

($\Leftarrow$)：$(L_n)_{n \geqslant 1}$ を M の部分加群の昇鎖とする．このとき，$(\alpha^{-1}(L_n))$ は M' における昇鎖であり，$(\beta(L_n))$ は M'' における昇鎖である．十分大きな n をとれば，これら二つの昇鎖は停留的である．したがって，昇鎖 (L_n) は停留的である．■

【系 6.4】 M_i $(1 \leqslant i \leqslant n)$ がネーター加群（それぞれアルティン加群）ならば，$\bigoplus_{i=1}^{n} M_i$ もそうである．

（証明）　帰納法と命題 6.3 を次の完全列に適用すればよい．
$$0 \longrightarrow M_n \longrightarrow \bigoplus_{i=1}^{n} M_i \longrightarrow \bigoplus_{i=1}^{n-1} M_i \longrightarrow 0.$$
■

環 A は，それが A-加群としてネーター加群（それぞれアルティン加群）であるとき，すなわち，環 A がイデアルについての昇鎖条件（それぞれ降鎖条件）を満たすとき**ネーター環**（それぞれ**アルティン環**）であるという．

【例】　1) 任意の体はネーター環であり，かつアルティン環である．$\mathbb{Z}/(n)$ $(n \neq 0)$ も同様である．有理整数環 $\mathbb{Z}$ はネーター環ではあるが，アルティン環ではない（命題 6.2 の前の例 2) を参照せよ）．

2) 任意の単項イデアル整域はネーター環である（命題 6.2 による：すべてのイデアルは有限生成であるから）．

3) 多項式環 $k[x_1, x_2, \ldots]$ はネーター環ではない（命題 6.2 の前の例 6) を参照せよ）．ところが，これは整域であるから，商体をもつ．したがって，ネーター環の部分環は必ずしもネーター環であるとは限らないことがわかる．

4) X を無限コンパクト・ハウスドルフ空間とし，$C(X)$ を X 上の実数値連続関数のつくる環とする．X における閉集合の狭義の減少列 $F_1 \supset F_2 \supset \cdots$ をとり，$\mathfrak{a}_n = \{f \in C(X) : f(F_n) = 0\}$ とおく．このとき，これらの $\mathfrak{a}_n$ は $C(X)$ においてイデアルの狭義の増大列をつくる．したがって，$C(X)$ はネーター環ではない．

【命題 6.5】 A をネーター環（それぞれアルティン環）とし，M を有限生成 A-加群とする．このとき，M はネーター（それぞれアルティン）A-加群である．

（証明） M は適当な n によって A^n の剰余環になる．そこで，系 6.4 と命題 6.3 を適用すればよい．∎

【命題 6.6】 A をネーター環（それぞれアルティン環）とし，$\mathfrak{a}$ を A のイデアルとする．このとき，$A/\mathfrak{a}$ もネーター環（それぞれアルティン環）である．

（証明） 命題 6.3 によって，$A/\mathfrak{a}$ は A-加群としてネーター加群（それぞれアルティン加群）である．ゆえに，$A/\mathfrak{a}$-加群としてもそうである．∎

加群 M の部分加群の**鎖** (chain) とは，次のような M の部分加群の列 M_i ($0 \leqslant i \leqslant n$) のことである．

$$M = M_0 \supset M_1 \supset \cdots \supset M_n = 0 \quad \text{（狭義の包含関係）}.$$

この鎖の**長さ** (length) は n であるという（n は包含関係の記号 $\supset$ の個数）．この中で極大な鎖を M の**組成列** (composition series) という．すなわち，それは追加の部分加群をその鎖に挿入することができない鎖のことであり，さらに言い換えると，各剰余加群 M_{i-1}/M_i ($1 \leqslant i \leqslant n$) が**単純** (simple)（すなわち，0 とそれ自身以外に部分加群をもたない）であるような鎖のことである．

【命題 6.7】 M が長さ n の組成列をもつと仮定する．このとき，M のすべての組成列の長さは n であり，また M のすべての鎖は組成列に延長できる．

（証明） $l(M)$ が加群 M の組成列の最小の長さを表すものとする．（M が組成列をもたなければ $l(M) = +\infty$ である．）

i) $N \subset M \Rightarrow l(N) < l(M)$ であることを示す．(M_i) を最小の長さをもつ M の組成列とし，N の部分加群 $N_i = N \cap M_i$ を考える．$N_{i-1}/N_i \subseteq M_{i-1}/M_i$ であり，かつこの後者は単純であるから，$N_{i-1}/N_i = M_{i-1}/M_i$ であるか，または $N_{i-1} = N_i$ である．ゆえに，繰り返される項を除けば N の組成列が得られる．したがって，$l(N) \leqslant l(M)$ が成り立つ．$l(N) = l(M) = n$ とする

と，任意の $i = 1, 2, \ldots, n$ に対して，$N_{i-1}/N_i = M_{i-1}/M_i$ となる．ゆえに，$M_{n-1} = N_{n-1}$ であるから $M_{n-2} = N_{n-2}, \ldots$ であり，最終的に，$M = N$ を得る．

ii) M における任意の鎖の長さは $\leq l(M)$ であることを示す．$M = M_0 \supset M_1 \supset \cdots$ を長さ k の鎖とする．このとき，i) より $l(M) > l(M_1) > \cdots > l(M_k) = 0$ となるので，$l(M) \geq k$ を得る．

iii) M の任意の組成列を考える．その長さを k とすると，ii) によって $k \leq l(M)$ であるから，$l(M)$ の定義により $k = l(M)$ となる．したがって，M のすべての組成列は同じ長さをもつ．最後に，任意の鎖を考える．その長さが $l(M)$ ならば，それは ii) によって組成列である．その長さが $< l(M)$ ならば，それは組成列ではない．ゆえに，極大ではない．このとき，その長さが $l(M)$ になるまで新しい項を挿入することができる． ∎

【命題 6.8】 M が組成列をもつ $\iff M$ は昇鎖条件と降鎖条件を満たす．

（証明） $(\Rightarrow)$: M のすべての鎖は有界な長さをもつ．したがって，昇鎖条件と降鎖条件を満たす．

$(\Leftarrow)$: 次のように，M の組成列をつくる．命題 6.1 によって，$M = M_0$ は極大条件を満たすから，M は極大な部分加群 $M_1 \subset M_0$ をもつ．同様にして，M_1 は極大な部分加群 $M_2 \subset M_1$ をもつ．これを続ければよい．このようにして，狭義の降鎖 $M_0 \supset M_1 \supset \cdots$ が得られる．これは降鎖条件によって有限でなければならない．したがって，これは M の組成列となる． ∎

昇鎖条件と降鎖条件を満足する加群は，それゆえ**有限の長さをもつ加群** (module of finite length) という．命題 6.7 によって，M のすべての組成列は同じ長さ $l(M)$ をもち，これを加群 M の**長さ** (length) という．ジョルダン・ヘルダーの定理を有限の長さをもつ加群に適用することができる．すなわち，$(M_i)_{0 \leq i \leq n}$ と $(M_i')_{0 \leq i \leq n}$ を M の任意の二つの組成列とするとき，剰余加群の集合 $(M_{i-1}/M_i)_{1 \leq i \leq n}$ と $(M_{i-1}'/M_i')_{1 \leq i \leq n}$ の間には対応している剰余加群が同型であるような 1 対 1 の対応がある．その証明は有限群に対するものと同じである．

【命題 6.9】 長さ $l(M)$ は，すべての長さが有限な A-加群の集合族上の加法

的関数である.

(証明) $0 \longrightarrow M' \xrightarrow{\alpha} M \xrightarrow{\beta} M'' \longrightarrow 0$ が完全列であるとき,$l(M) = l(M') + l(M'')$ が成り立つことを示さねばならない.M' の任意の組成列の α による像と,M'' の任意の組成列の β による逆像をとって考える.これらを一緒にすると M の組成列が得られ,したがって,求める結果が示される.∎

体 k 上の加群,すなわち k-ベクトル空間である特別な場合を考察する.

【命題 6.10】 k-ベクトル空間 V に対して,次の条件は同値である.

  i) V は有限次元である.
  ii) V は有限の長さをもつ.
  iii) V において昇鎖条件が成り立つ.
  iv) V において降鎖条件が成り立つ.

さらに,これらの条件が満足されるとき,$l(V) = \dim_k V$ が成り立つ.

(証明) i) $\Rightarrow$ ii) は初等的である.ii) $\Rightarrow$ iii), ii) $\Rightarrow$ iv) は命題 6.8 よりわかる.iii) $\Rightarrow$ i) と iv) $\Rightarrow$ i) を示すことが残っている.i) が偽であると仮定する.このとき,V の 1 次独立である元の無限列 $(x_n)_{n \geqslant 1}$ が存在する.U_n を $x_1, \ldots, x_n$ によって,V_n を $x_{n+1}, x_{n+2}, \ldots$ によって生成されるベクトル空間とする.このとき,鎖 $(U_n)_{n \geqslant 1}$ は無限で狭義の増加列であり,また,鎖 $(V_n)_{n \geqslant 1}$ も無限で狭義の減少列である.∎

【系 6.11】 A を零イデアルが極大イデアルの積 $\mathfrak{m}_1 \cdots \mathfrak{m}_n$ であるような環とする(ただし,$\mathfrak{m}_i$ は重複も可).このとき,A がネーター環であるための必要十分条件は A がアルティン環になることである.

(証明) イデアルの鎖 $A \supset \mathfrak{m}_1 \supseteq \mathfrak{m}_1 \mathfrak{m}_2 \supseteq \cdots \supseteq \mathfrak{m}_1 \cdots \mathfrak{m}_n = 0$ を考える.各剰余加群 $\mathfrak{m}_1 \cdots \mathfrak{m}_{i-1} / \mathfrak{m}_1 \cdots \mathfrak{m}_i$ は体 $A/\mathfrak{m}_i$ 上のベクトル空間である.ゆえに各剰余加群に対して,「昇鎖条件 $\iff$ 降鎖条件」が成り立つ.ところが,命題 6.3 を繰り返し適用すれば,各剰余群に対して昇鎖条件(それぞれ降鎖条

件）が成り立つ $\iff$ A に対して昇鎖条件（それぞれ降鎖条件）が成り立つ．したがって，A に対して，「昇鎖条件 $\iff$ 降鎖条件」が成り立つ．■

演習問題

1. i) M をネーター A-加群とし，$u: M \longrightarrow M$ を加群の準同型写像とする．u が全射ならば，u は同型写像である．
   ii) M がアルティン加群でかつ u が単射ならば，u は再び同型写像である．
   ［i) については，部分加群 $\mathrm{Ker}(u^n)$ を考える．ii) については，剰余加群 $\mathrm{Coker}(u^n)$ を考えればよい．］

2. M を A-加群とする．M のすべての空でない有限生成部分加群の集合が極大元をもつならば，M はネーター加群である．

3. M を A-加群とし，N_1, N_2 を M の部分加群とする．M/N_1 と M/N_2 がネーター加群ならば，$M/(N_1 \cap N_2)$ もそうである．「ネーター」を「アルティン」に置き換えても，同じことが成り立つ．

4. M をネーター A-加群とし，$\mathfrak{a}$ を A における M の零化イデアルとする．このとき，$A/\mathfrak{a}$ はネーター環であることを証明せよ．
   「ネーター」を「アルティン」で置き換えたとき，それでもこの結果は成り立つであろうか？

5. 位相空間 X の開集合に関して昇鎖条件（あるいは，同値である極大条件）を満たすとき，X は**ネーター空間** (Noetherian space) であるという．閉集合は開集合の補集合であるから，X の閉集合に関して降鎖条件（あるいは同値である極小条件）を満たすといっても同じことである．X がネーター空間であるならば，X のすべての部分空間はネーター空間であり，また X は擬コンパクトであることを示せ．

6. 次の条件は同値であることを証明せよ．
   i) X はネーター空間である．
   ii) X のすべての開部分空間は擬コンパクトである．
   iii) X のすべての部分空間は擬コンパクトである．

7. ネーター空間は既約な閉部分空間の有限個の和集合である．
   [有限個の既約な閉部分空間の和集合で表されない X の閉部分集合の集合 Σ を考えよ．]
   したがって，ネーター空間の既約成分の集合は有限である．

8. A がネーター環ならば，$\mathrm{Spec}(A)$ はネーター位相空間である．逆は正しいであろうか？

9. 演習問題 8 から，ネーター環におけるすべての極小素イデアルの集合は有限であることを導け．

10. M が (任意の環 A 上の) ネーター加群であるならば，$\mathrm{Supp}(M)$ は $\mathrm{Spec}(A)$ の閉ネーター部分空間である．

11. $f: A \longrightarrow B$ を環準同型写像とし，$\mathrm{Spec}(B)$ をネーター空間と仮定する (演習問題 5)．$f^*: \mathrm{Spec}(B) \longrightarrow \mathrm{Spec}(A)$ が閉写像であるための必要十分条件は，f が上昇性質をもつことである (第 5 章，演習問題 10)．これを証明せよ．

12. A を $\mathrm{Spec}(A)$ がネーター空間であるような環とする．A の素イデアル全体の集合は昇鎖条件を満たすことを示せ．逆は成り立つであろうか？

第7章

ネーター環

7.1 ネーター環

環 A は次の三つの同値条件を満たすとき，**ネーター環**であるということを思い出そう．

1) A のイデアルの空でないすべての集合は極大元をもつ．
2) A のイデアルのすべての昇鎖は停留的である．
3) A のすべてのイデアルは有限生成である．

(これらの条件の同値であることは命題 6.1 と命題 6.2 で証明されている．) ネーター環は可換代数においては最も重要な環の種類である．我々は第 6 章ですでにいくつかの例を学んできた．この章ではまず最初に，さまざまななじみのある操作によってネーター環から再びネーター環がつくり出されていくことを示そう．特に，有名なヒルベルトの基底定理を証明する．それから，準素分解の存在を含めて，ネーターの条件から引き出される一連の重要な命題を証明していく．

【命題 7.1】 A をネーター環とし，ϕ を A から B の上への準同型写像とすれば，B はネーター環である．

(証明) $\mathfrak{a} = \operatorname{Ker}(\phi)$ とすれば，$B \cong A/\mathfrak{a}$ であるから，この命題は命題 6.6 より従う． ∎

【命題 7.2】 A を環 B の部分環とする．A をネーター環とし，B を A-加群として有限生成であると仮定すれば，B はネーター環である．

（証明）命題 6.5 より，B は A-加群としてネーター的であるから，B-加群としてもネーター的である． ∎

【例】 $B = \mathbb{Z}[i]$ をガウスの整数環とする．命題 7.2 によって，B はネーター環である．さらに一般的に，任意の代数体における整数環はネーター環である．

【命題 7.3】 A をネーター環とし，S を A の積閉集合とすれば，$S^{-1}A$ はネーター環である．

（証明）命題 3.11, i) と命題 1.17, iii) によって，$S^{-1}A$ のイデアルの集合と A の縮約イデアルの集合の間には包含関係を保存する 1 対 1 の対応がある．ゆえに，$S^{-1}A$ は極大条件を満足する．（別証明：$\mathfrak{a}$ を A の任意のイデアルとすれば，$\mathfrak{a}$ は有限個の生成元 $x_1, \ldots, x_n$ をもつ．このとき，明らかに $S^{-1}\mathfrak{a}$ は $x_1/1, \ldots, x_n/1$ によって生成される．） ∎

【系 7.4】 A をネーター環とし，$\mathfrak{p}$ を A の素イデアルとすれば，$A_\mathfrak{p}$ はネーター環である． ∎

【定理 7.5】（ヒルベルトの基底定理） A がネーター環ならば，多項式環 $A[x]$ もネーター環である．

（証明）$\mathfrak{a}$ を $A[x]$ のイデアルとする．$\mathfrak{a}$ に属している多項式の最高次係数は A のイデアル $\mathfrak{l}$ をつくる．A はネーター環であるから，$\mathfrak{l}$ は有限生成である．それらの生成元を $a_1, \ldots, a_n$ とする．任意の $i = 1, \ldots, n$ に対して，多項式 $f_i \in A[x]$ が存在して $f_i = a_i x^{r_i} + (\text{低い次数の項})$ の形に表される．$r = \max_{i=1}^n r_i$ とおく．これらの $f_1, \ldots, f_n$ は $A[x]$ においてイデアル $\mathfrak{a}' \subseteq \mathfrak{a}$ を生成する．

$f = a x^m + (\text{低い次数の項})$ を $\mathfrak{a}$ の任意の元とする．このとき，$a \in \mathfrak{l}$ であるから $a = \sum_{i=1}^n u_i a_i$, $u_i \in A$ と表される．$m \geqslant r$ ならば，$f - \sum_{i=1}^n u_i f_i x^{m-r_i}$ は $\mathfrak{a}$ に属し，その次数は $< m$ である．このようにして，f から $\mathfrak{a}'$ の元を引く

という操作を続けると，ついには次数が $< r$ である多項式 g を得る．すなわち，$f = g + h, h \in \mathfrak{a}'$ という式を得る．

M を $1, x, \ldots, x^{r-1}$ によって生成される A-加群とする．このとき，上で証明したことは $\mathfrak{a} = (\mathfrak{a} \cap M) + \mathfrak{a}'$ である．いま，M は有限生成 A-加群であるから，命題 6.5 よりネーター加群である．ゆえに，命題 6.2 より $\mathfrak{a} \cap M$ は（A-加群として）有限生成である．$g_1, \ldots, g_m$ が $\mathfrak{a} \cap M$ を生成するとすれば，明らかに，すべての f_i と g_i は $\mathfrak{a}$ を生成する．したがって，$\mathfrak{a}$ は有限生成であり，$A[x]$ はネーター環となる．■

《注意》 A がネーター環ならば $A[[x]]$ もネーター環である，ということも成り立つ（$A[[x]]$ は A に係数をもつ x の形式的ベキ級数環である）．その証明は，$\mathfrak{a}$ に属しているベキ級数の最小の次数の項で始まることを除けば定理 7.5 の証明とほとんど並行にしてできる．系 10.27 も参照せよ．

【系 7.6】 A がネーター環ならば，$A[x_1, \ldots, x_n]$ もネーター環である．

（証明） n についての帰納法を使えば，定理 7.5 より従う．■

【系 7.7】 B を有限生成 A-代数とする．A がネーター環ならば，B もネーター環である．

特に，すべての有限生成である環，そして体上のすべての有限生成代数はネーター環である．

（証明） B は多項式環 $A[x_1, \ldots, x_n]$ の準同型像であり，これは系 7.6 によってネーター環である．■

【命題 7.8】 $A \subseteq B \subseteq C$ を環の列とする．A がネーター環でかつ C は A-代数として有限生成とする．さらに，C が次の i), ii) のどちらかの条件を満たしていると仮定する．
　i) C は B-加群として有限生成である．
　ii) C は B 上整である．
このとき，B は A-代数として有限生成である．

(証明) この状況では，条件 i) と ii) の同値であることは命題 5.1 と系 5.2 から従う．よって，ここでは i) を仮定して命題 7.8 を証明する．

$x_1, \ldots, x_m$ が A-代数として C を生成し，$y_1, \ldots, y_n$ が B-加群として C を生成しているものとする．このとき，次のような形で表される式の表現がある．

$$x_i = \sum_j b_{ij} y_j \quad (b_{ij} \in B), \tag{1}$$

$$y_i y_j = \sum_k b_{ijk} y_k \quad (b_{ijk} \in B). \tag{2}$$

式 (1), (2) に現れるすべての b_{ij} と b_{ijk} によって A 上生成される代数を B_0 とする．A はネーター環であるから，系 7.7 より B_0 もネーター環であって，$A \subseteq B_0 \subseteq B$ を満たしている．

C の任意の元は A に係数をもつ $x_1, \ldots, x_m$ の多項式である．(1) に代入して繰り返し (2) を使うと，C の任意の元は B_0 に係数をもつ $y_1, \ldots, y_n$ の1次結合として表される．ゆえに，C は B_0-加群として有限生成である．B_0 はネーター環でかつ B は C の部分加群であるから，(命題 6.5 と命題 6.2 により) B は B_0 加群として有限生成である．B_0 は A 代数として有限生成であるから，B は A 代数として有限生成となる． ■

【命題 7.9】 k を体とし，E を有限生成 k-代数とする．E が体ならば，E は k の有限次代数拡大である．

(証明) $E = k[x_1, \ldots, x_n]$ とする．E が k 上代数的でないとすると，$x_1, \ldots, x_r$ は k 上代数的に独立で，$x_{r+1}, \ldots, x_n$ は $F = k(x_1, \ldots, x_r)$ 上代数的であるように x_i の番号を付け替えることができる．ただし，$r \geqslant 1$ である．ゆえに，E は F の有限次代数拡大であるから，F-加群として有限生成である．命題 7.8 を $k \subseteq F \subseteq E$ に適用すると，F は有限生成 k-代数である．すなわち，$F = k[y_1, \ldots, y_s]$ と表される．各 y_j は f_j/g_j という形をしている．ただし，f_j と g_j は $x_1, \ldots, x_r$ の多項式である．

さて，環 $k[x_1, \ldots, x_r]$ の中に無限に多くの既約多項式が存在する (無限に多くの素数の存在を証明するユークリッドの証明を使えばよい)．ゆえに，$g_1, \ldots, g_s$ のそれぞれと互いに素である既約多項式 h が存在する (たとえば，$h = g_1 g_2 \cdots g_s + 1$ をとればよい)．すると，F の元 h^{-1} は $y_1, \ldots, y_s$ の多項式

であることはあり得ない．これは矛盾である．よって，E は k 上代数的であり，したがって有限次代数拡大である．■

【系 7.10】 k を体とし，A を有限生成 k-代数とする．$\mathfrak{m}$ を A の極大イデアルとする．このとき，体 $A/\mathfrak{m}$ は k の有限次代数拡大である．特に，k が代数的閉体ならば，$A/\mathfrak{m} \cong k$ が成り立つ．

（証明）　命題 7.9 において，$E = A/\mathfrak{m}$ とすればよい．■

系 7.10 はいわゆる，**ヒルベルトの弱零点定理** (weak Hilbert's Nullstellensatz) と呼ばれている．ここで与えられた証明はアルティン (Artin) とテート (Tate) によるものである．その幾何学的な意味と，弱零点定理に対して強零点定理，すなわちもとのヒルベルトの零点定理については，この章の終わりにある演習問題 14 を参照せよ．

7.2　ネーター環の準素分解

次の二つの補題は，ネーター環におけるすべてのイデアル $\neq (1)$ は準素分解をもつことを示している．

イデアル $\mathfrak{a}$ は次の条件を満たすとき**既約** (irreducible) であるという．既約でないとき，可約であるという．

$$\mathfrak{a} = \mathfrak{b} \cap \mathfrak{c} \implies (\mathfrak{a} = \mathfrak{b} \text{ または } \mathfrak{a} = \mathfrak{c}).$$

【補題 7.11】　ネーター環 A において，すべてのイデアルは有限個の既約イデアルの共通部分として表される．

（証明）　そうではないと仮定する．すると，補題が成り立たない A のイデアルの集合は空集合ではない．ゆえに，その集合は極大元 $\mathfrak{a}$ をもつ．$\mathfrak{a}$ は可約であるから，A のイデアル $\mathfrak{b} \supsetneq \mathfrak{a}$ と $\mathfrak{c} \supsetneq \mathfrak{a}$ が存在して $\mathfrak{a} = \mathfrak{b} \cap \mathfrak{c}$ と表される．ゆえに，$\mathfrak{b}$ と $\mathfrak{c}$ のそれぞれは既約イデアルの有限個の共通部分として表される．したがって，$\mathfrak{a}$ もそうである．ところが，これは矛盾である．■

【補題 7.12】　ネーター環において，すべての既約イデアルは準素イデアルである．

(証明) 剰余環に移して考えると，零イデアルが既約ならばそれは準素イデアルであることを示せば十分である．$xy = 0$, $y \neq 0$ として，イデアルの昇鎖 $\mathrm{Ann}(x) \subseteq \mathrm{Ann}(x^2) \subseteq \cdots$ を考える．昇鎖条件によって，この昇鎖は停留的である．すなわち，ある整数 n が存在して $\mathrm{Ann}(x^n) = \mathrm{Ann}(x^{n+1}) = \cdots$ となる．したがって，$(x^n) \cap (y) = 0$ となる．なぜならば，$a \in (y)$ ならば $ax = 0$ で，$a \in (x^n)$ ならば $a = bx^n$．ゆえに，$bx^{n+1} = 0$．すると，$b \in \mathrm{Ann}(x^{n+1}) = \mathrm{Ann}(x^n)$ となり，$bx^n = 0$ を得る．すなわち，$a = 0$ である．(0) は既約で $(y) \neq 0$ であるから，したがって $x^n = 0$ でなければならない．これは (0) が準素イデアルであることを示している．∎

これら二つの補題より，すぐに次の定理が得られる．

【定理 7.13】 ネーター環 A において，すべてのイデアルは準素分解をもつ．∎

ゆえに，第 4 章のすべての結果はネーター環に適用することができる．

【命題 7.14】 ネーター環 A において，すべてのイデアル $\mathfrak{a}$ はその根基イデアルのあるベキを含む．

(証明) $x_1, \ldots, x_k$ が $r(\mathfrak{a})$ を生成しているものとする．このとき，$x_i^{n_i} \in \mathfrak{a}$ ($1 \leq i \leq k$) とする．$m = \sum_{i=1}^{k}(n_i + 1) - 1$ とおく．すると，$r(\mathfrak{a})^m$ は $\sum r_i = m$ を満たすすべての積 $x_1^{r_1} \cdots x_k^{r_k}$ によって生成される．m の定義から，少なくとも一つの添字 i に対して $r_i \geq n_i$ が成り立つ．ゆえに，このような単項式はすべて $\mathfrak{a}$ に属する．したがって，$r(\mathfrak{a})^m \subseteq \mathfrak{a}$ が成り立つ．∎

【系 7.15】 ネーター環において，そのベキ零元根基はベキ零である．

(証明) 命題 7.14 において，$\mathfrak{a} = (0)$ とすればよい．∎

【系 7.16】 A をネーター環とし，$\mathfrak{m}$ を A の極大イデアル，$\mathfrak{q}$ を A の任意のイデアルとする．このとき，次の条件は同値である．

  i) $\mathfrak{q}$ は $\mathfrak{m}$-準素イデアルである．
  ii) $r(\mathfrak{q}) = \mathfrak{m}$ が成り立つ．

iii) ある整数 $n > 0$ に対して $\mathfrak{m}^n \subseteq \mathfrak{q} \subseteq \mathfrak{m}$ が成り立つ.

(証明) i) $\Rightarrow$ ii) は明らかである. ii) $\Rightarrow$ i) は命題 4.2 から. ii) $\Rightarrow$ iii) は命題 7.14 から従う. iii) $\Rightarrow$ ii): イデアルの根基をとれば, $\mathfrak{m} = r(\mathfrak{m}^n) \subseteq r(\mathfrak{q}) \subseteq r(\mathfrak{m}) = \mathfrak{m}$ を得る. ∎

【命題 7.17】 $\mathfrak{a} \neq (1)$ をネーター環 A のイデアルとする. このとき, $\mathfrak{a}$ に属するすべての素イデアルの集合は, $(\mathfrak{a}:x)$ $(x \in A)$ という形のすべてのイデアルの集合の中に現れる素イデアルの集合と一致する.

(証明) 剰余環 $A/\mathfrak{a}$ に移して考えれば, $\mathfrak{a} = 0$ と仮定することができる. $\bigcap_{i=1}^{n} \mathfrak{q}_i = 0$ を零イデアルの最短準素分解とし, $\mathfrak{p}_i$ を $\mathfrak{q}_i$ の根基とする. $\mathfrak{a}_i = \bigcap_{j \neq i} \mathfrak{q}_j \neq 0$ とする. 定理 4.5 の証明より, $\mathfrak{a}_i$ の任意の $x \neq 0$ に対して $r(\mathrm{Ann}(x)) = \mathfrak{p}_i$ が成り立つ. したがって, $\mathrm{Ann}(x) \subseteq \mathfrak{p}_i$ を得る.

$\mathfrak{q}_i$ は $\mathfrak{p}_i$-準素イデアルであるから, 命題 7.14 よりある整数 m が存在して $\mathfrak{p}_i^m \subseteq \mathfrak{q}_i$ を満たす. ゆえに, $\mathfrak{a}_i \mathfrak{p}_i^m \subseteq \mathfrak{a}_i \cap \mathfrak{p}_i^m \subseteq \mathfrak{a}_i \cap \mathfrak{q}_i = 0$ となる. ここで, $m \geqslant 1$ を $\mathfrak{a}_i \mathfrak{p}_i^m = 0$ を満たす最小の整数とし, x を $\mathfrak{a}_i \mathfrak{p}_i^{m-1}$ に属する零でない元とする. このとき, $\mathfrak{p}_i x = 0$ となり, ゆえにこのような x に対して $\mathrm{Ann}(x) \supseteq \mathfrak{p}_i$ が成り立つ. したがって, $\mathrm{Ann}(x) = \mathfrak{p}_i$ を得る.

逆に, $\mathrm{Ann}(x)$ が素イデアル $\mathfrak{p}$ であれば, $r(\mathrm{Ann}(x)) = \mathfrak{p}$ が成り立ち, ゆえに定理 4.5 より $\mathfrak{p}$ は 0 に属する素イデアルである. ∎

演習問題

1. A をネーター環ではないとし, Σ を有限生成ではない A のすべてのイデアルの集合とする. このとき Σ は極大元をもち, Σ の極大元はすべて素イデアルであることを示せ.
   [$\mathfrak{a}$ を Σ の極大元とし, $x \notin \mathfrak{a}, y \notin \mathfrak{a}$ かつ $xy \in \mathfrak{a}$ を満たす元 $x, y \in A$ が存在すると仮定する. このとき, 有限生成イデアル $\mathfrak{a}_0 \subseteq \mathfrak{a}$ が存在して, $\mathfrak{a}_0 + (x) = \mathfrak{a} + (x)$ かつ $\mathfrak{a} = \mathfrak{a}_0 + x \cdot (\mathfrak{a}:x)$ を満たすことを示せ. $(\mathfrak{a}:x)$ は $\mathfrak{a}$ を真に含むので, それは有限生成であり, したがって $\mathfrak{a}$ も有限生成である.]

以上より，すべての素イデアルが有限生成であるような環はネーター環である (I. S. Cohen).

2. A をネーター環とし，$f = \sum_{n=0}^{\infty} a_n x^n \in A[[x]]$ とする．このとき，f がベキ零元であるための必要十分条件は，各 a_n がベキ零元になることである．

3. $\mathfrak{a}$ を環 A の既約イデアルとする．このとき，次の条件は同値である．
   i) $\mathfrak{a}$ は準素イデアルである．
   ii) A のすべての積閉集合 S に対して，適当な $x \in S$ が存在して $(S^{-1}\mathfrak{a})^c = (\mathfrak{a} : x)$ が成り立つ．
   iii) すべての $x \in A$ に対して，イデアル $(\mathfrak{a} : x^n)$ の列は停留的である．

4. 以下に述べられている環のどれがネーター環であるか？
   i) 円周 $|z| = 1$ 上に極をもたない z の有理関数のつくる環．
   ii) 正の収束半径をもつ z のベキ級数のつくる環．
   iii) 無限大の収束半径をもつ z のベキ級数のつくる環．
   iv) 原点において最初の k 階までの導関数が零になる z の多項式のつくる環（k は固定した整数）．
   v) w に関する偏導関数が $z = 0$ で零になるような z, w の多項式のつくる環．

   上記すべての場合において，それらの係数は複素数とする．

5. A をネーター環，B を有限生成 A-代数，G を B の A-自己同型写像のつくる有限群，そして B^G を G のすべての元により固定される B のすべての元の集合とする．このとき，B^G は有限生成 A-代数であることを示せ．

6. 有限生成環 K が体であるならば，K は有限体である．
   [K の標数 0 ならば，$\mathbb{Z} \subset \mathbb{Q} \subseteq K$ が成り立つ．K は $\mathbb{Z}$ 上有限生成であるから，それは $\mathbb{Q}$ 上有限生成である．ゆえに命題 7.9 より，K は有限生成 $\mathbb{Q}$-加群である．そこで，命題 7.8 を適用すれば矛盾を得る．したがって，K の標数は $p > 0$ である．すると，K は $\mathbb{Z}/(p)$-代数として有限生成である．命題 7.9 を用いて，証明を完成させよ．]

7. X を方程式 $f_\alpha(t_1,\ldots,t_n) = 0$ $(\alpha \in I)$ の族により与えられるアフィン代数多様体とする（第1章, 演習問題 27）. I の有限部分集合 I_0 が存在して, X は方程式 $f_\alpha(t_1,\ldots,t_n) = 0$ $(\alpha \in I_0)$ により与えられることを示せ.

8. $A[x]$ がネーター環のとき, A は必然的にネーター環になるであろうか？

9. 次の条件を満たす環を A とする.
   (1) A の任意の極大イデアル $\mathfrak{m}$ に対して, 局所環 $A_\mathfrak{m}$ はネーター環である.
   (2) A の任意の元 $x \neq 0$ に対して, x を含んでいる A のすべての極大イデアルの集合は有限である.
   このとき, A はネーター環であることを示せ.
   [$\mathfrak{a} \neq 0$ を A のイデアルとする. $\mathfrak{m}_1,\ldots,\mathfrak{m}_r$ を $\mathfrak{a}$ を含んでいる極大イデアルとする. $\mathfrak{a}$ の元 $x_0 \neq 0$ を選び, $\mathfrak{m}_1,\ldots,\mathfrak{m}_{r+s}$ を x_0 を含んでいるすべての極大イデアルとする. $\mathfrak{m}_{r+1},\ldots,\mathfrak{m}_{r+s}$ は $\mathfrak{a}$ を含まないので, ある $x_j \in \mathfrak{a}$ が存在して $x_j \notin \mathfrak{m}_{r+j}$ $(1 \leqslant j \leqslant s)$ を満たす. $A_{\mathfrak{m}_i}$ $(1 \leqslant i \leqslant r)$ はネーター環であるから, $\mathfrak{a}$ の $A_{\mathfrak{m}_i}$ への拡大イデアルは有限生成である. したがって, $\mathfrak{a}$ の元 $x_{s+1},\ldots,x_t$ が存在して, $i = 1,\ldots,r$ に対してその $A_{\mathfrak{m}_i}$ への像は $A_{\mathfrak{m}_i}\mathfrak{a}$ を生成する. $\mathfrak{a}_0 = (x_0,\ldots,x_t)$ とおく. すべての極大イデアル $\mathfrak{m}$ に対して, $\mathfrak{a}_0$ と $\mathfrak{a}$ は $A_\mathfrak{m}$ において同じ拡大イデアルをもつことを示し, 命題 3.9 を用いて $\mathfrak{a}_0 = \mathfrak{a}$ であることを導け.]

10. M をネーター A-加群とする. このとき, $M[x]$（第2章, 演習問題 6）はネーター $A[x]$-加群であることを示せ.

11. A をその任意の局所環 $A_\mathfrak{p}$ がネーター環であるような環とする. このとき, A は必然的にネーター環になるであろうか？

12. A を環とし, B を忠実平坦 A-代数（第3章, 演習問題 16）とする. このとき, B がネーター環ならば, A はネーター環であることを示せ.
    [昇鎖条件を用いる.]

13. $f : A \longrightarrow B$ を有限型の環準同型写像とし, $f^* : \mathrm{Spec}(B) \longrightarrow \mathrm{Spec}(A)$ を f に対応している写像とする. f^* のファイバーは B のネーター部分空間

であることを示せ．

強零点定理 (Nullstellensatz, strong form)

14. k を代数的閉体とする．A を多項式環 $k[t_1,\ldots,t_n]$ を表すものとし，$\mathfrak{a}$ を A のイデアルとする．V をイデアル $\mathfrak{a}$ によって定義される k^n の多様体とすると，V はすべての $f \in \mathfrak{a}$ に対して $f(x) = 0$ を満たすすべての $x = (x_1,\ldots,x_n) \in k^n$ の集合である．$I(V)$ を V のイデアル，すなわち，すべての $x \in V$ に対して $g(x) = 0$ を満たすすべての多項式 $g \in A$ のつくるイデアルとする．このとき，$I(V) = r(\mathfrak{a})$ が成り立つ．

[$r(\mathfrak{a}) \subseteq I(V)$ は明らかである．逆に，$f \notin r(\mathfrak{a})$ とすると，$\mathfrak{a}$ を含んでいる素イデアル $\mathfrak{p}$ が存在して，$f \notin \mathfrak{p}$ を満たす．$\overline{f}$ を f の $B = A/\mathfrak{p}$ への像とし，$C = B_f = B[1/\overline{f}]$ とおき，また $\mathfrak{m}$ を C の極大イデアルとする．C は有限生成 k-代数であるから，命題 7.9 より $C/\mathfrak{m} \cong k$ が成り立つ．A の生成元 t_i の $C/\mathfrak{m}$ への像 x_i は以上のようにして点 $x = (x_1,\ldots,x_n) \in k^n$ を定義し，このつくり方より $x \in V$ かつ $f(x) \neq 0$ であることがわかる．]

15. A をネーター局所環とし，$\mathfrak{m}$ をその極大イデアル，k をその剰余体，また M を有限生成 A-加群とする．このとき，次の条件は同値である．

   i) M は自由である．
   ii) M は平坦である．
   iii) $\mathfrak{m} \otimes M$ から $A \otimes M$ への写像は単射である．
   iv) $\mathrm{Tor}_1^A(k,M) = 0$．

[iv) $\Rightarrow$ i) を示すために，$x_1,\ldots,x_n$ を M の元として，それらの $M/\mathfrak{m}M$ への像がこのベクトル空間の k-基底をなすものとする．命題 2.8 より，これらの x_i は M を生成する．基底が $e_1,\ldots,e_n$ である自由 A-加群を F とし，$\phi(e_i) = x_i$ によって A-加群の準同型写像 $\phi: F \to M$ を定義する．$E = \mathrm{Ker}(\phi)$ とおく．このとき完全列 $0 \to E \to F \to M \to 0$ は次の完全列を与える．

$$0 \longrightarrow k \otimes_A E \longrightarrow k \otimes_A F \xrightarrow{1 \otimes \phi} k \otimes_A M \longrightarrow 0.$$

$k \otimes F$ と $k \otimes M$ は k 上同じ次元のベクトル空間であるから，$1 \otimes \phi$ は同

型写像である．ゆえに，$k \otimes E = 0$ となり，中山の補題（命題 2.6）より $E = 0$ を得る（E は F の部分加群であり，また A はネーター環であるから，E は有限生成である）．]

16. A をネーター環とし，M を有限生成 A-加群とする．このとき，次の条件は同値である．
    i) M は平坦 A-加群である．
    ii) すべての素イデアル $\mathfrak{p}$ に対して，$M_\mathfrak{p}$ は自由 $A_\mathfrak{p}$-加群である．
    iii) すべての極大イデアル $\mathfrak{m}$ に対して，$M_\mathfrak{m}$ は自由 $A_\mathfrak{m}$-加群である．

    言い換えると，この場合「平坦＝局所的に自由」ということを意味している．
    [演習問題 15 を用いる．]

17. A を環とし，M をネーター A-加群とする．このとき，（補題 7.11 と補題 7.12 の証明をまねて）M のすべての部分加群 N は準素分解をもつことを示せ．（第 4 章，演習問題 20-23）．

18. A をネーター環とし，$\mathfrak{p}$ を A の素イデアル，そして M を有限生成 A-加群とする．このとき，次の条件は同値であることを示せ．
    i) $\mathfrak{p}$ は M において 0 に属している．
    ii) ある $x \in M$ が存在して，$\mathrm{Ann}(x) = \mathfrak{p}$ を満たす．
    iii) $A/\mathfrak{p}$ に同型である M の部分加群が存在する．

    以上のことより，次のような部分加群の昇鎖
    $$0 = M_0 \subset M_1 \subset \cdots \subset M_r = M$$
    が存在して，各剰余加群 M_i/M_{i-1} は $A/\mathfrak{p}_i$ という形をしていることを導け．ただし，$\mathfrak{p}_i$ は A の素イデアルである．

19. $\mathfrak{a}$ をネーター環 A のイデアルとする．次の式
    $$\mathfrak{a} = \bigcap_{i=1}^{r} \mathfrak{b}_i = \bigcap_{j=1}^{s} \mathfrak{c}_j$$

を $\mathfrak{a}$ の既約イデアルの共通集合としての二つの最短分解とする．このとき，$r=s$ であることと，（必要ならば $\mathfrak{c}_j$ の番号を付け替えて）すべての i に対して $r(\mathfrak{b}_i)=r(\mathfrak{c}_i)$ が成り立つことを証明せよ．
[任意の $i=1,\ldots,r$ に対して，ある j が存在して

$$\mathfrak{a}=\mathfrak{b}_1\cap\cdots\cap\mathfrak{b}_{i-1}\cap\mathfrak{c}_j\cap\mathfrak{b}_{i+1}\cap\cdots\cap\mathfrak{b}_r$$

を満たすことを示せ．]

加群に対して同様な結果が成り立つことを述べて，証明せよ．

20. X を位相空間とする．X のすべての開集合を含み，かつ有限個の共通部分をとる操作と補集合をとる操作に関して閉じている X の部分集合の族の中で最小のものを $\mathscr{F}$ とする．このとき，次を示せ．

   i) X の部分集合 E が $\mathscr{F}$ に属しているための必要十分条件は，E が $U\cap C$ という形の集合の有限個の和集合として表されることである．ただし，U は開集合であり，C は閉集合である．

   ii) X は既約であると仮定し，$E\in\mathscr{F}$ とする．このとき，E が X で稠密である（すなわち，$\overline{E}=X$ である）ための必要十分条件は，E が X において空でない，ある開集合を含むことである．

21. X をネーター位相空間とし（第 6 章，演習問題 5），$E\subseteq X$ とする．$E\in\mathscr{F}$ であるための必要十分条件は，任意の既約閉集合 $X_0\subseteq X$ に対して $\overline{E\cap X_0}\neq X_0$ であるか，または $E\cap X_0$ が X_0 の空でない，ある開集合を含むことである．これを示せ．
   [$E\notin\mathscr{F}$ と仮定する．このとき，$E\cap X'\notin\mathscr{F}$ を満たす閉集合 $X'\subseteq X$ の族は空ではない．ゆえに，それは極小元 X_0 をもつ．X_0 は既約であり，そのとき上の選択肢のそれぞれは $E\cap X_0\in\mathscr{F}$ という結論に至ることを示せ．]

   $\mathscr{F}$ に属している集合は X の**構成可能** (constructible) な部分集合という．

22. X をネーター位相空間とし，E を X の部分集合とする．E が X で開集合であるための必要十分条件は，X の任意の既約閉集合 X_0 に対して

$E \cap X_0 = \emptyset$ であるか，または $E \cap X_0$ が X_0 の空でない，ある開集合を含むことである．
[証明は演習問題 21 と同様である．]

23. A をネーター環とし，$f : A \longrightarrow B$ を有限型の環準同型写像とする（ゆえに B もネーター環である）．$X = \mathrm{Spec}(A)$, $Y = \mathrm{Spec}(B)$ とし，$f^* : Y \longrightarrow X$ を f に対応した写像とする．このとき，Y の構成可能な部分集合 E の f^* による像は X の構成可能な部分集合である．
[演習問題 20 を用いて，$E = U \cap C$ をとれば十分である．ここで，U は Y で開集合で C は閉集合である．このとき，B を準同型写像により置き換えて，E が Y で開集合である場合に帰着させる．Y はネーター環であるから，E が擬コンパクトであり，ゆえに $\mathrm{Spec}(B_g)$ という形の開集合の有限個の和集合である．したがって，$E = Y$ の場合に帰着される．$f^*(Y)$ が構成可能であることを示すために，演習問題 21 の判定法を用いる．X_0 を X の既約な閉集合で，$f^*(Y) \cap X_0$ が X_0 において稠密であるものとする．すると，$f^*(Y) \cap X_0 = f^*(f^{*-1}(X_0))$ と $f^{*-1}(X_0) = \mathrm{Spec}((A/\mathfrak{p}) \otimes_A B)$ が成り立つ．ただし，$X_0 = \mathrm{Spec}(A/\mathfrak{p})$ である．したがって，A が整域で f が単射である場合に帰着される．$Y_1, \ldots, Y_n$ を Y の既約成分とすれば，ある $f^*(Y_i)$ が X の空でないある開集合を含むことを示せば十分である．以上より，最終的に A, B が整域で f が単射である状況に引き戻された（それでもなお有限型である）．そこで，第 5 章，演習問題 21 を用いて証明を完成させよ．]

24. 演習問題 23 の記号と仮定のもとで，f^* が開写像である $\iff f$ は下降性質をもつ（第 5 章，演習問題 10）．
[f が下降性質をもつと仮定する．演習問題 23 のように，$E = f^*(Y)$ が X の開集合であることを証明することに帰着させる．下降性質は，$\mathfrak{p} \in E$ かつ $\mathfrak{p}' \subseteq \mathfrak{p}$ ならば $\mathfrak{p}' \in E$ となることを主張している．言い換えると，X_0 が X の既約な閉集合でかつ X_0 が E と共通部分をもてば，$E \cap X_0$ は X_0 で稠密であることを意味している．演習問題 20 と 22 により，E は X の開集合である．]

25. A をネーター環とし,$f : A \longrightarrow B$ を有限型でかつ平坦である環準同型写像とする.(すなわち,B は A-加群として平坦である.)このとき,$f^* : \mathrm{Spec}(B) \longrightarrow \mathrm{Spec}(A)$ は開写像である.
   [演習問題 24 と第 5 章,演習問題 11 を用いる.]

グロタンディエク群

26. A をネーター環とし,$F(A)$ を有限生成 A-加群のすべての同型類の集合を表すものとする.C を $F(A)$ により生成される自由アーベル群とする.有限生成 A-加群の短完全列 $0 \longrightarrow M' \longrightarrow M \longrightarrow M'' \longrightarrow 0$ に対して C の元 $(M')-(M)+(M'')$ を結びつける.ただし,(M) は M の同型類を表す.D をこれらすべての短完全列に対して,これらの元により生成される C の部分群とする.剰余群 C/D を A の**グロタンディエク群**(Grothendieck group) といい,$K(A)$ で表される.M が有限生成 A-加群であるとき,$\gamma(M)$ または $\gamma_A(M)$ によって $K(A)$ への (M) の像を表すものとする.このとき,次を示せ.

   i) $K(A)$ は次のような普遍な性質をもつことを示せ:アーベル群 G に値をもつ,有限生成 A-加群の同型類の上の任意の加法的関数 λ に対して,すべての M に対して $\lambda(M) = \lambda_0(\gamma(M))$ を満たす唯一つの準同型写像 $\lambda_0 : K(A) \longrightarrow G$ が存在する.

   ii) $K(A)$ は $\gamma(A/\mathfrak{p})$ という形のすべての元により生成される.ただし,$\mathfrak{p}$ は A の素イデアルである.[演習問題 18 を使う.]

   iii) A が体ならば,あるいはより一般的に A が単項イデアル整域ならば,$K(A) \cong \mathbb{Z}$ が成り立つ.

   iv) $f : A \longrightarrow B$ を有限な環準同型写像とする.このとき,スカラーの制限により,B-加群 N に対して $f_!(\gamma_B(N)) = \gamma_A(N)$ を満たす準同型写像 $f_! : K(B) \longrightarrow K(A)$ が定義される.$g : B \longrightarrow C$ をもう一つの有限な環準同型写像とすると,$(g \circ f)_! = f_! \circ g_!$ が成り立つことを示せ.

27. A をネーター環とし,$F_1(A)$ を有限生成平坦 A-加群のすべての同型類の集合とする.演習問題 26 のつくり方を繰り返すと,群 $K_1(A)$ を得る.$\gamma_1(M)$ を $K_1(A)$ への (M) の像を表すものとする.このとき,次を示せ.

i) A 上の加群のテンソル積は $K_1(A)$ 上に可換環の構造を誘導し, $\gamma_1(M)\cdot\gamma_1(N) = \gamma_1(M\otimes N)$ を満たす. この環の単位元は $\gamma_1(A)$ である.
ii) テンソル積は群 $K(A)$ 上に $K_1(A)$-加群の構造を誘導し, $\gamma_1(M)\cdot\gamma(N) = \gamma(M\otimes N)$ を満たす.
iii) A が（ネーター）局所環ならば, $K_1(A)\cong\mathbb{Z}$ が成り立つ.
vi) B をネーター環として, $f:A\longrightarrow B$ を環準同型写像とする. スカラーの拡大により, $f^!(\gamma_1(M)) = \gamma_1(B\otimes_A M)$ を満たす環準同型写像 $f^!:K_1(A)\longrightarrow K_1(B)$ が定義される.

[M が平坦でかつ A 上有限生成ならば, $B\otimes_A M$ は B 上平坦でかつ有限生成である.]

$g:B\longrightarrow C$ をもう一つの環準同型写像とすると（C をネーター環として）, $(f\circ g)^! = f^!\circ g^!$ が成り立つ.
v) $f:A\longrightarrow B$ が有限な環準同型写像ならば, $x\in K_1(A), y\in K(B)$ に対して次が成り立つ.

$$f_!(f^!(x)y) = xf_!(y).$$

言い換えると, $K(B)$ をスカラーの制限により $K_1(A)$-加群とみると, 準同型写像 $f^!$ は $K_1(A)$-加群の準同型写像である.

《注意》 $F_1(A)$ は $F(A)$ の部分集合であるから, $\epsilon(\gamma_1(M)) = \gamma(M)$ によって与えられる群の準同型写像 $\epsilon:K_1(A)\longrightarrow K(A)$ がある. 環 A が有限次元で**正則** (regular), すなわちすべてのその局所環 $A_{\mathfrak{p}}$ が正則（第 11 章）ならば, ϵ が同型写像であることが示される.

第8章

アルティン環

　アルティン環はイデアルについて降鎖条件（または同値である極小条件）を満たす環のことである．

　しかしながら，ネーター環との明白な対称性は人を誤解させやすい．実際，我々はアルティン環が必然的にネーター環であり，それは非常に特別な環であることを示すであろう．ある意味でアルティン環は体に続く最も単純な環であり，我々はそれらの一般性のためではなく，それらの単純性のゆえにアルティン環を考察する．

【命題 8.1】　アルティン環 A において，すべての素イデアルは極大イデアルである．

（証明）　$\mathfrak{p}$ を A の素イデアルとする．すると，$B = A/\mathfrak{p}$ はアルティン整域である．$x \in B$, $x \neq 0$ とする．降鎖条件によって，ある整数 n が存在して，$(x^n) = (x^{n+1})$ が成り立つので，ある $y \in B$ によって $x^n = x^{n+1}y$ と表される．B は整域でかつ $x \neq 0$ であるから，x^n を消去することができる．ゆえに，$xy = 1$ を得る．したがって，x は B に逆元をもつので，B は体となる．以上より，$\mathfrak{p}$ は極大イデアルである．　∎

【系 8.2】　アルティン環において，ベキ零元根基はジャコブソン根基に等しい．

【命題 8.3】　アルティン環の極大イデアルは有限個である．

(証明) 極大イデアルの有限個の共通部分 $\mathfrak{m}_1 \cap \cdots \cap \mathfrak{m}_r$ のすべての集合を考える．ここで，$\mathfrak{m}_i$ は極大イデアルである．この集合は極小元をもつ．これを $\mathfrak{m}_1 \cap \cdots \cap \mathfrak{m}_n$ とする．ゆえに，任意の極大イデアル $\mathfrak{m}$ に対して $\mathfrak{m} \cap \mathfrak{m}_1 \cap \cdots \cap \mathfrak{m}_n = \mathfrak{m}_1 \cap \cdots \cap \mathfrak{m}_n$ が成り立つ．したがって，$\mathfrak{m} \supseteq \mathfrak{m}_1 \cap \cdots \cap \mathfrak{m}_n$ となる．命題 1.11 より，ある i に対して $\mathfrak{m} \supseteq \mathfrak{m}_i$ となるが，ここで $\mathfrak{m}_i$ は極大であるから，$\mathfrak{m} = \mathfrak{m}_i$ が成り立つ． ■

【命題 8.4】 アルティン環において，ベキ零元根基 $\mathfrak{N}$ はベキ零である．

(証明) 降鎖条件によって，適当な $k > 0$ があって $\mathfrak{N}^k = \mathfrak{N}^{k+1} = \cdots \ (= \mathfrak{a}$ とおく) となる．$\mathfrak{a} \neq 0$ と仮定し，$\mathfrak{a}\mathfrak{b} \neq 0$ を満たすすべてのイデアル $\mathfrak{b}$ の集合を Σ とする．$\mathfrak{a} \in \Sigma$ であるから，Σ は空集合ではない．$\mathfrak{c}$ を Σ の極小元とする．すると，ある元 $x \in \mathfrak{c}$ が存在して $x\mathfrak{a} \neq 0$ を満たす．このとき，$(x) \subseteq \mathfrak{c}$ であるから，$\mathfrak{c}$ の極小性によって $(x) = \mathfrak{c}$ が成り立つ．ところが，$(x\mathfrak{a})\mathfrak{a} = x\mathfrak{a}^2 = x\mathfrak{a} \neq 0$ でかつ $x\mathfrak{a} \subseteq (x)$ であるから，(再び極小性によって) $x\mathfrak{a} = (x)$ となる．ゆえに，適当な $y \in \mathfrak{a}$ によって $x = xy$ と表される．したがって，$x = xy = xy^2 = \cdots = xy^n = \cdots$ となる．一方，$y \in \mathfrak{a} = \mathfrak{N}^k \subseteq \mathfrak{N}$ であるから，y はベキ零元である．ゆえに，$x = xy^n = 0$ を得る．ところがこれは x の選び方に矛盾する．以上より，$\mathfrak{a} = 0$ でなければならない． ■

環 A の有限個の素イデアルからなる狭義の増大列 $\mathfrak{p}_0 \subset \mathfrak{p}_1 \subset \cdots \subset \mathfrak{p}_n$ を素イデアルの**鎖** (chain) といい，この鎖の**長さ**は n であるという．A における素イデアルのすべての鎖の長さの上限を A の**次元** (dimension) と定義する．それは $\geqslant 0$ なる整数であるか，または $+\infty$ である（$A \neq 0$ と仮定して）．体の次元は 0 であり，有理整数環 $\mathbb{Z}$ の次元は 1 である．

【定理 8.5】 A はアルティン環である $\iff$ A はネーター環でかつ $\dim A = 0$ である．

(証明) ($\Rightarrow$)： 命題 8.1 により，$\dim A = 0$ である．$\mathfrak{m}_i \ (1 \leqslant i \leqslant n)$ を A のすべての相異なる極大イデアルとする（命題 8.3）．すると，$\prod_{i=1}^n \mathfrak{m}_i^k \subseteq (\bigcap_{i=1}^n \mathfrak{m}_i)^k = \mathfrak{N}^k = 0$. ゆえに，系 6.11 より A はネーター環である．

(⇐)：零イデアルは準素分解をもつから（定理 7.13），A の極小素イデアルは有限個である．これらを $\mathfrak{m}_1,\ldots,\mathfrak{m}_n$ とする．ゆえに，$\mathfrak{N} = \bigcap_{i=1}^n \mathfrak{m}_i$ と表される．ここで $\dim A = 0$ であるから，$\mathfrak{m}_i$ はすべて極大である．系 7.15 より，$\mathfrak{N}^k = 0$ が成り立つ．すると，証明の前半の部分より $\prod_{i=1}^n \mathfrak{m}_i^k = 0$ を得る．したがって，系 6.11 より A はアルティン環である． ∎

A が極大イデアル $\mathfrak{m}$ をもつアルティン局所環ならば，$\mathfrak{m}$ は A の唯一つの素イデアルであり，ゆえに $\mathfrak{m}$ は A のベキ零元根基である．ゆえに，$\mathfrak{m}$ のすべての元はベキ零であり，$\mathfrak{m}$ 自身もベキ零である．したがって，A のすべての元は単元であるか，またはベキ零元である．このような環の例として $\mathbb{Z}/(p^n)$ がある．ただし，p は素数で $n \geqslant 1$ である．

【命題 8.6】 A はネーター局所環で，その極大イデアルを $\mathfrak{m}$ とする．このとき，次の二つの条件のうち一つだけが成り立つ．

i) すべての n に対して $\mathfrak{m}^n \neq \mathfrak{m}^{n+1}$ が成り立つ．
ii) 適当な n により $\mathfrak{m}^n = 0$ となる．この場合，A はアルティン局所環である．

（証明）　ある n に対して，$\mathfrak{m}^n = \mathfrak{m}^{n+1}$ が成り立つと仮定する．中山の補題（命題 2.6）より $\mathfrak{m}^n = 0$ が成り立つ．$\mathfrak{p}$ を A の任意の素イデアルとする．すると，$\mathfrak{m}^n \subseteq \mathfrak{p}$ となり，ゆえに，（根基をとると）$\mathfrak{m} = \mathfrak{p}$ を得る．したがって，$\mathfrak{m}$ は A の唯一つの素イデアルであり，よって A はアルティン環となる． ∎

【定理 8.7】（アルティン環の構造定理）　アルティン環 A はアルティン局所環の有限個の直積に（同型を除いて）唯一通りに表される．

（証明）　$\mathfrak{m}_i$ $(1 \leqslant i \leqslant n)$ を A のすべての相異なる極大イデアルとする．定理 8.5 の証明より，適当な $k > 0$ によって $\prod_{i=1}^n \mathfrak{m}_i^k = 0$ となる．命題 1.16 より，これらのイデアル $\mathfrak{m}_i^k$ は互いに素であるから，命題 1.10 によって，$\bigcap \mathfrak{m}_i^k = \prod \mathfrak{m}_i^k$ が成り立つ．したがって，再び命題 1.10 により，自然な写像 $A \longrightarrow \prod_{i=1}^n (A/\mathfrak{m}_i^k)$ は同型写像である．各 $A/\mathfrak{m}_i^k$ はアルティン局所環であるから，A はアルティン局所環の直積に同型である．

逆に，A_i をアルティン局所環として，$A \cong \prod_{i=1}^{m} A_i$ と仮定する．このとき，各 i について自然な全準同型写像（i 番目の成分への射影である）$\phi_i : A \longrightarrow A_i$ がある．$\mathfrak{a}_i = \mathrm{Ker}(\phi_i)$ とおく．命題 1.10 より，$\mathfrak{a}_i$ $(1 \leqslant i \leqslant n)$ は互いに素で，かつ $\bigcap \mathfrak{a}_i = 0$ が成り立つ．$\mathfrak{q}_i$ を A_i の唯一つの素イデアルとし，$\mathfrak{p}_i$ をその縮約 $\phi_i^{-1}(\mathfrak{q}_i)$ とする．イデアル $\mathfrak{p}_i$ は素イデアルであり，ゆえに命題 8.1 より極大イデアルである．$\mathfrak{q}_i$ はベキ零であるから，$\mathfrak{a}_i$ は $\mathfrak{p}_i$-準素イデアルである．したがって，$\bigcap \mathfrak{a}_i = 0$ は A における零イデアルの準素分解である．$\mathfrak{a}_i$ $(1 \leqslant i \leqslant n)$ は互いに素であるから，$\mathfrak{p}_i$ $(1 \leqslant i \leqslant n)$ もそうである．ゆえに，それらは (0) の孤立素イデアルとなる．したがって，すべての準素成分 $\mathfrak{a}_i$ は孤立しているから，第 2 一意性定理の系 4.11 によって，それらは A により一意的に決定される．以上より，すべての環 $A_i \cong A/\mathfrak{a}_i$ は A により一意的に決定される．∎

【例】　唯一つの素イデアルしかもたない環でもネーター環であるとは限らない（ゆえにアルティン環でもない）．$A = k[x_1, x_2, \ldots]$ を体 k 上可算無限個の不定元 x_n に関する多項式環とし，そのイデアルを $\mathfrak{a} = (x_1, x_2^2, \ldots, x_n^n, \ldots)$ とする．このとき，環 $B = A/\mathfrak{a}$ は唯一つの素イデアルをもつ（すなわち，$(x_1, x_2, \ldots, x_n, \ldots)$ の像である）．ゆえに，B は次元 0 の局所環である．ところが，B はネーター環ではない．なぜならば，その素イデアルは有限生成でないことを示すのは難しくないからである．

A を局所環とし，$\mathfrak{m}$ をその極大イデアル，$k = A/\mathfrak{m}$ をその剰余体とする．このとき，A-加群 $\mathfrak{m}/\mathfrak{m}^2$ は $\mathfrak{m}$ によって零化されるから，k-ベクトル空間の構造をもつ．$\mathfrak{m}$ が有限生成ならば（たとえば，A がネーター環であるとき），$\mathfrak{m}$ の生成系の $\mathfrak{m}/\mathfrak{m}^2$ への像はベクトル空間として $\mathfrak{m}/\mathfrak{m}^2$ を生成する．したがって，$\dim_k(\mathfrak{m}/\mathfrak{m}^2)$ は有限である．（命題 2.8 を参照せよ．）

【命題 8.8】　A をアルティン局所環とするとき，次の条件は同値である．

　i) A のすべてのイデアルは単項イデアルである．
　ii) A の極大イデアル $\mathfrak{m}$ は単項イデアルである．
　iii) $\dim_k(\mathfrak{m}/\mathfrak{m}^2) \leqslant 1$ が成り立つ．

（証明） i) $\Rightarrow$ ii) $\Rightarrow$ iii) は明らかである．

iii) $\Rightarrow$ i)：$\dim_k(\mathfrak{m}/\mathfrak{m}^2) = 0$ ならば，$\mathfrak{m} = \mathfrak{m}^2$ であるから，中山の補題（命題 2.6）より $\mathfrak{m} = 0$ となる．したがって，A は体となるので，このとき何も証明することはない．

$\dim_k(\mathfrak{m}/\mathfrak{m}^2) = 1$ ならば，命題 2.8 より $\mathfrak{m}$ は単項イデアルである（$M = \mathfrak{m}$ とすればよい），そこで $\mathfrak{m} = (x)$ とおく．$\mathfrak{a}$ を (0) あるいは (1) と異なる A のイデアルとする．いま，$\mathfrak{m} = \mathfrak{N}$ であるから，命題 8.4 より $\mathfrak{m}$ はベキ零であり，ゆえにある整数 r が存在して $\mathfrak{a} \subseteq \mathfrak{m}^r$, $\mathfrak{a} \not\subseteq \mathfrak{m}^{r+1}$ を満たす．すると，ある $y \in \mathfrak{a}$ が存在して，$y = ax^r$, $y \notin (x^{r+1})$ を満たす．ゆえに，$a \notin (x)$ であるから，a は A における単元である．したがって，$x^r \in \mathfrak{a}$ となり，ゆえに $\mathfrak{m}^r = (x^r) \subseteq \mathfrak{a}$, よって，$\mathfrak{a} = \mathfrak{m}^r = (x^r)$ を得る．以上より，$\mathfrak{a}$ は単項イデアルである． ■

【例】 環 $\mathbb{Z}/(p^n)$ （p は素数），$k[x]/(f^n)$ （f は既約）は命題 8.8 の条件を満足する．一方，アルティン局所環 $k[x^2, x^3]/(x^4)$ はそうではない．このとき，$\mathfrak{m}$ は x^2 と $x^3 \pmod{x^4}$ により生成されるので，$\mathfrak{m}^2 = 0$ となり $\dim(\mathfrak{m}/\mathfrak{m}^2) = 2$ である．

演習問題

1. $\mathfrak{q}_1 \cap \cdots \cap \mathfrak{q}_n = 0$ をネーター環における零イデアルの最短準素分解とし，$\mathfrak{q}_i$ を $\mathfrak{p}_i$-準素イデアルとする．$\mathfrak{p}_i^{(r)}$ を $\mathfrak{p}_i$ の記号的 r 乗とする（第 4 章，演習問題 13）．このとき，各 $i = 1, \ldots, n$ に対して整数 r_i が存在し $\mathfrak{p}_i^{(r_i)} \subseteq \mathfrak{q}_i$ を満たす．

    $\mathfrak{q}_i$ が孤立準素イデアルと仮定する．このとき，$A_{\mathfrak{p}_i}$ はアルティン局所環であり，ゆえに $\mathfrak{m}_i$ をその極大イデアルとすると，すべての十分大きな r に対し $\mathfrak{m}_i^r = 0$ となる．したがって，すべての大きな r に対して $\mathfrak{q}_i = \mathfrak{p}_i^{(r)}$ が成り立つ．

    $\mathfrak{q}_i$ が非孤立準素成分ならば，$A_{\mathfrak{p}_i}$ はアルティン環ではない．ゆえに，ベキイデアル $\mathfrak{m}_i^r$ はすべて相異なり，よって $\mathfrak{p}_i^{(r)}$ はすべて相異なる．したがって，与えられた準素分解において $\mathfrak{q}_i$ を $\mathfrak{p}_i$-準素イデアル $\mathfrak{p}_i^{(r)}$, $r \geq r_1$ の無限集合の任意の一つで置き換えることができる．以上より，その $\mathfrak{p}_i$-成分においてのみ異なる無限に多くの 0 の最短準素分解が存在する．

2. A をネーター環とする．このとき，次の条件は同値であることを証明せよ．
    i) A はアルティン環である．
    ii) $\mathrm{Spec}(A)$ は離散的であり，かつ有限である．
    iii) $\mathrm{Spec}(A)$ は離散的である．

3. k を体とし，A を有限生成 k-代数とする．このとき，次の条件が同値であることを証明せよ．
    i) A はアルティン環である．
    ii) A は有限 k-代数である．
    [i) $\Rightarrow$ ii)：定理 8.7 を用いて A がアルティン局所環である場合に帰着させる．零点定理によって，A の剰余体は k の有限次拡大である．そこで，A は A-加群として有限の長さをもつという事実を用いる．
    ii) $\Rightarrow$ i)：A のイデアルはすべて k-ベクトル部分空間であり，ゆえに降鎖条件を満足しているということに注意する．]

4. $f: A \longrightarrow B$ を有限型の環準同型写像とする．このとき，次の条件を考える．
    i) f は有限である．
    ii) f^* のファイバーは $\mathrm{Spec}(B)$ の離散部分空間である．
    iii) A の任意の素イデアル $\mathfrak{p}$ に対して，環 $B \otimes_A k(\mathfrak{p})$ は有限 $k(\mathfrak{p})$-代数である（ここで，$k(\mathfrak{p})$ は $A_\mathfrak{p}$ の剰余体である）．
    iv) f^* のファイバーは有限である．

    このとき，i) $\Rightarrow$ ii) $\Leftrightarrow$ iii) $\Rightarrow$ iv) を証明せよ．
    [演習問題 2 と 3 を使う．]

    また，f が整でかつ f^* のファイバーが有限であるとき，f は必然的に有限となるであろうか？

5. 第5章，演習問題 16 において，X は L の有限な被覆であることを示せ（すなわち，L の与えられた点の上にある X の点の個数は有限でかつ有界である）．

6. A はネーター環とし，$\mathfrak{q}$ を A における $\mathfrak{p}$-準素イデアルとする．$\mathfrak{q}$ から $\mathfrak{p}$ への準素イデアルの鎖を考える．このとき，このようなすべての鎖は有限

でかつ有界な長さをもつこと，またすべての極大な鎖は同じ長さをもつことを示せ．

第9章

離散付値環とデデキント整域

すでに前に指摘したように，代数的整数論は可換代数の歴史的な源泉の一つである．この章では，整数論における興味のある部分，すなわちデデキント整域を詳しく述べる．一般の準素分解定理からデデキント整域におけるイデアルの一意分解性を導く．もちろん直接的なアプローチも可能であるが，可換代数の中で整数論の正確な状況を理解するための，より深い洞察を得ることができる．デデキント整域のもう一つの重要な種類は非特異代数曲線との関係の中で現れる．実際，デデキントの条件の幾何学的なイメージは，次元が1で非特異ということである．

この前の最後の章は次元 0 のネーター環を扱っている．ここでは次に単純な場合，すなわち次元 1 のネーター整域を考察することによって始める．言い換えると，この環は零でないすべての素イデアルが極大であるようなネーター整域である．最初の結果は，このような環においてはイデアルについて一意分解定理が成り立つというものである．

【命題 9.1】 A を次元 1 のネーター整域とする．このとき，零でない A のすべてのイデアル $\mathfrak{a}$ は，その根基がすべて異なる準素イデアルの積として一意的に表される．

（証明）A はネーター環であるから，定理 7.13 より $\mathfrak{a}$ は最短の準素分解 $\mathfrak{a} = \bigcap_{i=1}^{n} \mathfrak{q}_i$ をもつ．ここで，$\mathfrak{q}_i$ は $\mathfrak{p}_i$-準素イデアルとする．$\dim A = 1$ でかつ A は整域であるから，A の任意の零でない素イデアルは極大である．ゆえに，

$\mathfrak{p}_1, \ldots, \mathfrak{p}_n$ は相異なる極大イデアルであり（$\mathfrak{p}_i \supseteq \mathfrak{q}_i \supseteq \mathfrak{a} \neq 0$ であるから），したがって，$\mathfrak{p}_1, \ldots, \mathfrak{p}_n$ は互いに素である．ゆえに，命題 1.16 より $\mathfrak{q}_1, \ldots, \mathfrak{q}_n$ は互いに素であり，したがって，命題 1.10 より $\prod \mathfrak{q}_i = \bigcap \mathfrak{q}_i$ が成り立つ．以上より，$\mathfrak{a} = \prod \mathfrak{q}_i$ を得る．

逆に，$\mathfrak{a} = \prod \mathfrak{q}_i$ ならば，同様の議論によって $\mathfrak{a} = \bigcap \mathfrak{q}_i$ が成り立つことがわかる．これは，各 $\mathfrak{q}_i$ が孤立準素成分であるような $\mathfrak{a}$ の最短の準素分解である．したがって，系 4.11 よりこれらの $\mathfrak{q}_i$ は一意的である． ∎

すべての準素イデアルが素イデアルのベキとなっている 1 次元のネーター整域を A とする．このような環においては，命題 9.1 より，零でないイデアルは素イデアルの積への一意的な分解をもつことになる．A を零でない素イデアル $\mathfrak{p}$ によって局所化すれば，A と同じ条件を満たす局所環 $A_\mathfrak{p}$ を得る．したがって $A_\mathfrak{p}$ において，零でないすべてのイデアルは極大イデアルのベキである．このような局所環は他の方法によっても特徴づけられる．

9.1 離散付値環

K を体とする．次の二つの条件を満たす K^* から $\mathbb{Z}$ の上への写像 v を K 上の**離散付値** (discrete valuation) という（ここで，$K^* = K - \{0\}$ は K の乗法群を表す）．

1) $v(xy) = v(x) + v(y)$. すなわち，v は準同型写像である．
2) $v(x + y) \geqslant \min(v(x), v(y))$.

0 と $v(x) \geqslant 0$ を満たすすべての元 $x \in K^*$ からなる集合は環を構成し，これを v の**付値環** (valuation ring) という．それは体 K の付値環である．$v(0) = +\infty$ とおいて，v を K 全体に拡張すると便利である．

【例】 次の二つの標準的な例がある．

1) $K = \mathbb{Q}$ とする．素数 p を固定する．このとき，任意の零でない $x \in \mathbb{Q}$ は一意的に $p^a y$ という形に表される．ただし，$a \in \mathbb{Z}$ でかつ y の分子と分母は p と互いに素である．このとき，$v_p(x) = a$ と定義する．v_p の付値環は局所環 $\mathbb{Z}_{(p)}$ である．

2) $K = k(x)$ とする．ここで，k は体，x は不定元である．既約多項式 $f \in k[x]$ を固定し，1) と同様に v_f を定義する．このとき，v_f の付値環は素イデアル (f) に関する $k[x]$ の局所環である．

整域 A は，その商体 K の離散付値 v が存在して，A が v の付値環となるとき，**離散付値環** (discrete valuation ring) という．命題 5.18 によって，A は局所環であり，その極大イデアル $\mathfrak{m}$ は $v(x) > 0$ を満たすすべての元 $x \in K$ の集合である．

A の二つの元 x, y が同じ値をもてば，すなわち，$v(x) = v(y)$ ならば，$v(xy^{-1}) = 0$ であり，ゆえに，$u = xy^{-1}$ は A の単元である．したがって，$(x) = (y)$ となる．

$\mathfrak{a} \neq 0$ を A のイデアルとすると，適当な $x \in \mathfrak{a}$ に対して $v(x) = k$ を満たす最小の整数 k が存在する．したがって，$\mathfrak{a}$ は $v(y) \geqslant k$ を満たすすべての元 $y \in A$ を含んでいる．それゆえ，A の零でないイデアルはすべて $\mathfrak{m}_k = \{y \in A : v(y) \geqslant k\}$ という形をしている．これらのイデアルは A における唯一つの鎖 $\mathfrak{m} \supset \mathfrak{m}_2 \supset \mathfrak{m}_3 \supset \cdots$ をつくる．したがって，A はネーター環である．

さらに，$v : K^* \longrightarrow \mathbb{Z}$ は全射であるから，$v(x) = 1$ を満たす $x \in \mathfrak{m}$ が存在する．このとき，$\mathfrak{m} = (x)$ であり，また $\mathfrak{m}_k = (x^k)$ $(k \geqslant 1)$ が成り立つ．ゆえに，$\mathfrak{m}$ は零でない A の唯一つの素イデアルである．したがって，A は次元が 1 のネーター局所整域であり，A において零でないすべてのイデアルはその極大イデアルのベキである．

実際，これらの性質の多くのものは離散付値環を特徴づけている．

【命題 9.2】 A を次元が 1 のネーター局所整域とし，$\mathfrak{m}$ をその極大イデアル，$k = A/\mathfrak{m}$ をその剰余体とする．このとき，次の条件は同値である．

　i) A は離散付値環である．
　ii) A は整閉である．
　iii) $\mathfrak{m}$ は単項イデアルである．
　iv) $\dim_k(\mathfrak{m}/\mathfrak{m}^2) = 1$．
　v) すべての零でないイデアルは $\mathfrak{m}$ のベキである．

vi) A のある元 x が存在して，すべての零でないイデアルは $(x^k), k \geqslant 0$ という形で表される．

(証明) 証明をはじめる前に，次の二つのことに注意しよう．

(A) $\mathfrak{a}$ が $0, (1)$ と異なるイデアルならば，$\mathfrak{a}$ は $\mathfrak{m}$-準素イデアルであり，ある m に対して $\mathfrak{a} \supseteq \mathfrak{m}^m$ となる．なぜならば，$\mathfrak{m}$ は唯一つの零でない素イデアルであるから，$r(\mathfrak{a}) = \mathfrak{m}$ となる．あとは系 7.16 を使えばよい．

(B) すべての $n \geqslant 0$ に対して $\mathfrak{m}^n \neq \mathfrak{m}^{n+1}$ が成り立つ．
これは命題 8.6 から従う．

i) $\Rightarrow$ ii)：これは命題 5.18 から従う．

ii) $\Rightarrow$ iii)：$a \in \mathfrak{m}$ かつ $a \neq 0$ とする．注意 (A) によって，ある整数 n が存在して $\mathfrak{m}^n \subseteq (a), \mathfrak{m}^{n-1} \not\subseteq (a)$ が成り立つ．そこで，$b \in \mathfrak{m}^{n-1}$ かつ $b \notin (a)$ を満たす元 b を選び，$x = a/b \in K$ とおく．ここで，K は A の商体である．このとき，$x^{-1} \notin A$ $(b \notin (a)$ であるから)．ゆえに，x^{-1} は A 上整ではないから，命題 5.1 より $x^{-1}\mathfrak{m} \not\subseteq \mathfrak{m}$ となる（なぜならば，$x^{-1}\mathfrak{m} \subseteq \mathfrak{m}$ とすると，$\mathfrak{m}$ は忠実な $A[x^{-1}]$-加群であり，A-加群として有限生成であるからである）．ところが，x のつくり方から $x^{-1}\mathfrak{m} \subseteq A$ である．ゆえに，$x^{-1}\mathfrak{m} = A$ となり，したがって $\mathfrak{m} = Ax = (x)$ を得る．

iii) $\Rightarrow$ iv)：命題 2.8 より，$\dim_k(\mathfrak{m}/\mathfrak{m}^2) \leqslant 1$ が成り立つ．また，注意 (B) より $\mathfrak{m}/\mathfrak{m}^2 \neq 0$ である．

iv) $\Rightarrow$ v)：$\mathfrak{a}$ を $(0), (1)$ と異なるイデアルとする．注意 (A) より，適当な n によって $\mathfrak{a} \supseteq \mathfrak{m}^n$ となる．ところが，命題 8.8 により（$A/\mathfrak{m}^n$ に適用して）$\mathfrak{a}$ は $\mathfrak{m}$ のベキになることがわかる．

v) $\Rightarrow$ vi)：注意 (B) より，$\mathfrak{m} \neq \mathfrak{m}^2$ であるから，ある $x \in \mathfrak{m}$ が存在して，$x \notin \mathfrak{m}^2$ を満たす．ところが仮定より，$(x) = \mathfrak{m}^r$ であるから，$r = 1, (x) = \mathfrak{m}, (x^k) = \mathfrak{m}^k$ を得る．

vi) $\Rightarrow$ i)：明らかに，$(x) = \mathfrak{m}$ であるから，注意 (B) より $(x^k) \neq (x^{k+1})$ である．ゆえに，a が A の任意の零でない元ならば，k の唯一つの値に対して $(a) = (x^k)$ が成り立つ．$v(a) = k$ と定義し，$v(ab^{-1}) = v(a) - v(b)$ と定義することによって v を K^* に拡張する．このとき，v が矛盾なく定義され，離散付値であることと，A が v の付値環であることを検証すればよい．∎

9.2 デデキント整域

【定理 9.3】 A を次元が 1 のネーター整域とする．このとき，次の条件は同値である．

 i) A は整閉である．
 ii) A のすべての準素イデアルはある素イデアルのベキである．
 iii) すべての局所環 $A_\mathfrak{p}$ ($\mathfrak{p} \neq 0$) は離散付値環である．

（証明） i) $\Leftrightarrow$ iii)：命題 9.2 と命題 5.13 より従う．
 ii) $\Leftrightarrow$ iii)：命題 9.2 と，準素イデアルとイデアルのベキは局所化のもとでよい挙動をする，という事実を用いる．命題 4.8 と命題 3.11 を参照せよ． ∎

定理 9.3 の条件を満たす環を**デデキント整域** (Dedekind domain) という．

【系 9.4】 デデキント整域において，零でないすべてのイデアルは素イデアルの積として一意的に表される．

（証明） 命題 9.1 と定理 9.3 を用いる． ∎

【例】 1) 任意の単項イデアル整域 A はデデキント整域である．なぜならば，A はネーター環であり（すべてのイデアルは有限生成であるから），次元は 1 である（命題 1.6 の後の例 3）より）．すべての局所環 $A_\mathfrak{p}$ ($\mathfrak{p} \neq 0$) も単項イデアル整域であるから，命題 9.2 によって離散付値環である．したがって，定理 9.3 より A はデデキント整域である．

2) K を代数体（すなわち，$\mathbb{Q}$ の有限次代数拡大体）とする．その**整数環** A は K における $\mathbb{Z}$ の整閉包である．（たとえば，$K = \mathbb{Q}(i)$ のとき，その整数環はガウスの整数環 $A = \mathbb{Z}[i]$ である．）このとき，A は次の定理によってデデキント整域となる．

【定理 9.5】 代数体 K における整数環はデデキント整域である．

（証明） K は $\mathbb{Q}$ の分離拡大である（なぜならばその標数は 0 であるから）．ゆえに，命題 5.17 によって $\mathbb{Q}$ 上 K の基底 $v_1, \ldots, v_n$ が存在して $A \subseteq \sum \mathbb{Z} v_j$

を満たす．ゆえに，A は $\mathbb{Z}$-加群として有限生成となるのでネーター環である．系 5.5 より，A は整閉でもある．証明を完成させるためには，A の零でないすべての素イデアル $\mathfrak{p}$ は極大イデアルであることを示さねばならない．これは系 5.8 と系 5.9 より従う．すなわち，系 5.9 より $\mathfrak{p} \cap \mathbb{Z} \neq 0$ であるから，$\mathfrak{p} \cap \mathbb{Z}$ は $\mathbb{Z}$ の極大イデアルであり，したがって系 5.8 より $\mathfrak{p}$ は A の極大イデアルである．∎

《注意》 一意分解定理である系 9.4 は，もともとは代数体における整数環に対して証明された．第 4 章の一意性定理はこの結果の一般化とみなすことができる．すなわち，素数のベキは準素イデアルによって置き換え，積は共通集合をとる操作によって置き換えればよいからである．

9.3 分数イデアル

A を整域とし，K をその商体とする．K の A-部分加群を M とする．M が A のある元 $x \neq 0$ によって $xM \subseteq A$ という条件を満たすとき，M を A の**分数イデアル** (fractional ideal) という．特に，「通常」のイデアル（ここでは，これを**整イデアル**という）は分数イデアルである（$x = 1$ とすればよい）．任意の元 $u \in K$ は，(u) または Au で表される分数イデアルを生成する．これを**単項分数イデアル**という．M が分数イデアルであるとき，$xM \subseteq A$ を満たすすべての $x \in K$ の集合は $(A : M)$ と表される．

K のすべての有限生成 A-加群 M は分数イデアルである．なぜならば，M が $x_1, \ldots, x_n \in K$ によって生成されるとすれば，$y_i, z \in A$ により $x_i = y_i/z$ ($1 \leqslant i \leqslant n$) と表されるので，$zM \subseteq A$ が成り立つからである．逆に，A がネーター環ならば，すべての分数イデアルは有限生成である．なぜならば，それはある整イデアル $\mathfrak{a}$ により $x^{-1}\mathfrak{a}$ と表されるからである．

K の A-部分加群を M とする．K のある A-部分加群 N が存在して $MN = A$ を満たすとき，M を**可逆イデアル** (invertible ideal) という．このとき，この A-加群 N は唯一つであり，$(A : M)$ に等しい．というのは，$N \subseteq (A : M) = (A : M)MN \subseteq AN = N$ が成り立つからである．したがって，M は有限生成であり，ゆえに分数イデアルとなる．なぜならば，$M \cdot (A : M) = A$ であるから，ある $x_i \in M$ と $y_i \in (A : M)$ ($1 \leqslant i \leqslant n$) が存在して，$\sum x_i y_i = 1$ が成

り立つ．ゆえに，任意の $x \in M$ に対して $x = \sum(y_i x) x_i$ が成り立つ．各係数は $y_i x \in A$ であるから，M は $x_1, \ldots, x_n$ によって生成される．

明らかに，零でないすべての単項分数イデアル (u) は可逆であり，その逆イデアルは (u^{-1}) である．すべての可逆イデアルの集合は乗法に関して群をつくり，その単位元は $A = (1)$ である．

可逆性は局所的な性質である．

【命題 9.6】 分数イデアル M に対して，次の条件は同値である．

 i) M は可逆イデアルである．
 ii) M は有限生成で，かつ任意の素イデアル $\mathfrak{p}$ に対して $M_\mathfrak{p}$ は可逆イデアルである．
 iii) M は有限生成で，かつ任意の極大イデアル $\mathfrak{m}$ に対して $M_\mathfrak{m}$ は可逆イデアルである．

（証明） i) $\Rightarrow$ ii)：命題 3.11 と系 3.15 によって $A_\mathfrak{p} = \bigl(M \cdot (A:M)\bigr)_\mathfrak{p} = M_\mathfrak{p} \cdot (A_\mathfrak{p} : M_\mathfrak{p})$ が成り立つ（なぜならば，M は可逆であるから，有限生成である）．

ii) $\Rightarrow$ iii)：自明である．

iii) $\Rightarrow$ i)：$\mathfrak{a} = M \cdot (A:M)$ とおく．これは整イデアルである．任意の極大イデアル $\mathfrak{m}$ に対して，$M_\mathfrak{m}$ は可逆であるから，$\mathfrak{a}_\mathfrak{m} = M_\mathfrak{m} \cdot (A_\mathfrak{m} : M_\mathfrak{m})$ （命題 3.11 と系 3.15 によって） $= A_\mathfrak{m}$ が成り立つ．ゆえに，$\mathfrak{a} \not\subseteq \mathfrak{m}$ となる．それゆえ，$\mathfrak{a} = A$ が得られ，したがって，M は可逆となる． ■

【命題 9.7】 A を局所整域とする．このとき，A が離散付値環である $\iff A$ の零でないすべての分数イデアルは可逆である．

（証明） ($\Rightarrow$)：x を A の極大イデアル $\mathfrak{m}$ の生成元とし，$M \neq 0$ を分数イデアルとする．このとき，ある元 $y \in A$ が存在して $yM \subseteq A$ を満たす．このとき，yM は整イデアルとなる．これを (x^r) とすると，$M = (x^{r-s})$ と表される．ただし，$s = v(y)$ である．

($\Leftarrow$)：零でないすべての整イデアルは可逆であり，ゆえに有限生成となり，よって A はネーター環である．したがって，零でないすべての整イデアルが

$\mathfrak{m}$ のベキであることを示せば十分である．そこで，これが成り立たないと仮定する．Σ を零でなく，かつ，$\mathfrak{m}$ のベキでないすべてのイデアルの集合とする．$\mathfrak{a}$ を Σ の極大元とする．このとき，$\mathfrak{a} \neq \mathfrak{m}$ であり，ゆえに $\mathfrak{a} \subset \mathfrak{m}$ である．これより，$\mathfrak{m}^{-1}\mathfrak{a} \subset \mathfrak{m}^{-1}\mathfrak{m} = A$ は真の（整）イデアルであり，また $\mathfrak{m}^{-1}\mathfrak{a} \supseteq \mathfrak{a}$ である．ここで $\mathfrak{m}^{-1}\mathfrak{a} = \mathfrak{a}$ ならば，$\mathfrak{a} = \mathfrak{m}\mathfrak{a}$ となり，ゆえに中山の補題（命題 2.6）より $\mathfrak{a} = 0$ を得る．したがって，$\mathfrak{m}^{-1}\mathfrak{a} \supsetneq \mathfrak{a}$ である．ゆえに，$\mathfrak{m}^{-1}\mathfrak{a}$ は $\mathfrak{m}$ のベキでなければならない（$\mathfrak{a}$ の極大性によって）．これより，$\mathfrak{a}$ は $\mathfrak{m}$ のベキとなるが，これは矛盾である． ∎

命題 9.7 に対応している大域的なものは次の定理である．

【定理 9.8】 A を整域とする．このとき，A がデデキント整域である $\iff A$ の零でないすべての分数イデアルは可逆である．

（証明） ($\Rightarrow$)：$M \neq 0$ を分数イデアルとする．A はネーター環であるから，M は有限生成である．任意の素イデアル $\mathfrak{p} \neq 0$ に対して，$M_\mathfrak{p}$ は離散付値環 $A_\mathfrak{p}$ の零でない分数イデアルであるから，命題 9.7 より可逆である．したがって，M は命題 9.6 より可逆である．

($\Leftarrow$)：すべての零でない整イデアルは可逆であり，ゆえに有限生成となり，よって A はネーター環である．このとき，$A_\mathfrak{p}$ ($\mathfrak{p} \neq 0$) が離散付値環であることを示そう．このために，$A_\mathfrak{p}$ の任意の整イデアル $\neq 0$ が可逆であることを示せば十分である．それから，命題 9.7 を用いる．$\mathfrak{b} \neq 0$ を $A_\mathfrak{p}$ における（整）イデアルとして，$\mathfrak{a} = \mathfrak{b}^c = \mathfrak{b} \cap A$ とおく．このとき，$\mathfrak{a}$ は可逆であり，命題 9.6 により $\mathfrak{b} = \mathfrak{a}_\mathfrak{p}$ は可逆である． ∎

【系 9.9】 A をデデキント整域とすれば，A の零でない分数イデアルは乗法に関して群をつくる． ∎

この群を A の**イデアル群** (group of ideals) といい，これを I で表す．この術語によれば，系 9.4 は I が A の零でない素イデアルによって生成される自由（アーベル）群であることを主張している．

K^* を A の商体 K の乗法群を表すものとする．各 $u \in K^*$ は分数イデアル (u) を定義し，$u \longmapsto (u)$ によって定まる写像 $\phi: K^* \longrightarrow I$ は準同型写像であ

る．ϕ の像 P は単項分数イデアルのつくる群である．その剰余群 $H = I/P$ を A の**イデアル類群** (ideal class group) という．ϕ の核 U は $(u) = (1)$ となるすべての元 $u \in K^*$ の集合であり，これを A の**単数群** (group of units) という．このとき，次の完全列がある．

$$1 \longrightarrow U \longrightarrow K^* \longrightarrow I \longrightarrow H \longrightarrow 1.$$

《注意》 整数論において現れるデデキント整域については，群 H と I に関する古典的な定理がある．K を代数体で A をその整数環とする．A は定理 9.5 よりデデキント整域である．この場合には次のことが成り立つ．

1) H は有限群である．その位数 h を体 K の**類数** (class number) という．次の命題は同値である．(i) $h = 1$. (ii) $I = P$. (iii) A は単項イデアル整域である．(iv) A は一意分解整域である．

2) U は有限生成アーベル群である．より正確にいうと，U の生成元の個数を明細に述べることができる．まず最初に，U における有限位数の元の集合は，K に属している 1 のベキ根の集合に一致しており，それらは有限巡回群 W をつくる．U/W はねじれがない．U/W の生成元の個数は次のようである．$(K : \mathbb{Q}) = n$ とすれば，n 個の異なる埋め込み $K \longrightarrow \mathbb{C}$ がある（$\mathbb{C}$ は複素数体である）．もちろん，r_1 個の K から $\mathbb{R}$ への写像と，残りの組になっているものを r_2 個とすると（α をそのような一つとすると，もう一つは $\omega \circ \alpha$ である．ただし，ω は $\omega(z) = \bar{z}$ によって定義される $\mathbb{C}$ の自己同型写像である），$r_1 + 2r_2 = n$ が成り立つ．このとき，U/W の生成元の個数は $r_1 + r_2 - 1$ となる．

これらの結果の証明は代数的整数論に属しており，可換代数に属しているものではない．すなわち，それらはこの本で用いられたものとは異なる性格をもつ技法を必要とする．

【例】 1) $K = \mathbb{Q}(\sqrt{-1})$ とする．このとき，$n = 2$, $r_1 = 0$, $r_2 = 1$, $r_1 + r_2 - 1 = 0$ である．$\mathbb{Z}[i] = A$ における単元は 4 個の 1 のベキ根 ± 1, $\pm i$ である．

2) $K = \mathbb{Q}(\sqrt{2})$ とする．このとき，$n = 2$, $r_1 = 2$, $r_2 = 0$, $r_1 + r_2 - 1 = 1$ である．$W = \{\pm 1\}$ で，U/W は無限巡回群である．実際，$A = \mathbb{Z}[\sqrt{2}]$ におけ

る単元は $\pm(1+\sqrt{2})^n$ という形の元である．ただし，n は任意の有理整数である．

演習問題

1. A をデデキント整域とし，S を A の積閉集合とする．このとき，$S^{-1}A$ はデデキント整域であるか，または A の商体であることを示せ．
   $S \neq A - \{0\}$ と仮定し，H, H' をそれぞれ A と $S^{-1}A$ のイデアル類群とする．イデアルの拡大は全射である準同型写像 $H \longrightarrow H'$ を引き起こすことを示せ．

2. A をデデキント整域とする．$f = a_0 + a_1 x + \cdots + a_n x^n$ を A に係数をもつ多項式としたとき，f の**容量** (content) とは A のイデアル $c(f) = (a_0, \ldots, a_n)$ のことである．このとき，**ガウスの補題** (Gauss's lemma)，$c(fg) = c(f)c(g)$ を証明せよ．
   [任意の極大イデアルで局所化せよ．]

3. 付値環（体と異なる）がネーター環であるための必要十分条件は，それが離散付値環になることである．

4. A を体ではない局所整域とし，またその極大イデアル $\mathfrak{m}$ は単項で，かつ $\bigcap_{n=1}^{\infty} \mathfrak{m}^n = 0$ を満たすものとする．このとき，A は離散付値環であることを証明せよ．

5. M をデデキント整域上の有限生成加群とする．このとき，「M は平坦である $\iff M$ はねじれがない」を証明せよ．
   [第 3 章，演習問題 13 と第 7 章，演習問題 16 を使う．]

6. M をデデキント整域 A 上の有限生成ねじれ加群（すなわち，$T(M) = M$）とする．M は加群 $A/\mathfrak{p}_i^{n_i}$ の有限個の直和として一意的に表されることを示せ．ただし，$\mathfrak{p}_i$ は A の零でない素イデアルである．
   [各 $\mathfrak{p} \neq 0$ に対して，$M_\mathfrak{p}$ はねじれ $A_\mathfrak{p}$-加群である．そこで，単項イデアル整域上の加群に対する構造定理を用いる．]

7. A をデデキント整域とし，$\mathfrak{a} \neq 0$ を A のイデアルとする．このとき，$A/\mathfrak{p}$ のすべてのイデアルは単項であることを示せ．

A のすべてのイデアルは高々二個の元によって生成されることを導け．

8. $\mathfrak{a}, \mathfrak{b}, \mathfrak{c}$ をデデキント整域の三つのイデアルとする．このとき，次の等式を証明せよ．
$$\mathfrak{a} \cap (\mathfrak{b} + \mathfrak{c}) = (\mathfrak{a} \cap \mathfrak{b}) + (\mathfrak{a} \cap \mathfrak{c}),$$
$$\mathfrak{a} + (\mathfrak{b} \cap \mathfrak{c}) = (\mathfrak{a} + \mathfrak{b}) \cap (\mathfrak{a} + \mathfrak{c}).$$

［局所化せよ．］

9. （**中国式剰余の定理**）$\mathfrak{a}_1, \ldots, \mathfrak{a}_n$ をイデアルとし，$x_1, \ldots, x_n$ をデデキント整域 A の元とする．このとき，「連立合同方程式 $x \equiv x_i \pmod{\mathfrak{a}_i} (1 \leq i \leq n)$ が A に解 x をもつ $\iff i \neq j$ のとき $x_i \equiv x_j \pmod{\mathfrak{a}_i + \mathfrak{a}_j}$ が成り立つ」を示せ．

［これは A-加群の列
$$A \xrightarrow{\phi} \bigoplus_{i=1}^{n} A/\mathfrak{a}_i \xrightarrow{\psi} \bigoplus_{i<j} A/(\mathfrak{a}_i + \mathfrak{a}_j)$$

が完全ということと同値である．ただし，ϕ と ψ は次のように定義された写像である．すなわち，$\phi(x) = (x+\mathfrak{a}_1, \ldots, x+\mathfrak{a}_n)$ であり，$\psi(x+\mathfrak{a}_1, \ldots, x+\mathfrak{a}_n)$ は (i,j)-成分が $x_i - x_j + \mathfrak{a}_i + \mathfrak{a}_j$ となるようなものである．この列が完全であることを示すためには，それが任意の $\mathfrak{p} \neq 0$ で局所化したとき完全であることを示せば十分である．言い換えると，A は離散付値環であると仮定することができる．そして，このとき，上のことを示すのは容易である．］

第10章

完備化

　古典的な（すなわち，複素数体上の）代数幾何学において，我々は超越的な方法を用いることができる．このことは有理関数を解析関数（1変数または多変数の）とみることができ，一点についてのベキ級数展開を考察することを意味している．抽象的な代数幾何学において我々が考えることのできる最上のことは，対応している形式的ベキ級数を考察することである．これは解析的な場合ほど強力ではないが，それは非常に役に立つ道具である．多項式を形式的ベキ級数で置き換える操作は，完備化として知られてる一般的な手段の一つの例である．完備化のもう一つの重要な実例は整数論において p-進数を構成する際に生ずる．p を $\mathbb{Z}$ における素数として，さまざまな剰余環 $\mathbb{Z}/p^n\mathbb{Z}$ において考えることができる．言い換えると，n のどんどん大きくなる値に対して p^n を法とした合同式をつくり，解くことができる．これはテイラー展開の項によって与えられる逐次的な近似に類似している．そして，ちょうど形式的ベキ級数を導入したことが便利であったように，p-進数を導入することは便利である．これは $n \longrightarrow \infty$ としたとき，ある意味で $\mathbb{Z}/p^n\mathbb{Z}$ の極限として考えられる．しかしながら，p-進数は一つの観点からは形式的ベキ級数（たとえば，1変数 x でも）よりも複雑である．次数 n の多項式は自然にベキ級数に埋め込まれるのに，群 $\mathbb{Z}/p^n\mathbb{Z}$ は $\mathbb{Z}$ に埋め込むことはできない．p-進整数はベキ級数 $\sum a_n p^n$ $(0 \leqslant a_n < p)$ として考えることができるけれども，この表現は環の演算のもとであまりよい振る舞いをしない．

　この章では，素数 p をある一般的なイデアル $\mathfrak{a}$ で置き換えた，$\mathfrak{a}$-進完備化

の一般的な手順を説明する．それは位相的な術語で表現するのがもっとも都合がよいのではあるが，直感的な道案内として実数の位相を用いているということに読者は注意すべきである．そのかわりに，ベキ級数位相では，あるベキ級数が高い次数の項しかもたないとき，そのベキ級数は小さいと考えるべきである．これに対して，$\mathbb{Z}$ 上の p-進位相では，ある整数が p の非常に高いベキで割り切れるときその整数は小さいと考えることができる．

局所化のように，完備化は一点（すなわち，素数）の近くに関心を集中させることによって，物事を単純化する一つの方法である．しかしながら，完備化は局所化よりはもっと劇的な単純化である．たとえば，代数幾何学において，次元 n の代数多様体上の非特異である点の局所環は，常にその完備化として n 変数の形式的ベキ級数環をもつ（これは第 11 章において本質的に証明される）．一方，このような二つの点の局所環は，それらがのっている代数多様体が双有理同値（これは二つの局所環の商体が同型であることを意味している）でなければ同型であることはできない．

局所化のもっとも重要な二つの性質は，局所化によって完全性とネーター性が保存されることである．同じことは完備化についても正しい—有限生成加群に限定すれば—，しかし，その証明はさらに難しく，この章のほとんどを占めている．もう一つの重要な結果はクルル (Krull) の定理である．これは完備化によって消滅する環の部分を同一視するものである．乱暴に言えば，クルルの定理は，解析関数がそのテイラー展開の係数によって決定されるという事実の類似である．この類似はネーター局所環に対しては明瞭である．その場合，この定理は $\mathfrak{m}$ をその極大イデアルとして $\bigcap \mathfrak{m}^n = 0$ が成り立つことを主張している．クルルの定理と完備化の完全性の二つともよく知られたアルティン-リースの補題 (Artin-Rees Lemma) から容易に得られる結果であり，我々の取り扱いにおいてこの補題が中心的な位置を占めるであろう．

完備化の考察において，次数付環の概念を導入することは必然的であることがわかる．次数付環の原型は多項式環 $k[x_1, \ldots, x_n]$ である．この次数づけは各変数の次数を 1 として得られる普通のものである．次数づけられていない環がアフィン代数幾何学に対する基礎であるように，次数付環は射影代数幾何学に対する基礎である．したがって，それらはかなりの幾何学的重要性をもつ．我々が出会うであろう，A のイデアル $\mathfrak{a}$ に対応している次数付環 $G_{\mathfrak{a}}(A)$ の重要な構造は非常に明確な幾何学的解釈をもっている．たとえば，A を代

数多様体 V 上の点 P の局所環で $\mathfrak{a}$ をその極大イデアルとすれば，$G_\mathfrak{a}(A)$ は P における射影接円錐，すなわち，P を通り P において V に接しているすべての直線の全体，に対応している．この幾何学的な図形は P の近くの V の性質，そして特に完備化 $\hat{A}$ の考察との関係において，$G_\mathfrak{a}(A)$ の重要性を説明するのに役立つであろう．

10.1 位相と完備化

G を必ずしもハウスドルフではない位相アーベル群（加法的に書く）とする．すなわち，G は位相空間でありかつアーベル群であって，G 上のこの二つの構造は，それぞれ $(x,y) \longmapsto x+y$ と $x \longmapsto -x$ によって定義される写像 $G \times G \longrightarrow G$ と $G \longrightarrow G$ が連続であるという意味で適合している．$\{0\}$ が G で閉集合ならば，対角線集合は $G \times G$ で閉集合であり（これは $(x,y) \longmapsto x-y$ によって定まる写像による，$\{0\}$ の逆像であるから），ゆえに G はハウスドルフ空間となる．a を G の固定した元としたとき，$T_a(x) = x+a$ によって定まる変換 T_a は G から G の上への位相同型写像である（なぜならば，T_a は連続であり，その逆写像は T_{-a} であるから）．したがって，U を G における 0 の任意の近傍とすれば，$U+a$ は G における a の近傍であり，逆に a のすべての近傍はこのような形で現れる．以上より，G の位相は G における 0 の近傍によって一意的に決定される．

【補題 10.1】 H を G における 0 のすべての近傍の共通集合とする．このとき，次が成り立つ．

　i) H は部分群である．
　ii) H は $\{0\}$ の閉包である．
　iii) G/H はハウスドルフ空間である．
　iv) G はハウスドルフ空間である $\iff H = 0$.

(証明) i) は群演算の連続性から得られる．ii) については次のようである．

$$x \in H \iff 0 \text{ のすべての近傍 } U \text{ に対して，} 0 \in x - U$$
$$\iff x \in \overline{\{0\}}.$$

ii) より，H の剰余類はすべて閉集合である．したがって，各点は G/H において閉集合であり，ゆえに，G/H はハウスドルフ空間である．以上より，$H = 0 \Longrightarrow G$ はハウスドルフ空間であり，逆は自明である． ∎

簡単のため，$0 \in G$ は可算個の濃度をもつ近傍系をもつと仮定する．このとき，G の完備化 $\widehat{G}$ はコーシー列による通常の方法によって定義することが可能である．(x_ν) を G の元の列とする．0 の任意の近傍を U とするとき，ある整数 $s(U)$ が存在して，

$$\text{すべての整数 } \mu, \nu \geq s(U) \text{ に対して} \quad x_\mu - x_\nu \in U$$

という条件を満たすとき，(x_μ) を G におけるコーシー列 (Cauchy sequence) という．二つのコーシー列を (x_ν) と (y_ν) とする．G において $x_\nu - y_\nu \longrightarrow 0$ であるとき，(x_ν) と (y_ν) は同値であるという．コーシー列のすべての同値類の集合を $\widehat{G}$ で表す．(x_ν) と (y_ν) をコーシー列とすると，$(x_\nu + y_\nu)$ もコーシー列であり，$\widehat{G}$ におけるその剰余類は (x_ν) と (y_ν) の剰余類にのみ依存する．ゆえに，$\widehat{G}$ において加法の演算が定義され，この演算に関して $\widehat{G}$ はアーベル群である．任意の $x \in G$ に対して，定数列 (x) の剰余類は $\widehat{G}$ の元 $\phi(x)$ であり，$\phi : G \longrightarrow \widehat{G}$ はアーベル群の準同型写像である．ϕ は一般に単射ではないことに注意せよ．実際，次の式が成り立つ．

$$\operatorname{Ker} \phi = \bigcap U.$$

ただし，U は G における 0 のすべての近傍を動く．したがって補題 10.1 より，ϕ が単射であるための必要十分条件は，G がハウスドルフ空間になることである．

H をもう一つの可換な位相群とし，$f : G \longrightarrow H$ を連続な準同型写像とすれば，G におけるコーシー列の f による像は H においてコーシー列である．したがって，f は準同型写像 $\widehat{f} : \widehat{G} \longrightarrow \widehat{H}$ を誘導し，これは連続である．$G \xrightarrow{f} H \xrightarrow{g} K$ ならば，$\widehat{g \circ f} = \widehat{g} \circ \widehat{f}$ が成り立つ．

これまで，我々はきわめて一般的に考えてきた．たとえば，G が通常の位相をもつ有理数の加法群であれば，$\widehat{G}$ は実数となるであろう．しかしながら，これからは可換代数の中で生じる特別な種類の位相に限定する．すなわち，$0 \in G$ は部分群からなる基本近傍系をもつと仮定する．したがって，部分群

の列

$$G = G_0 \supseteq G_1 \supseteq \cdots \supseteq G_n \supseteq \cdots$$

があり,$U \subseteq G$ が0の近傍であるための必要十分条件は,U がある部分群 G_n を含むことである.代表的な例は $\mathbb{Z}$ 上の p-進位相であり,このときは $G_n = p^n\mathbb{Z}$ である.このような位相では,G の部分群 G_n は開集合であり,かつ閉集合でもあることに注意しよう.実際,$g \in G_n$ ならば,$g + G_n$ は g の近傍である.$g + G_n \subseteq G_n$ であるから,これは G_n が開集合であることを示している.ゆえに,任意の h に対して $h + G_n$ は開集合であり,したがって $\bigcup_{h \notin G_n}(h + G_n)$ は開集合である.これは G_n の G における補集合であるから,G_n は閉集合となる.

部分群の列によって与えられた位相に対して,しばしば便利である代替的な,純粋に代数的な完備化の定義がある.(x_ν) を G におけるコーシー列とする.このとき,x_ν の G/G_n における像は最後に定数になる.これをたとえば ξ_n とする.$n+1$ から n へ移せば,射影

$$G/G_{n+1} \xrightarrow{\theta_{n+1}} G/G_n$$

によって $\xi_{n+1} \longmapsto \xi_n$ となることは明らかである.G におけるコーシー列 (x_ν) は,

$$\text{すべての } n \text{ に対して} \quad \theta_{n+1}\xi_{n+1} = \xi_n$$

が成り立つという意味で**整合的な**列 (coherent sequence) (ξ_n) を定義する.さらに,同値なコーシー列は同じ列 (ξ_n) を定義することは明らかである.最後に,任意に与えられた整合的な列 (ξ_n) に対して,剰余類 ξ_n の中の任意の元を x_n としてとれば,(ξ_n) を与えるようなコーシー列 (x_n) をつくることができる(このとき $x_{n+1} - x_n \in G_n$ となっている).以上より,前に定義した G の完備化 $\hat{G}$ は明白な群構造をもつ整合的な列 (ξ_n) の集合としても定義することができる.

我々はいま,逆極限という概念の特別な場合にたどり着いた.より一般的に,群の任意の列 $\{A_n\}$ と準同型写像

$$\theta_{n+1} : A_{n+1} \longrightarrow A_n$$

を考える.これを**逆系** (inverse system) といい,すべての整合的な列 (a_n)(すなわち,$a_n \in A_n$ でかつ $\theta_{n+1}a_{n+1} = a_n$ を満たす)のつくる群はこの系の**逆**

極限 (inverse limit) という．これは通常 $\varprojlim A_n$ と表され，準同型写像 θ_n を含めて考えられている．この記号を用いれば $\widehat{G}$ は次のような表現をもつ．

$$\widehat{G} \cong \varprojlim G/G_n.$$

$\widehat{G}$ の逆極限による定義は多くの利点をもつ．その一方，主な欠点は，固定した部分群 G_n をあらかじめ選択しておくことが必要であるという点にある．同じ位相を定義する異なった G_n の列があり，ゆえに同じ完備化をもつこともあり得る．もちろん，「同値な」逆系の概念を定義することもできただろう．しかし，位相的な術語の長所はまさしくこれらの概念がすでにそれの中に埋め込まれていることにある．

完備化についての完全性の性質は逆極限によって最もよく考察される．最初に，逆系 $\{G/G_n\}$ は θ_{n+1} が常に全射であるという特別な性質をもつということに注意しよう．この性質をもつ任意の逆系を**全射的な系** (surjective system) という．$\{A_n\}, \{B_n\}, \{C_n\}$ を三つの逆系とし，次の完全列の可換な図式があると仮定する．

$$\begin{array}{ccccccccc} 0 & \longrightarrow & A_{n+1} & \longrightarrow & B_{n+1} & \longrightarrow & C_{n+1} & \longrightarrow & 0 \\ & & \downarrow & & \downarrow & & \downarrow & & \\ 0 & \longrightarrow & A_n & \longrightarrow & B_n & \longrightarrow & C_n & \longrightarrow & 0 \end{array}$$

このとき，逆系の完全列をもつという．この図式は確かに次の準同型写像の列を誘導する．

$$0 \longrightarrow \varprojlim A_n \longrightarrow \varprojlim B_n \longrightarrow \varprojlim C_n \longrightarrow 0.$$

ところが，この列は常に完全列であるとは限らない．しかしながら，次が成り立つ．

【命題 10.2】 $0 \longrightarrow \{A_n\} \longrightarrow \{B_n\} \longrightarrow \{C_n\} \longrightarrow 0$ を逆系の完全列とすれば，

$$0 \longrightarrow \varprojlim A_n \longrightarrow \varprojlim B_n \longrightarrow \varprojlim C_n$$

は常に完全列である．さらに，$\{A_n\}$ が全射的な系ならば

$$0 \longrightarrow \varprojlim A_n \longrightarrow \varprojlim B_n \longrightarrow \varprojlim C_n \longrightarrow 0$$

は完全列である．

（証明） $A = \prod_{n=1}^{\infty} A_n$ として，$d^A(a_n) = a_n - \theta_{n+1}(a_{n+1})$ によって $d^A : A \longrightarrow A$ を定義する．このとき，$\operatorname{Ker} d^A \cong \varprojlim A_n$ が成り立つ．B, C と d^B, d^C を同様に定義する．すると，逆系の完全列は次の完全列の可換な図式を定義する．

$$\begin{array}{ccccccccc} 0 & \longrightarrow & A & \longrightarrow & B & \longrightarrow & C & \longrightarrow & 0 \\ & & d^A \downarrow & & d^B \downarrow & & d^C \downarrow & & \\ 0 & \longrightarrow & A & \longrightarrow & B & \longrightarrow & C & \longrightarrow & 0 \end{array}$$

ゆえに，命題 2.10 によって次の完全列を得る．

$$0 \longrightarrow \operatorname{Ker} d^A \longrightarrow \operatorname{Ker} d^B \longrightarrow \operatorname{Ker} d^C$$
$$\longrightarrow \operatorname{Coker} d^A \longrightarrow \operatorname{Coker} d^B \longrightarrow \operatorname{Coker} d^C \longrightarrow 0.$$

証明を完成させるためには，次のことを示せばよい．

$$\{A_n\} : \text{全射的な系} \quad \Longrightarrow \quad d^A : \text{全射}.$$

しかし，これは明らかである．なぜならば，d^A が全射であることを示すためには，帰納的に次の方程式を解けばよいからである．すなわち，$x_n \in A$ と与えられた $a_n \in A_n$ に対して

$$x_n - \theta_{n+1}(x_{n+1}) = a_n$$

なる式を解けばよい． ∎

《注意》 群 $\operatorname{Coker} d^A$ はホモロジー代数の意味において導来関手であるから，通常 $\varprojlim^1 A_n$ によって表される．

【系 10.3】 $0 \longrightarrow G' \longrightarrow G \overset{p}{\longrightarrow} G'' \longrightarrow 0$ を群の完全列とする．G は部分群の列 $\{G_n\}$ によって定義される位相をもち，G' と G'' には誘導された位相，すなわち，$\{G' \cap G_n\}, \{pG_n\}$ によって定義される位相を与える．すると，次の列は完全である．

$$0 \longrightarrow \widehat{G'} \longrightarrow \widehat{G} \longrightarrow \widehat{G''} \longrightarrow 0.$$

(証明) 命題 10.2 を次の完全列に適用すればよい.

$$0 \longrightarrow G'/G' \cap G_n \longrightarrow G/G_n \longrightarrow G''/pG_n \longrightarrow 0.\quad\blacksquare$$

特に, $G' = G_n$ として系 10.3 を適用すれば, $G'' = G/G_n$ は離散位相をもつので $\widehat{G''} = G''$ となる. したがって, 次の系が得られた.

【系 10.4】 $\widehat{G_n}$ は $\widehat{G}$ の部分群であり, 次が成り立つ.

$$\widehat{G}/\widehat{G_n} \cong G/G_n. \quad\blacksquare$$

系 10.4 において逆極限をとれば, 次の命題が得られる.

【命題 10.5】 $\widehat{\widehat{G}} \cong \widehat{G}.\quad\blacksquare$

$\phi: G \longrightarrow \widehat{G}$ が同型写像であるとき, G は**完備** (complete) であるという. ゆえに, 命題 10.5 は G の完備化は完備であるということを主張している. 完備であることの我々の定義は (補題 10.1 によって) ハウスドルフであることを含んでいることに注意しよう.

我々が考察する最も重要な種類の位相群の例は, $\mathfrak{a}$ を環 A のイデアルとして $G = A$, $G_n = \mathfrak{a}^n$ とすることによって与えられる. A 上にこのようにして定義された位相は $\mathfrak{a}$-**進位相** ($\mathfrak{a}$-adic topology), または単に $\mathfrak{a}$-**位相**という. $\mathfrak{a}^n$ はイデアルであるから, この位相によって A が**位相環** (topological ring) になることを検証するのは難しくない. すなわち, A の環演算は連続である. 補題 10.1 によって, 位相空間 A がハウスドルフである $\iff \bigcap \mathfrak{a}^n = 0$. A の**完備化** (completion) $\widehat{A}$ はまた位相環となり, $\phi: A \longrightarrow \widehat{A}$ は連続な準同型写像で, その核は $\bigcap \mathfrak{a}^n$ である.

同様にして, A-加群 M に対して, $G = M$, $G_n = \mathfrak{a}^n M$ とする. これは M 上に $\mathfrak{a}$-**進位相**を定義し, M の完備化 $\widehat{M}$ は位相 $\widehat{A}$-加群である (すなわち, $\widehat{A} \times \widehat{M} \longrightarrow \widehat{M}$ は連続である). $f: M \longrightarrow N$ を任意の A-加群の準同型写像とすれば, $f(\mathfrak{a}M) = \mathfrak{a}^n f(M) \subseteq \mathfrak{a}^n N$ が成り立つので, f は連続であり (M と N 上の $\mathfrak{a}$-進位相に関して), したがって $\widehat{f}: \widehat{M} \longrightarrow \widehat{N}$ を定義する.

【例】 1) $A = k[x]$ とする. ただし, k は体で x は不定元である. $\mathfrak{a} = (x)$ とおく. このとき, $\widehat{A} = k[[x]]$ は形式的ベキ級数環である.

2) $A = \mathbb{Z}$ とし，$\mathfrak{a} = (p)$, p を素数とする．このとき，$\hat{A}$ は **p-進整数** (p-adic integers) である．その元は無限級数 $\sum_{n=0}^{\infty} a_n p^n$ ($0 \leqslant a_n \leqslant p-1$) である．$n \longrightarrow \infty$ のとき，$p^n \longrightarrow 0$ である．

10.2 フィルター

A-加群 M の $\mathfrak{a}$-進位相は 0 の基本近傍系として，部分加群 $\mathfrak{a}^n M$ をとることによって定義されるが，同じ位相を定める別の方法もある．M_n を M の部分加群として，（無限の）降鎖 $M = M_0 \supseteq M_1 \supseteq \cdots \supseteq M_n \supseteq \cdots$ を M のフィルター (filtration) といい，(M_n) によって表す．すべての n に対して $\mathfrak{a} M_n \subseteq M_{n+1}$ が成り立つとき，$\mathfrak{a}$-フィルター，すべての十分大きな n に対して $\mathfrak{a} M_n = M_{n+1}$ が成り立つとき，**安定している $\mathfrak{a}$-フィルター**という．したがって，$(\mathfrak{a}^n M)$ は安定している $\mathfrak{a}$-フィルターである．

【補題 10.6】 $(M_n), (M_n')$ を M の安定している $\mathfrak{a}$-フィルターとすれば，それらは有界な差をもつ．すなわち，ある整数 n_0 が存在して，すべての整数 $n \geqslant 0$ に対して $M_{n+n_0} \subseteq M_n'$ と $M_{n+n_0}' \subseteq M_n$ が成り立つ．したがって，安定しているすべての $\mathfrak{a}$-フィルターは M 上に同じ位相，すなわち $\mathfrak{a}$-位相を決定する．

（証明） $M_n' = \mathfrak{a}^n M$ をとれば十分である．すべての n に対して $\mathfrak{a} M_n \subseteq M_{n+1}$ であるから，$\mathfrak{a}^n M \subseteq M_n$ が成り立つ．ある n_0 が存在して，すべての $n \geqslant n_0$ に対して $\mathfrak{a} M_n = M_{n+1}$ が成り立つから，$M_{n+n_0} = \mathfrak{a}^n M_{n_0} \subseteq \mathfrak{a}^n M$ を得る． ∎

10.3 次数付環と次数付加群

A を環とする．環 A の加法群としての部分加群の族 $(A_n)_{n \geqslant 0}$ が存在して，$A = \bigoplus_{n=0}^{\infty} A_n$ であり，かつすべての $m, n \geqslant 0$ に対して $A_m A_n \subseteq A_{m+n}$ を満たすとき，環 A を**次数付環** (graded ring) という．したがって，A_0 は A の部分環であり，各 A_n は A_0-加群である．

【例】 $A = k[x_1, \ldots, x_n]$ とし，A_n を次数 n のすべての斉次多項式の集合とする．このとき，A は次数付環である．

A を次数付環とする．A-加群 M の部分加群の族 $(M_n)_{n \geq 0}$ が存在して，$M = \bigoplus_{n=0}^{\infty} M_n$ が成り立ち，かつすべての $m, n \geq 0$ に対して $A_m M_n \subseteq M_{m+n}$ を満たすとき，M を **次数付 A-加群** という．したがって，各 M_n は A_0-加群である．M の元 x はある n に対して $x \in M_n$ のとき，**斉次** (homogeneous) であるという（このとき，x の**次数**は n であるという）．任意の元 $y \in M$ は有限和 $\sum_n y_n$ として一意的に表すことができる．ただし，すべての $n \geq 0$ に対して $y_n \in M_n$ であり，y_n の有限個以外は零である．零でない成分 y_n は y の**斉次成分**という．

M, N を次数付 A-加群とする．A-加群の準同型写像 $f : M \longrightarrow N$ がすべての $n \geq 0$ に対して $f(M_n) \subseteq N_n$ を満たすとき，f を **次数付 A-加群の準同型写像** という．

A を次数付環として，$A_+ = \bigoplus_{n > 0} A_n$ とおく．A_+ は A のイデアルである．

【命題 10.7】 任意の次数付環 A に対して，次の条件は同値である．

 i) A はネーター環である．
 ii) A_0 はネーター環で，かつ，A は A_0-代数として有限生成である．

(証明) i) $\Rightarrow$ ii)：$A_0 \cong A/A_+$ であるから，A_0 はネーター環である．A_+ は A のイデアルであるから，有限生成であり，$x_1, \ldots, x_s$ をその生成元とする．このとき，それらはそれぞれ次数 $k_1, \ldots, k_s$（すべて > 0）の斉次元であるようにとることができる．A' を A_0 上 $x_1, \ldots, x_s$ によって生成される A の部分環とする．n についての帰納法によって，すべての $n \geq 0$ に対して $A_n \subseteq A'$ であることを示そう．これは $n = 0$ のときは確かに正しい．$n > 0$ として，$y \in A_n$ とする．$y \in A_+$ であるから，y は x_i の1次結合であり，$y = \sum_{i=1}^s a_i x_i$ と表される．ただし，$a_i \in A_{n-k_i}$ である（慣例で，$m < 0$ のとき $A_m = 0$ とする）．各 $k_i > 0$ であるから，帰納法の仮定より，各 a_i は A_0 に係数をもつ x_i の多項式である．ゆえに，同じことが y についても成り立つので，$y \in A'$ となる．したがって，$A_n \subseteq A'$ であるから $A = A'$ を得る．

 ii) $\Rightarrow$ i)：ヒルベルトの基底定理 7.6 の系より従う． ∎

A を環（次数付環ではない）とし，$\mathfrak{a}$ を A のイデアルとする．このとき，次数付環 $A^* = \bigoplus_{n=0}^{\infty} \mathfrak{a}^n$ をつくることができる．M を A-加群で (M_n) を M

の $\mathfrak{a}$-フィルターとすれば, $\mathfrak{a}^m M_n \subseteq M_{m+n}$ であるから, 前と同様にして, $M^* = \bigoplus_n M_n$ は次数付 A^*-加群である.

A がネーター環ならば, $\mathfrak{a}$ は有限生成であり, たとえば $x_1, \ldots, x_r$ によって生成されるものとする. このとき, $A^* = A[x_1, \ldots, x_r]$ と表され, 系 7.6 によって A^* はネーター環となる.

【補題 10.8】 A をネーター環とし, M を有限生成 A-加群, そして (M_n) を M の $\mathfrak{a}$-フィルターとする. このとき, 次の条件は同値である.

  i) M^* は有限生成 A^*-加群である.
  ii) フィルター (M_n) は安定している.

(証明) 各 M_n は有限生成であるから, 各 $Q_n = \bigoplus_{r=0}^n M_r$ もそうである. これは M^* の部分群であるが, (一般に) A^*-部分加群ではない. しかしながら, それは A^*-部分加群を生成する. すなわち,

$$M_n^* = M_0 \oplus \cdots \oplus M_n \oplus \mathfrak{a} M_n \oplus \mathfrak{a}^2 M_n \oplus \cdots \oplus \mathfrak{a}^r M_n \oplus \cdots.$$

Q_n は A-加群として有限生成であるから, M_n^* は A^*-加群として有限生成である. これらの M_n^* は昇鎖をつくり, それらの和集合は M^* である. A^* はネーター環であるから, M^* が A^*-加群として有限生成である $\iff$ この昇鎖は停留する, すなわち, 適当な n_0 に対して $M^* = M_{n_0}^*$ である $\iff$ すべての $r \geqslant 0$ に対して $M_{n_0+r} = \mathfrak{a}^r M_{n_0}$ である $\iff$ このフィルターは安定している. ∎

【命題 10.9】 (アルティン-リースの補題) A をネーター環として, $\mathfrak{a}$ を A のイデアル, M を有限生成 A-加群, そして (M_n) を M の安定している $\mathfrak{a}$-フィルターとする. このとき, M' が M の部分加群ならば, $(M' \cap M_n)$ は M' の安定している $\mathfrak{a}$-フィルターである.

(証明) $\mathfrak{a}(M' \cap M_n) \subseteq \mathfrak{a} M' \cap \mathfrak{a} M_n \subseteq M' \cap M_{n+1}$ が成り立つので, $(M' \cap M_n)$ は $\mathfrak{a}$-フィルターである. ゆえに, それは M^* の部分加群となっている次数付 A^*-加群を定義し, したがって, 有限生成である (A^* はネーター環であるから). そこで補題 10.8 を用いる. ∎

$M_n = \mathfrak{a}^n M$ とすれば，通常，アルティン-リースの補題として知られている次の系を得る．

【系 10.10】 ある整数 k が存在して，$n \geqslant k$ なるすべての n に対して，次が成り立つ．
$$(\mathfrak{a}^n M) \cap M' = \mathfrak{a}^{n-k}((\mathfrak{a}^k M) \cap M'). \blacksquare$$

一方，命題 10.9 を初等的な補題 10.6 と結びつけると，次の実に重要な定理が得られる．

【定理 10.11】 A をネーター環とし，$\mathfrak{a}$ を A のイデアル，M を有限生成 A-加群，M' を M の部分加群とする．このとき，フィルター $\mathfrak{a}^n M'$ と $(\mathfrak{a}^n M) \cap M'$ が有界な差をもつ．特に，M' の $\mathfrak{a}$-進位相は M の $\mathfrak{a}$-進位相から誘導された位相に一致する． $\blacksquare$

《注意》 この章において位相に関する定理 10.11 の最後の部分を応用することになる．しかしながら，次の章においては有界な差についてのより強い結果が必要となるであろう．

定理 10.11 の最初の応用として，これを系 10.3 と結びつけて，次の重要な**完備化の完全性** (exactness property of completion) を得る．

【命題 10.12】 A をネーター環とし，
$$0 \longrightarrow M' \longrightarrow M \longrightarrow M'' \longrightarrow 0$$
を A 上の有限生成加群の完全列とする．$\mathfrak{a}$ を A のイデアルとすると，次の $\mathfrak{a}$-進完備化の列
$$0 \longrightarrow \widehat{M'} \longrightarrow \widehat{M} \longrightarrow \widehat{M''} \longrightarrow 0$$
は完全である． $\blacksquare$

自然な準同型写像 $A \longrightarrow \widehat{A}$ があるので，$\widehat{A}$ を A-代数としてみることができる．したがって，任意の A-加群 M に対して $\widehat{A}$-加群 $\widehat{A} \otimes_A M$ をつくることができる．このとき，この $\widehat{A}$-加群 $\widehat{A} \otimes_A M$ と $\widehat{A}$-加群 $\widehat{M}$ とをどのように

比較するかということを問うことは自然である.いま,A-加群の準同型写像 $M \longrightarrow \widehat{M}$ は次の $\widehat{A}$-加群の準同型写像を定義する.

$$\widehat{A} \otimes_A M \longrightarrow \widehat{A} \otimes_A \widehat{M} \longrightarrow \widehat{A} \otimes_{\widehat{A}} \widehat{M} = \widehat{M}.$$

一般に,任意の環 A と A-加群 M に対して,この準同型写像は単射でも全射でもないが,しかし,次の命題が成り立つ.

【命題 10.13】 任意の環 A に対して,M が有限生成ならば,$\widehat{A} \otimes_A M \longrightarrow \widehat{M}$ は全射である.さらに,A がネーター環ならば,$\widehat{A} \otimes_A M \longrightarrow \widehat{M}$ は同型写像である.

(証明) 系 10.3,あるいは,$\mathfrak{a}$-進完備化は有限の直和と可換であることは明らかであり,これを用いる.すると,$F \cong A^n$ ならば,$\widehat{A} \otimes_A F \cong \widehat{F}$ が成り立つ.M は有限生成と仮定しているから,次の完全列をもつ.

$$0 \longrightarrow N \longrightarrow F \longrightarrow M \longrightarrow 0.$$

これより次の可換な図式が得られる.

$$\begin{array}{ccccccccc}
& & \widehat{A} \otimes_A N & \longrightarrow & \widehat{A} \otimes_A F & \longrightarrow & \widehat{A} \otimes_A M & \longrightarrow & 0 \\
& & \downarrow \gamma & & \downarrow \beta & & \downarrow \alpha & & \\
0 & \longrightarrow & \widehat{N} & \longrightarrow & \widehat{F} & \stackrel{\delta}{\longrightarrow} & \widehat{M} & \longrightarrow & 0
\end{array}$$

この図式で,上の列は完全列である(命題 2.18 により).系 10.3 より,δ は全射である.β は同型写像であるから,これより α は全射となる.したがって,命題の最初の部分は示された.次に,A がネーター環と仮定すると,N も有限生成となり,ゆえに γ は全射である.また,命題 10.12 によって,下の列は完全である.少し図式の追跡を行えば,α は単射であり,ゆえに同型写像となることがわかる. ∎

命題 10.12 と命題 10.13 を一緒にすると,有限生成 A-加群の圏上の関手 $M \longmapsto \widehat{A} \otimes_A M$ は完全であることがわかる(A がネーター環であるとき).第 2 章において示されたと同様にして,このことより次の命題が証明される.

【命題 10.14】 A をネーター環とし，$\mathfrak{a}$ を A のイデアル，$\widehat{A}$ を A の $\mathfrak{a}$-進完備化とすると，$\widehat{A}$ は平坦 A-代数である． ∎

《注意》 有限生成でない加群に対して，関手 $M \longmapsto \widehat{M}$ は完全ではない．完全である良い関手は $M \longmapsto \widehat{A} \otimes_A M$ であって，有限生成加群上ではこの二つの関手は一致する．

より詳細に環 $\widehat{A}$ を考察することを続ける．はじめに，いくつかの初等的な命題をあげていこう．

【命題 10.15】 A をネーター環とし，$\widehat{A}$ を A の $\mathfrak{a}$-進完備化とすると，次が成り立つ．

 i) $\widehat{\mathfrak{a}} = \widehat{A}\mathfrak{a} \cong \widehat{A} \otimes_A \mathfrak{a}$,
 ii) $\widehat{\mathfrak{a}^n} = \widehat{\mathfrak{a}}^n$,
 iii) $\mathfrak{a}^n/\mathfrak{a}^{n+1} \cong \widehat{\mathfrak{a}}^n/\widehat{\mathfrak{a}}^{n+1}$,
 iv) $\widehat{\mathfrak{a}}$ は $\widehat{A}$ のジャコブソン根基に含まれる．

（証明） A はネーター環だから，$\mathfrak{a}$ は有限生成である．命題 10.13 より，写像

$$\widehat{A} \otimes_A \mathfrak{a} \longrightarrow \widehat{\mathfrak{a}}$$

は同型写像であり，その像は $\widehat{A}\mathfrak{a}$ である．これより i) が示された．次に，i) を $\mathfrak{a}^n$ に適用すると，次のことがわかる．

$$\begin{aligned}\widehat{\mathfrak{a}^n} &= \widehat{A}\mathfrak{a}^n = (\widehat{A}\mathfrak{a})^n \quad &\text{（演習問題 1.18 より）}\\ &= \widehat{\mathfrak{a}}^n &\text{（i) より）．}\end{aligned}$$

系 10.4 を適用すると，次のことがわかる．

$$A/\mathfrak{a}^n \cong \widehat{A}/\widehat{\mathfrak{a}}^n.$$

これを用いて，商をとれば iii) が従う．ii) と命題 10.5 より，$\widehat{A}$ は $\widehat{\mathfrak{a}}$-進位相に関して完備である．ゆえに，任意の $x \in \widehat{\mathfrak{a}}$ に対して

$$(1-x)^{-1} = 1 + x + x^2 + \cdots$$

は $\widehat{A}$ において収束するので，$1-x$ は単元である．命題 1.9 によって，これは $\widehat{\mathfrak{a}}$ が $\widehat{A}$ のジャコブソン根基に含まれることを意味している． ∎

【命題 10.16】 A をネーター局所環とし，$\mathfrak{m}$ をその極大イデアルとする．このとき，A の $\mathfrak{m}$-進完備化 $\widehat{A}$ は極大イデアルとして $\widehat{\mathfrak{m}}$ をもつ局所環である．

(証明) 命題 10.15, iii) より，$\widehat{A}/\widehat{\mathfrak{m}} \cong A/\mathfrak{m}$ が成り立つ．ゆえに，$\widehat{A}/\widehat{\mathfrak{m}}$ は体であり，したがって $\widehat{\mathfrak{m}}$ は極大イデアルである．命題 10.15, iv) より，$\widehat{\mathfrak{m}}$ は $\widehat{A}$ のジャコブソン根基であり，ゆえに唯一つの極大イデアルである．以上より，$\widehat{A}$ は局所環である．∎

完備化することによってどのくらいのものが失われるか，という重要な問題に対する解答は次のクルルの定理により与えられる．

【定理 10.17】（クルルの定理）A をネーター環とし，$\mathfrak{a}$ をそのイデアル，M を有限生成 A-加群，そして $\widehat{M}$ を M の $\mathfrak{a}$-進完備化とする．このとき，$M \longrightarrow \widehat{M}$ の核 $E = \bigcap_{n=1}^{\infty} \mathfrak{a}^n M$ は $1+\mathfrak{a}$ のある元によって零化されるすべての元 $x \in M$ から構成される．

(証明) E は $0 \in M$ のすべての近傍の共通部分であるから，その上に誘導された位相は自明である．すなわち，E は $0 \in E$ の唯一つの近傍である．定理 10.11 によって，E 上に誘導された位相はその $\mathfrak{a}$-位相に一致している．$\mathfrak{a}E$ は $\mathfrak{a}$-位相における近傍であるから，$\mathfrak{a}E = E$ が成り立つ．M は有限生成でかつ A はネーター環であるから，E も有限生成である．ゆえに，系 2.5 を適用することができ，$\mathfrak{a}E = E$ より，ある $\alpha \in \mathfrak{a}$ に対して $(1-\alpha)E = 0$ が成り立つ．逆は自明である．すなわち，$(1-\alpha)x = 0$ と仮定すれば，このとき

$$x = \alpha x = \alpha^2 x = \cdots \in \bigcap_{n=1}^{\infty} \mathfrak{a}^n M = E. \quad \blacksquare$$

《注意》 1) S が積閉集合 $1+\mathfrak{a}$ ならば，このとき定理 10.17 より，写像

$$A \longrightarrow \widehat{A} \quad \text{と} \quad A \longrightarrow S^{-1}A$$

は同じ核をもつ．さらに，任意の $\alpha \in \widehat{\mathfrak{a}}$ に対して

$$(1-\alpha)^{-1} = 1 + \alpha + \alpha^2 + \cdots$$

は $\hat{A}$ において収束する．ゆえに，S のすべての元は $\hat{A}$ で単元となる．$S^{-1}A$ の普遍的な性質により，このことは自然な準同型写像 $S^{-1}A \longrightarrow \hat{A}$ が存在することを意味しており，定理 10.17 よりこれは単射である．以上より，$S^{-1}A$ は $\hat{A}$ の部分環と同一視される．

2) クルルの定理 10.17 は A がネーター局所環でなければ成り立たないことがある．A を実直線上のすべての C^∞ 関数のつくる環とし，$\mathfrak{a}$ を原点で零という値をとるすべての f のつくるイデアルとする（$A/\mathfrak{a} \cong \mathbb{R}$ であるから，$\mathfrak{a}$ は極大イデアルである）．実際，$\mathfrak{a}$ は恒等写像 x によって生成され，$\bigcap_{n=1}^{\infty} \mathfrak{a}^n$ は，その導関数が原点で零という値をとるすべての $f \in A$ の集合である．一方，f がある元 $1+\alpha$ $(\alpha \in \mathfrak{a})$ によって零化されるための必要十分条件は，f が 0 のある近傍で恒等的に零になることである．0 の近くで恒等的に零ではないよく知られた関数 e^{-1/x^2} は 0 において導関数が零となり，

$$A \longrightarrow \hat{A} \quad \text{と} \quad A \longrightarrow S^{-1}A \qquad (S = 1+\mathfrak{a})$$

の核は一致しないことを示している．したがって，A はネーター環ではない．

クルルの定理から多くの系が得られる．

【系 10.18】 A をネーター整域とし，$\mathfrak{a} \neq (1)$ を A のイデアルとする．このとき，$\bigcap \mathfrak{a}^n = 0$ が成り立つ．

（証明） $1+\mathfrak{a}$ はいかなる零因子も含んでいない．■

【系 10.19】 A をネーター環とし，$\mathfrak{a}$ を A のジャコブソン根基に含まれる A のイデアル，M を有限生成 A-加群とする．このとき，M の $\mathfrak{a}$-進位相はハウスドルフである．すなわち，$\bigcap \mathfrak{a}^n M = 0$ が成り立つ．

（証明） 命題 1.9 によって，$1+\mathfrak{a}$ のすべての元は単元である．■

系 10.19 の著しく重要である特別な場合として次の系がある．

【系 10.20】 A をネーター局所環とし，$\mathfrak{m}$ をその極大イデアル，M を有限生成 A-加群とする．このとき，M の $\mathfrak{m}$-進位相はハウスドルフである．特に，A の $\mathfrak{m}$-進位相はハウスドルフである．■

A の $\mathfrak{m}$-準素イデアルはまさに $\mathfrak{m}$ と $\mathfrak{m}$ のあるベキ $\mathfrak{m}^n$ の間に含まれる任意のイデアルである（命題 4.2 と定理 7.14 を用いる），ということを思い出せば，系 10.20 を少し異なる形で言い換えることができる．すなわち，系 10.20 は A のすべての $\mathfrak{m}$-準素イデアルの共通集合が零であるということを意味している．いま，A を任意のネーター環とし，$\mathfrak{p}$ を素イデアルとすれば，系 10.20 のこの言い換えた命題を局所環 $A_\mathfrak{p}$ に適用することができる．A に引き戻して，A の $\mathfrak{p}$-準素イデアルと $A_\mathfrak{p}$ の $\mathfrak{m}$-準素イデアルとの間の1対1の対応関係を示している命題 4.8 を用いると（ここで，$\mathfrak{m} = \mathfrak{p}A_\mathfrak{p}$），次の系が得られる．

【系 10.21】 A をネーター環とし，$\mathfrak{p}$ を A の素イデアルとする．このとき，A のすべての $\mathfrak{p}$-準素イデアルの共通集合は標準的な準同型写像 $A \longrightarrow A_\mathfrak{p}$ の核である． ∎

10.4 対応している次数付環

A を環とし，$\mathfrak{a}$ を A のイデアルとする．このとき，
$$G(A)(= G_\mathfrak{a}(A)) = \bigoplus_{n=0}^{\infty} \mathfrak{a}^n/\mathfrak{a}^{n+1} \qquad (\mathfrak{a}^0 = A)$$
と定義する．これは次数付環であり，乗法は次のように定義される．任意の $x_n \in \mathfrak{a}^n$ に対して，$\bar{x}_n$ によって x_n の $\mathfrak{a}^n/\mathfrak{a}^{n+1}$ への像を表す．このとき，$\bar{x}_m \bar{x}_n$ を $\overline{x_m x_n}$ として定義する．すなわち，$x_m x_n$ の $\mathfrak{a}^{m+n}/\mathfrak{a}^{m+n+1}$ への像である．$\bar{x}_m \bar{x}_n$ は代表元の選び方に依存しないことを確かめる必要がある．

同様にして，M が A-加群で (M_n) を M の $\mathfrak{a}$-フィルターとしたとき，
$$G(M) = \bigoplus_{n=0}^{\infty} M_n/M_{n+1}$$
と定義する．これは自然な方法で次数付 $G(A)$-加群となる．$G_n(M)$ によって M_n/M_{n+1} を表す．

【命題 10.22】 A をネーター環とし，$\mathfrak{a}$ を A のイデアルとする．このとき，次が成り立つ．

　i) $G_\mathfrak{a}(A)$ はネーター環である．

ii) $G_\mathfrak{a}(A)$ と $G_{\widehat{\mathfrak{a}}}(\widehat{A})$ は次数付環として同型である.

iii) M を有限生成 A-加群とし,(M_n) を M の安定している $\mathfrak{a}$-フィルターとすると,$G(M)$ は次数付有限生成 $G_\mathfrak{a}(A)$-加群である.

(証明) i) A はネーター環であるから,$\mathfrak{a}$ は有限生成である.$\mathfrak{a} = (x_1, \ldots, x_s)$ とする.$\bar{x}_i$ を x_i の $\mathfrak{a}/\mathfrak{a}^2$ への像とすると,$G_\mathfrak{a}(A) = (A/\mathfrak{a})[\bar{x}_1, \ldots, \bar{x}_s]$ と表される.$A/\mathfrak{a}$ はネーター環であるから,$G_\mathfrak{a}(A)$ はヒルベルトの基底定理によりネーター環である.

ii) 命題 10.15, iii) によって,$\mathfrak{a}^n/\mathfrak{a}^{n+1} \cong \widehat{\mathfrak{a}}^n/\widehat{\mathfrak{a}}^{n+1}$ が成り立つ.

iii) すべての $r \geqslant 0$ に対して $M_{n_0+r} = \mathfrak{a}^r M_{n_0}$ を満たす n_0 が存在するから,$G(M)$ は $\bigoplus_{n \leqslant n_0} G_n(M)$ によって生成される.各 $G_n(M) = M_n/M_{n+1}$ はネーター加群であり,$\mathfrak{a}$ によって零化されるから有限生成 $A/\mathfrak{a}$-加群である.ゆえに,$\bigoplus_{n \leqslant n_0} G_n(M)$ は有限個の元によって生成される($A/\mathfrak{a}$-加群として).したがって,$G(M)$ は $G(A)$-加群として有限生成である. ∎

この章における最後の主要な結果は,ネーター環の $\mathfrak{a}$-進完備化はネーター環であるという事実である.この証明を始める前に,任意のフィルター付群の完備化と対応している次数付群を結びつける簡単な補題が必要である.

【補題 10.23】 $\phi : A \longrightarrow B$ をフィルター付群の準同型写像とする.すなわち,ϕ は $\phi(A_n) \subseteq B_n$ を満たしている.$G(\phi) : G(A) \longrightarrow G(B)$,$\widehat{\phi} : \widehat{A} \longrightarrow \widehat{B}$ をそれぞれ,対応している次数付群への,そして完備化された群への誘導された準同型写像とする.このとき,次が成り立つ.

i) $G(\phi)$ が単射ならば,$\widehat{\phi}$ も単射である.

ii) $G(\phi)$ が全射ならば,$\widehat{\phi}$ も全射である.

(証明) 次の完全列の可換な図式を考える.

$$\begin{array}{ccccccccc} 0 & \longrightarrow & A_n/A_{n+1} & \longrightarrow & A/A_{n+1} & \longrightarrow & A/A_n & \longrightarrow & 0 \\ & & \downarrow{\scriptstyle G_n(\phi)} & & \downarrow{\scriptstyle \alpha_{n+1}} & & \downarrow{\scriptstyle \alpha_n} & & \\ 0 & \longrightarrow & B_n/B_{n+1} & \longrightarrow & B/B_{n+1} & \longrightarrow & B/B_n & \longrightarrow & 0. \end{array}$$

これより，次の完全列が得られる．

$$0 \longrightarrow \operatorname{Ker} G_n(\phi) \longrightarrow \operatorname{Ker} \alpha_{n+1} \longrightarrow \operatorname{Ker} \alpha_n$$
$$\longrightarrow \operatorname{Coker} G_n(\phi) \longrightarrow \operatorname{Coker} \alpha_{n+1} \longrightarrow \operatorname{Coker} \alpha_n \longrightarrow 0.$$

これより，n についての帰納法によって，$\operatorname{Ker} \alpha_n = 0$（i）の場合）か，または $\operatorname{Coker} \alpha_n = 0$（ii）の場合）であることがわかる．さらに ii）の場合において，$\operatorname{Ker} \alpha_{n+1} \longrightarrow \operatorname{Ker} \alpha_n$ は全射である．準同型写像 α_n の逆極限をとり，命題 10.2 を適用すれば補題が得られる．■

さて次に，命題 10.22, iii) の部分的逆であり，$\widehat{A}$ がネーター環であることを示すための主要な手段である一つの結果を証明することができる．

【命題 10.24】 A を環とし，$\mathfrak{a}$ を A のイデアル，M を A-加群，(M_n) を M の $\mathfrak{a}$-フィルターとする．A は $\mathfrak{a}$-位相で完備であり，M はそのフィルター位相でハウスドルフであると仮定する（すなわち，$\bigcap_n M_n = 0$）．さらに，$G(M)$ は有限生成 $G(A)$-加群であることも仮定する．このとき，M は有限生成 A-加群である．

（証明） $G(M)$ のある有限な生成系を選び，それらを斉次成分に分解したものを $\xi_i\,(1 \leqslant i \leqslant r)$ とする．このとき ξ_i が次数 $n(i)$ をもつとすれば，ξ_i はある $x_i \in M_{n(i)}$ の像である．F^i を $F_k^i = \mathfrak{a}^{k+n(i)}$ によって与えられる安定している $\mathfrak{a}$-フィルターをもつ加群 A とし，$F = \bigoplus_{i=1}^{r} F^i$ とおく．各 F^i の生成元 1 を x_i に写像することによって，フィルター付群の準同型写像

$$\phi : F \longrightarrow M$$

を定義する．このとき，$G(\phi) : G(F) \longrightarrow G(M)$ は $G(A)$-加群の準同型写像である．つくり方より，これは全射である．ゆえに，補題 10.23, ii) より，$\widehat{\phi}$ は全射である．そこで，次の図式を考える．

$$\begin{array}{ccc} F & \xrightarrow{\phi} & M \\ \alpha \downarrow & & \downarrow \beta \\ \widehat{F} & \xrightarrow{\widehat{\phi}} & \widehat{M} \end{array}$$

F は自由であり $A = \widehat{A}$ であるから，α は同型写像である．M はハウスドルフであるから，β は単射である．したがって，$\widehat{\phi}$ が全射であることより，ϕ の全射であることが従う．このことは $x_1, \ldots, x_r$ が A-加群として M を生成することを意味している． ∎

【系 10.25】 命題 10.24 の仮定のもとで，$G(M)$ がネーター $G(A)$-加群ならば，M はネーター A-加群である．

（証明） M のすべての部分加群 M' が有限生成であることを示さねばならない（命題 6.2）．$M'_n = M' \cap M_n$ とおく．このとき，(M'_n) は M' の $\mathfrak{a}$-フィルターであり，埋め込み $M'_n \longrightarrow M_n$ は単準同型写像 $M'_n/M'_{n+1} \longrightarrow M_n/M_{n+1}$ を引き起こし，ゆえに，$G(M')$ から $G(M)$ への埋め込みを引き起こす．$G(M)$ はネーター環であるから，命題 6.2 によって $G(M')$ は有限生成である．$\bigcap M'_n \subseteq \bigcap M_n = 0$ であるから，M' もハウスドルフである．したがって，命題 10.24 より M' は有限生成である． ∎

我々は，いまや求めていた結果を導き出すことができる．

【定理 10.26】 A をネーター環とし，$\mathfrak{a}$ を A のイデアルとすれば，A の $\mathfrak{a}$-進完備化 $\widehat{A}$ はネーター環である．

（証明） 命題 10.22 より
$$G_\mathfrak{a}(A) = G_{\widehat{\mathfrak{a}}}(\widehat{A})$$
はネーター環であることがわかる．系 10.25 を完備な環 $\widehat{A}$ に，$M = \widehat{A}$ として適用すればよい（$\widehat{\mathfrak{a}}^n$ によってフィルターづけされているから，ハウスドルフである）． ∎

【系 10.27】 A をネーター環とすれば，n 変数のベキ級数環 $B = A[[x_1, \ldots, x_n]]$ はネーター環である．特に，$k[[x_1, \ldots, x_n]]$（k は体）はネーター環である．

（証明） $A[x_1, \ldots, x_n]$ はヒルベルトの基底定理によってネーター環であり，B は $(x_1, \ldots, x_n)$-進位相による完備化である． ∎

演習問題

1. $\alpha_n : \mathbb{Z}/p\mathbb{Z} \longrightarrow \mathbb{Z}/p^n\mathbb{Z}$ を $\alpha_n(1) = p^{n-1}$ によって与えられるアーベル群の単射とし，$\alpha : A \longrightarrow B$ をすべての α_n の直和とする（ただし，A は $\mathbb{Z}/p\mathbb{Z}$ の可算個の直和とし，B はすべての $\mathbb{Z}/p^n\mathbb{Z}$ の直和である）．A の p-進完備化はまさしく A であるが，B 上の p-進位相から誘導された位相による A の完備化は $\mathbb{Z}/p\mathbb{Z}$ の直積であることを示せ．これより，p-進完備化はすべての $\mathbb{Z}$-加群の圏上の右完全関手ではないことを導け．

2. 演習問題 1 において，$A_n = \alpha^{-1}(p^n B)$ とおき，次の完全列を考える．
$$0 \longrightarrow A_n \longrightarrow A \longrightarrow A/A_n \longrightarrow 0.$$
このとき，$\varprojlim$ は右完全ではないことを示し，また $\varprojlim{}^1 A_n$ を計算せよ．

3. A をネーター環とし，$\mathfrak{a}$ をそのイデアル，M を有限生成 A-加群とする．このとき，クルルの定理と第 3 章，演習問題 14 を用いて次の等式を証明せよ．
$$\bigcap_{n=1}^{\infty} \mathfrak{a}^n M = \bigcap_{\mathfrak{m} \supseteq \mathfrak{a}} \mathrm{Ker}(M \to M_{\mathfrak{m}}).$$
ただし，$\mathfrak{m}$ は $\mathfrak{a}$ を含んでいるすべての極大イデアルを動く．

   これを用いて，次を導け．
$$\widehat{M} = 0 \iff \mathrm{Supp}(M) \cap V(\mathfrak{a}) = \emptyset \quad (\mathrm{Spec}(A) \text{ において}).$$
[読者は $\widehat{M}$ を部分スキーム $V(\mathfrak{a})$ を横断している M の「テイラー展開」として考えるべきである．すなわち，このとき上の結果は，M が $V(\mathfrak{a})$ の近傍において，そのテイラー展開により決定されることを示している．]

4. A をネーター環とし，$\mathfrak{a}$ を $\widehat{A}$ のイデアル，$\widehat{A}$ を $\mathfrak{a}$-進完備化とする．任意の $x \in A$ に対して，$\widehat{x}$ を x の $\widehat{A}$ への像とする．このとき，次を示せ．
$$x \text{ は } A \text{ の零因子ではない} \implies \widehat{x} \text{ は } \widehat{A} \text{ の零因子ではない}.$$
このことは次のことを意味しているであろうか．
$$A \text{ は整域である} \implies \widehat{A} \text{ は整域である？}$$

[列 $0 \longrightarrow A \xrightarrow{x} A$ に完備化の完全性を適用する．]

5. A をネーター環とし，$\mathfrak{a}, \mathfrak{b}$ を A のイデアルとする．M を任意の A-加群とし，$M^{\mathfrak{a}}, M^{\mathfrak{b}}$ をそれぞれその $\mathfrak{a}$-進，$\mathfrak{b}$-進完備化を表すものとする．M が有限生成ならば，$(M^{\mathfrak{a}})^{\mathfrak{b}} \cong M^{\mathfrak{a}+\mathfrak{b}}$ が成り立つことを証明せよ．
  [完全列
  $$0 \longrightarrow \mathfrak{b}^m M \longrightarrow M \longrightarrow M/\mathfrak{b}^m M \longrightarrow 0$$
  の $\mathfrak{a}$-進完備化をとり，命題 10.13 を適用する．それから，次の同型写像
  $$\varprojlim_m \left(\varprojlim_n M/(\mathfrak{a}^n M + \mathfrak{b}^m M) \right) \cong \varprojlim_n M/(\mathfrak{a}^n M + \mathfrak{b}^n M)$$
  と，包含関係 $(\mathfrak{a}+\mathfrak{b})^{2n} \subseteq \mathfrak{a}^n + \mathfrak{b}^n \subseteq (\mathfrak{a}+\mathfrak{b})^n$ を用いる．]

6. A をネーター環とし，$\mathfrak{a}$ を A のイデアルとする．$\mathfrak{a}$ が A のジャコブソン根基に含まれるための必要十分条件は，A のすべての極大イデアルが $\mathfrak{a}$-進位相に関して閉集合になることである．（位相がジャコブソン根基に含まれているイデアルにより定義されているネーター位相環を**ザリスキー環**(Zariski ring) という．例は局所環と $\mathfrak{a}$-進完備化された環である（命題 10.15, iv) により）．）

7. A をネーター環とし，$\mathfrak{a}$ を A のイデアル，$\widehat{A}$ を $\mathfrak{a}$-進完備化とする．このとき，次を証明せよ．「$\widehat{A}$ は A 上忠実平坦（第 3 章，演習問題 16) であるための必要十分条件は，A がザリスキー環となることである（$\mathfrak{a}$-位相に関して）．」
  [$\widehat{A}$ が A 上平坦であるから，次のことを示せば十分である．

  すべての有限生成 A-加群 M に対して，$M \longrightarrow \widehat{M}$ が単射である． $\iff$ A はザリスキー環である．

  そこで，系 10.19 と演習問題 6 を使う．]

8. A を $\mathbb{C}^n$ における原点の局所環とし（すなわち，すべての有理関数 $f/g \in \mathbb{C}(z_1, \ldots, z_n), g(0) \neq 0$ のつくる環），B を原点のある近傍で収束する

$z_1,\ldots,z_n$ のベキ級数のつくる環、そして C を $z_1,\ldots,z_n$ の形式的ベキ級数環とすると、$A \subset B \subset C$ となっている。このとき、B は局所環であること、またその極大イデアルによる位相に関してその完備化は C となることを示せ。B がネーター環であると仮定して、B は A-平坦であることを証明せよ。
[第3章、演習問題17と上記演習問題7を用いる。]

9. A を局所環とし、$\mathfrak{m}$ をその極大イデアルとする。A は $\mathfrak{m}$-進位相に関して完備であると仮定する。任意の多項式 $f(x) \in A[x]$ に対して、$\bar{f}(x) \in (A/\mathfrak{m})[x]$ は係数を $A/\mathfrak{m}$ への像とした多項式を表すものとする。このとき、次のヘンゼルの補題 (Hensel's lemma) を証明せよ：$f(x)$ を次数 n のモニック多項式とする。それぞれ、次数を $r, n-r$ とする互いに素であるモニック多項式 $\bar{g}(x), \bar{h}(x) \in (A/\mathfrak{m})[x]$ が存在して $\bar{f}(x) = \bar{g}(x)\bar{h}(x)$ を満たすならば、$\bar{g}(x), \bar{h}(x)$ をモニック多項式 $g(x), h(x) \in A[x]$ に引き戻して $f(x) = g(x)h(x)$ を満たすようにすることができる。
[帰納的に、$g_k(x)h_k(x) - f(x) \in \mathfrak{m}^k A[x]$ を満たすように $g_k(x), h_k(x) \in A[x]$ をつくることができたと仮定する。このとき、$\bar{g}(x)$ と $\bar{h}(x)$ は互いに素であるから、次数がそれぞれ $\leq n-r, r$ である $\bar{a}_p(x), \bar{b}_p(x)$ が存在して $x^p = \bar{a}_p(x)\bar{g}_k(x) + \bar{b}_p(x)\bar{h}_k(x)$ を満たす。ただし、p は $1 \leq p \leq n$ を満たす任意の整数である。最後に、A の完備性を用いて、列 $g_k(x), h_k(x)$ は求めている $g(x), h(x)$ に収束することを示せ。]

10. i) 演習問題9の記号を用いて、ヘンゼルの補題から、$\bar{f}(x)$ が単根 $\alpha \in A/\mathfrak{m}$ をもてば、$f(x)$ は $\alpha = a \mod \mathfrak{m}$ を満たす単根 $\alpha \in A$ をもつことを導け。

    ii) 2 は 7-進数の整数環において平方数であることを示せ。

    iii) k を体として、$f(x,y) \in k[x,y]$ とする。$f(0,y)$ が $y = a_0$ を単根としてもつと仮定する。このとき、ある形式的ベキ級数 $y(x) = \sum_{n=0}^{\infty} a_n x^n$ が存在して、$f(x, y(x)) = 0$ を満たすことを証明せよ。
    (これは点 $(0, a_0)$ を通る曲線 $f = 0$ の「解析的分肢」を与える。)

11. 定理10.26の逆は成り立たない。A が局所環であり、かつ $\hat{A}$ が有限生成 A-加群としても成り立たないことを示せ。

[A を $x=0$ における x の $\mathbb{C}^\infty$ 関数の芽 (germ) のつくる環とし，すべてのベキ級数はある $\mathbb{C}^\infty$ 関数のテイラー展開として生じる，というボレルの定理を用いる．]

12. A がネーター環ならば，$A[[x_1,\ldots,x_n]]$ は忠実平坦 A-代数である．
    [$A \longrightarrow A[[x_1,\ldots,x_n]]$ を平坦な拡大の合成として表し，第 1 章，演習問題 5, v) を使う．]

第11章

次元論

代数幾何学における基本的な概念の一つに多様体の次元がある．これは本質的に局所的な概念であり，この章でこれから示すように，一般のネーター局所環に対する非常に申し分のない次元論がある．その主要部をなす定理は，次元についての三つの異なった定義が同値であることを主張している．これらの定義のうちの二つはかなり明らかな幾何学的内容をもっているが，ヒルベルト関数に関係している三番目のものはあまり概念的ではない．しかしながら，それは多くの技術的な利点をもち，早い段階からそれを導入すれば，全体の理論がより合理化される．

次元について考察した後，正則局所環についての簡潔な説明を与える．この環は代数幾何学における非特異性の概念に対応している．正則性についての三つの定義が同値であることを証明する．

最後に，体上の代数多様体の場合において，我々が定義した局所的な次元が，どのようにして関数体の超越次数に一致するかということを指摘しよう．

11.1 ヒルベルト関数

$A = \bigoplus_{n=0}^{\infty} A_n$ を次数付ネーター環とする．命題 10.7 より，A_0 はネーター環であり，A は (A_0-代数として) 有限個の元 $x_1, \ldots, x_s$ によって生成される．このとき，$x_1, \ldots, x_s$ は次数がそれぞれ $k_1, \ldots, k_s$ (すべて > 0) の斉次元として選ぶことができる．

11.1 ヒルベルト関数

M を有限生成次数付 A-加群とする．このとき，M は有限個の斉次元 m_j ($1 \leqslant j \leqslant t$) によって生成される．$r_j = \deg m_j$ とおく．M_n を次数 n である M の斉次成分とすると，M_n のすべての元は $\sum_j f_j(x) m_j$ という形に表される．ただし，$f_j(x) \in A$ は次数が $n - r_j$ の斉次元である（ゆえに，$n < r_j$ のとき 0 である）．したがって，M_n は A_0-加群として有限生成である．すなわち，M_n はすべての $g_j(x) m_j$ によって生成される．ただし，$g_j(x)$ は全体の次数が $n - r_j$ である $x_1, \ldots, x_s$ の単項式である．

λ をすべての有限生成 A_0-加群の集合族上の（$\mathbb{Z}$ に値をとる）**加法的関数**とする（第 2 章で定義された）．M の**ポアンカレ級数**（λ に関する）(Poincaré series) とは $\lambda(M_n)$ から生成される関数のことである．すなわち，

$$P(M, t) = \sum_{n=0}^{\infty} \lambda(M_n) t^n \quad \in \mathbb{Z}[[t]].$$

【定理 11.1】（ヒルベルト，セール）　$P(M, t)$ は $f(t) / \prod_{i=1}^{s} (1 - t^{k_i})$ という形の有理関数である．ただし，$f(t) \in \mathbb{Z}[t]$ である．

（証明）　A_0 上 A の生成元の個数 s についての帰納法によって示す．$s = 0$ から始める．このことは，すべての $n > 0$ に対して $A_n = 0$ であることを意味しているので，$A = A_0$ であって，M は有限生成 A_0-加群である．ゆえに，十分大きな n に対して $M_n = 0$ となる．したがって，この場合 $P(M, t)$ は多項式である．

さて，$s > 0$ として，$s - 1$ に対して定理が正しいと仮定する．x_s をかけることによって，M_n から M_{n+k_s} への A-加群の準同型写像が定義され，これより，次の完全列が得られる．

$$0 \longrightarrow K_n \longrightarrow M_n \xrightarrow{x_s} M_{n+k_s} \longrightarrow L_{n+k_s} \longrightarrow 0. \tag{1}$$

$K = \bigoplus_n K_n$, $L = \bigoplus_n L_n$ とおく．これは二つとも有限生成 A-加群であり（なぜならば，K は部分加群であり，L は M の剰余加群であるから），また二つとも x_s によって零化される．ゆえに，それらは $A_0[x_1, \ldots, x_{s-1}]$-加群である．(1) に λ を適用すると，命題 2.11 によって次の式が得られる．

$$\lambda(K_n) - \lambda(M_n) + \lambda(M_{n+k_s}) - \lambda(L_{n+k_s}) = 0.$$

t^{n+k_s} をかけて，n に関して加えれば次の式が成り立つ．

$$(1-t^{k_s})P(M,t) = P(L,t) - t^{k_s}P(K,t) + g(t). \tag{2}$$

ただし，$g(t)$ は多項式である．ここで帰納法の仮定を適用すれば，それから定理は得られる．■

$t=1$ における $P(M,t)$ の極の位数を $d(M)$ によって表す．それは（λ に関して）M の「大きさ」の測度を与えるものである．特に，$d(A)$ が定義される．すべての k_i が $k_i=1$ である場合は次のように，特に単純である．

【系 11.2】 任意の k_i が $k_i=1$ であるならば，すべての十分大きな n に対して $\lambda(M_n)$ は（有理数を係数とする）次数†$d-1$ の n 変数の多項式である．

（証明）　定理 11.1 より，$\lambda(M_n)$ は $f(t)\cdot(1-t)^{-s}$ における t^n の係数である．$(1-t)$ のベキを消去すれば，$s=d$ かつ $f(1)\neq 0$ と仮定できる．$f(t)=\sum_{k=0}^N a_k t^k$ と仮定する．

$$(1-t)^{-d} = \sum_{k=0}^{\infty} \binom{d+k-1}{d-1} t^k$$

であるから，すべての $n \geqslant N$ に対して次の式が成り立つ．

$$\lambda(M_n) = \sum_{k=0}^{N} a_k \binom{d+n-k-1}{d-1}.$$

右辺の式の和は最高次の項を $(\sum a_k) n^{d-1}/(d-1)! \neq 0$ とする n に関する多項式である．■

《注意》　1) 多項式 $f(x)$ について，すべての n に対して $f(n)$ が整数であるためには，f は必ずしも整数係数である必要はない．たとえば，$\frac{1}{2}x(x+1)$ を考えればよい．

2) 系 11.2 における多項式は通常 M の（λ に関する）**ヒルベルト関数**，あるいは**ヒルベルト多項式** (Hilbert function, polynomial) と呼ばれている．

---

†ここで零多項式の次数は -1 であるという約束をする．また，二項係数は $n\geq 0$ に対して $\binom{n}{-1}=0$, $n=-1$ に対して -1 であると約束する．

さて，列 (1) にもどって，x_s を M の零因子でない（すなわち，$xm = 0$, $m \in M \Longrightarrow m = 0$）任意の元 $x \in A_k$ により置き換える．このとき，$K = 0$ となり，等式 (2) より次式が成り立つことがわかる．

$$d(L) = d(M) - 1.$$

以上より，次の命題が得られた．

【命題 11.3】 $x \in A_k$ が M の零因子でなければ，$d(M/xM) = d(M) - 1$ が成り立つ． ■

A_0 がアルティン環（特に，体）で，$\lambda(M)$ が有限生成 A_0-加群 M の長さ $l(M)$ である場合に定理 11.1 を用いるであろう．命題 6.9 によって $l(M)$ は加法的である．

【例】 A_0 をアルティン環，$x_1, \ldots, x_s$ を独立な不定元とし，$A = A_0[x_1, \ldots, x_s]$ とする．このとき，A_n は $x_1^{m_1} \cdots x_s^{m_s}$, $\sum m_i = n$ なる単項式によって生成される自由 A_0-加群である．これらは $\binom{s+n-1}{s-1}$ 個ある．ゆえに，$P(A,t) = (1-t)^{-s}$ となる．

さて，次に局所環から，第 10 章で定義された対応している次数付環へ移して得られるヒルベルト関数を考察しよう．

【命題 11.4】 A をネーター局所環とし，$\mathfrak{m}$ をその極大イデアル，$\mathfrak{q}$ を $\mathfrak{m}$-準素イデアル，M を有限生成 A-加群，(M_n) を M の安定している $\mathfrak{q}$-フィルターとする．このとき，次が成り立つ．

 i) M/M_n は任意の $n \geqslant 0$ に対して，有限の長さをもつ．
 ii) すべての十分大きな n に対して，この長さは次数 $\leqslant s$ の n に関する多項式 $g(n)$ である．ただし，s は $\mathfrak{q}$ の最小の生成元の個数である．
 iii) $g(n)$ の次数と最高次係数は M と $\mathfrak{q}$ にのみ依存し，選ばれたフィルターには無関係である．

（証明） i) $G(A) = \bigoplus_n \mathfrak{q}^n/\mathfrak{q}^{n+1}$, $G(M) = \bigoplus_n M_n/M_{n+1}$ とする．たとえば定理 8.5 により，$G_0(A) = A/\mathfrak{q}$ はアルティン局所環である．$G(A)$ はネー

ター環であり,かつ $G(M)$ は有限生成 $G(A)$-加群である(命題 10.22).各 $G_n(M) = M_n/M_{n+1}$ は q によって零化されるネーター A-加群であるから,ネーター $A/\mathfrak{q}$-加群であり,ゆえに,有限の長さをもつ($A/\mathfrak{q}$ はアルティン環であるから).したがって,M/M_n は長さ有限であり,次が成り立つ.

$$l_n = l(M/M_n) = \sum_{r=1}^{n} l(M_{r-1}/M_r). \tag{1}$$

ii) $x_1, \ldots, x_s$ が q を生成すれば,それら x_i の $\mathfrak{q}/\mathfrak{q}^2$ への像 $\bar{x}_1, \ldots, \bar{x}_s$ は $A/\mathfrak{q}$-代数として $G(A)$ を生成し,各 $\bar{x}_i$ の次数は1である.系 11.2 より,ある $f(n)$ により $l(M_n/M_{n+1}) = f(n)$ と表される.ただし,$f(n)$ は十分大きな n に対して,n に関する次数 $\leqslant s - 1$ の多項式である.(1) から,$l_{n+1} - l_n = f(n)$ が成り立つ.したがって,l_n は十分大きな n に対して次数 $\leqslant s$ の多項式 $g(n)$ である.

iii) $(\widetilde{M}_n)$ を M のもう一つの安定している q-フィルターとし,$\tilde{g}(n) = l(M/\widetilde{M}_n)$ とおく.補題 10.6 より,この二つのフィルターは有界な差をもつ.すなわち,ある整数 n_0 が存在し,すべての $n \geqslant 0$ に対して $M_{n+n_0} \subseteq \widetilde{M}_n$,$\widetilde{M}_{n+n_0} \subseteq M_n$ が成り立つ.ゆえに,$g(n+n_0) \geqslant \tilde{g}(n)$,$\tilde{g}(n+n_0) \geqslant g(n)$ が成り立つ.十分大きなすべての n に対して g と $\tilde{g}$ は多項式であるから,$\lim_{n\to\infty} g(n)/\tilde{g}(n) = 1$ を得る.したがって,g と $\tilde{g}$ は同じ次数と同じ最高次係数をもつ.■

フィルター $(\mathfrak{q}^n M)$ に対応している多項式 $g(n)$ は $\chi_\mathfrak{q}^M(n)$ で表される.すなわち,

$$\chi_\mathfrak{q}^M(n) = l(M/\mathfrak{q}^n M) \qquad (\text{十分大きなすべての } n \text{ に対して}).$$

$M = A$ のとき,$\chi_\mathfrak{q}^A(n)$ のかわりに $\chi_\mathfrak{q}(n)$ と書き,m-準素イデアル q の**特性多項式** (characteristic polynomial) という.この場合,命題 11.4 より次の系が得られる.

【系 11.5】 十分大きなすべての n に対して,長さ $l(A/\mathfrak{q}^n)$ は次数 $\leqslant s$ の多項式 $\chi_\mathfrak{q}(n)$ である.ただし,s は q の生成元の最小の個数である.■

次の命題が示しているように,m-準素イデアル q の異なった選び方に対して,多項式 $\chi_\mathfrak{q}(n)$ はすべて同じ次数をもつ.

【命題 11.6】 $A, \mathfrak{m}, \mathfrak{q}$ を上と同じものとするとき，次の式が成り立つ．

$$\deg \chi_{\mathfrak{q}}(n) = \deg \chi_{\mathfrak{m}}(n).$$

（証明） 系 7.16 より，ある r に対して $\mathfrak{m} \supseteq \mathfrak{q} \supseteq \mathfrak{m}^r$ であるから，$\mathfrak{m}^n \supseteq \mathfrak{q}^n \supseteq \mathfrak{m}^{rn}$ であり，したがって十分大きなすべての n に対して

$$\chi_{\mathfrak{m}}(n) \leqslant \chi_{\mathfrak{q}}(n) \leqslant \chi_{\mathfrak{m}}(rn)$$

となる．ここで，χ は n に関する多項式であることを思い出し，$n \to \infty$ とすればよい．■

これら $\chi_{\mathfrak{q}}(n)$ の共通の次数を $d(A)$ によって表す．系 11.2 を考慮すれば，このことは $d(A) = d(G_{\mathfrak{m}}(A))$ となることを意味している．ただし，$d(G_{\mathfrak{m}}(A))$ は前に $G_{\mathfrak{m}}(A)$ のヒルベルト関数の $t = 1$ における極として定義された整数のことである．

11.2 ネーター局所環の次元論

A をネーター局所環とし，$\mathfrak{m}$ をその極大イデアルとする．

$\delta(A)$ を A の $\mathfrak{m}$-準素イデアルの生成元の個数の最小数とする．我々の目標は，$\delta(A) = d(A) = \dim A$ が成り立つことを証明することである．このことを，$\delta(A) \geqslant d(A) \geqslant \dim A \geqslant \delta(A)$ を示すことによって達成しよう．系 11.5 と命題 11.6 を合わせると，上の不等式の列の最初の不等式が得られる．

【命題 11.7】 $\delta(A) \geqslant d(A)$．■

次に，局所環に対して命題 11.3 と類似の式が成り立つことを証明しよう．この証明はアルティン-リースの補題の強い形の命題を用いる（単に位相的な部分のみならず）．

【命題 11.8】 $A, \mathfrak{m}, \mathfrak{q}$ を上と同じ記号とする．M を有限生成 A-加群，$x \in A$ を M の零因子でない元とし，$M' = M/xM$ とおく．このとき，次の式が成り立つ．

$$\deg \chi_{\mathfrak{q}}^{M'} \leqslant \deg \chi_{\mathfrak{q}}^{M} - 1.$$

(証明) $N = xM$ とおく．すると，x についての仮定より，A-加群として $N \cong M$ が成り立つ．$N_n = N \cap \mathfrak{q}^n M$ とおく．このとき，次の完全列がある．

$$0 \longrightarrow N/N_n \longrightarrow M/\mathfrak{q}^n M \longrightarrow M'/\mathfrak{q}^n M' \longrightarrow 0.$$

ゆえに，$g(n) = l(N/N_n)$ とすれば，十分大きなすべての n に対して次式が成り立つ．

$$g(n) - \chi_\mathfrak{q}^M(n) + \chi_\mathfrak{q}^{M'}(n) = 0.$$

いま，アルティン-リースの補題（命題 10.9）により，(N_n) は N の安定している $\mathfrak{q}$-フィルターである．$N \cong M$ であるから，命題 11.4, iii) より，$g(n)$ と $\chi_\mathfrak{q}^M(n)$ は同じ最高次の項をもつ．以上より，求める結果が得られる．■

【系 11.9】 A をネーター局所環とし，x を A の零因子でない元とすると，$d(A/(x)) \leqslant d(A) - 1$ が成り立つ．

(証明) 命題 11.8 において，$M = A$ とおけばよい．■

この段階で，重要な結果を証明することができる．

【命題 11.10】 $d(A) \geqslant \dim A$ が成り立つ．

(証明) $d = d(A)$ についての帰納法で証明する．$d = 0$ のとき，十分大きなすべての n について $l(A/\mathfrak{m}^n)$ は定数となる．ゆえに，ある n について $\mathfrak{m}^n = \mathfrak{m}^{n+1}$ であるから，中山の補題（命題 2.6）より $\mathfrak{m}^n = 0$ を得る．したがって，A はアルティン環であり，$\dim A = 0$ である．

$d > 0$ と仮定し，$\mathfrak{p}_0 \subset \mathfrak{p}_1 \subset \cdots \subset \mathfrak{p}_r$ を A における素イデアルの任意の昇鎖とする．$x \in \mathfrak{p}_1, x \notin \mathfrak{p}_0$ とする．$A' = A/\mathfrak{p}_0$ とおき，x' を x の A' への像とする．このとき，$x' \neq 0$ であり，A' は整域である．よって，系 11.9 より次が成り立つ．

$$d(A'/(x')) \leqslant d(A') - 1.$$

$\mathfrak{m}'$ が A' の極大イデアルならば，$A'/\mathfrak{m}'^n$ は $A/\mathfrak{m}^n$ の準同型像でもある．ゆえに，$l(A/\mathfrak{m}^n) \geqslant l(A'/\mathfrak{m}'^n)$ となり，これより $d(A) \geqslant d(A')$ が成り立つ．したがって，

$$d(A'/(x')) \leqslant d(A) - 1 = d - 1$$

を得る．ゆえに，帰納法の仮定によって，$A'/(x')$ における任意の素イデアルの昇鎖の長さは $\leq d-1$ である．$\mathfrak{p}_1,\dots,\mathfrak{p}_r$ の $A'/(x')$ への像は長さ $r-1$ の昇鎖となる．よって，$r-1 \leq d-1$，したがって $r \leq d$ を得る．以上より，$\dim A \leq d$ が示された． ■

【系 11.11】 A がネーター局所環ならば，$\dim A$ は有限である． ■

A を任意の環とする．A の素イデアル $\mathfrak{p}$ に対して，$\mathfrak{p}$ で終わる素イデアルの昇鎖 $\mathfrak{p}_0 \subset \mathfrak{p}_1 \subset \cdots \subset \mathfrak{p}_r = \mathfrak{p}$ の長さの上限を $\mathfrak{p}$ の**高度** (height) といい，$\mathrm{ht}\,\mathfrak{p}$ と表す．系 3.13 より，$\mathrm{ht}\,\mathfrak{p} = \dim A_\mathfrak{p}$ が成り立つ．よって，系 11.11 から次の系が得られる．

【系 11.12】 ネーター環において，すべての素イデアルは有限の高度をもち，したがってネーター環における素イデアルの集合は降鎖条件を満たす． ■

《注意》 同様にして，$\mathfrak{p}$ から始まる素イデアルの昇鎖を考えることによって，$\mathfrak{p}$ の**深度** (depth) を定義することもできる．明らかに，$\mathrm{depth}\,\mathfrak{p} = \dim A/\mathfrak{p}$ が成り立つ．しかし，素イデアルの深度はネーター環であっても（その環が局所環でなければ）無限になる可能性がある．演習問題 4 を参照せよ．

【命題 11.13】 A を次元が d のネーター局所環とする．このとき，A において d 個の元 $x_1,\dots,x_d$ によって生成される $\mathfrak{m}$-準素イデアルが存在する．したがって，$\dim A \geq \delta(A)$ である．

（証明） 任意の i に対して，$(x_1,\dots,x_i)$ を含んでいるすべての素イデアルが高度 $\geq i$ をもつように帰納的に $x_1,\dots,x_d$ をつくる．$i > 0$ として $x_1,\dots,x_{i-1}$ がつくられたと仮定する．$\mathfrak{p}_j$ $(1 \leq j \leq s)$ をちょうど高度が $i-1$ である $(x_1,\dots,x_{i-1})$ の任意の極小素イデアルとする．$i-1 < d = \dim A = \mathrm{ht}\,\mathfrak{m}$ であるから，$\mathfrak{m} \neq \mathfrak{p}_j$ $(1 \leq j \leq s)$ が成り立つ．ゆえに，命題 1.11 より $\mathfrak{m} \neq \bigcup_{j=1}^s \mathfrak{p}_j$ である．$x_i \in \mathfrak{m}$，$x_i \notin \bigcup \mathfrak{p}_j$ を選び，$\mathfrak{q}$ を $(x_1,\dots,x_i)$ を含む任意の素イデアルとする．このとき，$\mathfrak{q}$ は $(x_1,\dots,x_{i-1})$ のある極小素イデアルを含む．ある j に対して $\mathfrak{p} = \mathfrak{p}_j$ ならば，$x_i \in \mathfrak{q}$，$x_i \notin \mathfrak{p}$ であり，ゆえに $\mathfrak{q} \supset \mathfrak{p}$，したがって $\mathrm{ht}\,\mathfrak{q} \geq i$ となる．$\mathfrak{p} \neq \mathfrak{p}_j$ $(1 \leq j \leq s)$ ならば，$\mathrm{ht}\,\mathfrak{p} \geq i$ であり，ゆえに $\mathrm{ht}\,\mathfrak{q} \geq i$ となる．以上より，$(x_1,\dots,x_i)$ を含むすべての素イデアルの高度は $\geq i$ である．

こうしてできたイデアル $(x_1,\ldots,x_d)$ を考える．$\mathfrak{p}$ をこのイデアルの素イデアルとすれば，$\mathrm{ht}\,\mathfrak{p} \geqslant d$ であり，ゆえに，$\mathfrak{p} = \mathfrak{m}$ となる（なぜなら，$\mathfrak{p} \subset \mathfrak{m} \Longrightarrow \mathrm{ht}\,\mathfrak{p} < \mathrm{ht}\,\mathfrak{m} = d$ であるから）．したがって，イデアル $(x_1,\ldots,x_d)$ は $\mathfrak{m}$-準素イデアルである．∎

【定理 11.14】（次元定理）　任意のネーター局所環 A に対して，次の三つの整数は等しい．

　i) A における素イデアルの昇鎖の最大の長さ．
　ii) 特性多項式 $\chi_{\mathfrak{m}}(n) = l(A/\mathfrak{m}^n)$ の次数．
　iii) A の $\mathfrak{m}$-準素イデアルの生成元の最小個数．

（証明）　命題 11.7，命題 11.10，命題 11.13 を用いる．∎

【例】　多項式環 $k[x_1,\cdots,x_n]$ をその極大イデアル $\mathfrak{m} = (x_1,\cdots,x_n)$ で局所化した環を A とする．このとき，$G_{\mathfrak{m}}(A)$ は n 変数の多項式環であり，ゆえにそのポアンカレ級数は $(1-t)^{-n}$ である．定理 11.14 の i) と ii) の同値性を用いると，$\dim A = n$ であることを導くことができる．

【系 11.15】　$\dim A \leqslant \dim_k(\mathfrak{m}/\mathfrak{m}^2)$ が成り立つ．

（証明）　$x_i \in \mathfrak{m}\ (1 \leqslant i \leqslant s)$ をそれらの $\mathfrak{m}/\mathfrak{m}^2$ への像が k-ベクトル空間 $\mathfrak{m}/\mathfrak{m}^2$ の基底であるような元とすると，命題 2.8 によってこれらの x_i は $\mathfrak{m}$ を生成する．したがって，命題 11.13 より $\dim_k(\mathfrak{m}/\mathfrak{m}^2) = s \geqslant \dim A$ を得る．∎

【系 11.16】　A をネーター環とし，$x_1,\ldots,x_r \in A$ とする．このとき，$(x_1,\ldots,x_r)$ に属している極小素イデアルを $\mathfrak{p}$ とすると，$\mathrm{ht}\,\mathfrak{p} \leqslant r$ である．

（証明）　$A_{\mathfrak{p}}$ において，イデアル $(x_1,\ldots,x_r)$ は $\mathfrak{p}^e$-準素イデアルになる．したがって，$r \geqslant \dim A_{\mathfrak{p}} = \mathrm{ht}\,\mathfrak{p}$ が成り立つ．∎

【系 11.17】（クルルの単項イデアル定理）　A をネーター環とし，x を A の零因子でもなく，また単元でもない A の元とする．このとき，(x) のすべての極小素イデアル $\mathfrak{p}$ の高度は 1 である．

(証明)　系 11.16 より, ht $\mathfrak{p} \leqslant 1$ が成り立つ. ht $\mathfrak{p} = 0$ ならば, $\mathfrak{p}$ は 0 に属する素イデアルである. ゆえに, 命題 4.7 より $\mathfrak{p}$ のすべての元は零因子である. ところが, $x \in \mathfrak{p}$ であるからこれは矛盾である. ∎

【系 11.18】　A をネーター局所環とし, x を零因子でない $\mathfrak{m}$ の元とする. このとき, $\dim A/(x) = \dim A - 1$ が成り立つ.

(証明)　$d = \dim A/(x)$ とする. 系 11.9 と定理 11.14 より, $d \leqslant \dim A - 1$ が成り立つ. 一方, x_i $(1 \leqslant i \leqslant d)$ を $\mathfrak{m}$ の元で, その $A/(x)$ への像が $\mathfrak{m}/(x)$-準素イデアルを生成するものとする. このとき, A のイデアル $(x, x_1, \ldots, x_d)$ は $\mathfrak{m}$-準素イデアルであり, ゆえに $d + 1 \geqslant \dim A$ を得る. ∎

【系 11.19】　$\widehat{A}$ を A の $\mathfrak{m}$-進完備化とすれば, $\dim A = \dim \widehat{A}$ が成り立つ.

(証明)　命題 10.15 より, $A/\mathfrak{m}^n \cong \widehat{A}/\widehat{\mathfrak{m}}^n$ が成り立つので, $\chi_{\mathfrak{m}}(n) = \chi_{\widehat{\mathfrak{m}}}(n)$ を得る. ∎

$\dim A = d$ として, $x_1, \ldots, x_d$ が $\mathfrak{m}$-準素イデアルを生成するとき, $x_1, \ldots, x_d$ を**パラメーター系** (system of parameters) という. それらは次の命題で述べられるように, ある独立な性質をもつ.

【命題 11.20】　$x_1, \ldots, x_d$ を A のパラメーター系とし, $\mathfrak{q} = (x_1, \ldots, x_d)$ をそれらによって生成される $\mathfrak{m}$-準素イデアルとする. $f(t_1, \ldots, t_d)$ を A に係数をもつ次数 s の斉次多項式とする. このとき,

$$f(x_1, \ldots, x_d) \in \mathfrak{q}^{s+1}$$

と仮定すると, f のすべての係数は $\mathfrak{m}$ に属する.

(証明)　t_i を不定元, $\bar{x}_i$ を $x_i \bmod \mathfrak{q}$ とする. $t_i \longmapsto \bar{x}_i$ により定まる次のような次数付環の全準同型写像を考える.

$$\alpha : (A/\mathfrak{q})[t_1, \ldots, t_d] \longrightarrow G_{\mathfrak{q}}(A).$$

f についての仮定より，$\bar{f}(t_1,\ldots,t_d)$（f の係数を $A/\mathfrak{q}$ に移した多項式）は α の核に属する．ここで，f のある係数が単元であると仮定すると，$\bar{f}$ は零因子ではない（第 1 章，演習問題 3 参照）．このとき，次が成り立つ．

$$\begin{aligned}
d(G_{\mathfrak{q}}(A)) &\leqslant d\big((A/\mathfrak{q})[t_1,\ldots,t_d]/(\bar{f})\big) && (\bar{f} \in \mathrm{Ker}(\alpha)\ \text{であるから}) \\
&= d\big((A/\mathfrak{q})[t_1,\ldots,t_d]\big) - 1 && \text{命題 11.3 より} \\
&= d - 1 && \text{命題 11.3 に続く例より．}
\end{aligned}$$

ところが次元定理 11.14 より $d(G_{\mathfrak{q}}(A)) = d$ であるから，これは矛盾である．∎

A が体 k を含み，k が剰余体 $A/\mathfrak{m}$ の上に同型に写像されるならば，この命題は次のように簡単な形となる．

【系 11.21】 $k \subset A$ を $A/\mathfrak{m}$ の上に同型に写像される体とする．このとき，$x_1,\ldots,x_d$ が A のパラメーター系ならば，$x_1,\ldots,x_d$ は k 上代数的に独立である．

（証明）f を k に係数をもつ多項式とし，$f(x_1,\ldots,x_d) = 0$ と仮定する．$f \not\equiv 0$ と仮定すると，$f = f_s + $（より高次の項）と表すことができる．ただし，$f_s$ は次数 s の斉次多項式で $f_s \not\equiv 0$ である．命題 11.20 を f_s に適用すると，f_s はすべての係数が $\mathfrak{m}$ に属することがわかる．f_s は k に係数をもつから，このことは $f_s \equiv 0$ であることを意味する．これは矛盾である．したがって，$x_1,\ldots,x_d$ は k 上代数的に独立である．∎

11.3 正則局所環

代数幾何学においては，**特異点** (singular point) と **非特異点** (non-singular point) の間には重要な相違がある（演習問題 1 を参照せよ）．非特異点の局所環には（非幾何学的な場合への）その一般化として**正則局所環** (regular local ring) と呼ばれているものがある．すなわち，これらの環は次の定理の（同値である）i)〜iii) の条件の一つを満足する環である．

【定理 11.22】 A を次元が d のネーター局所環とし，$\mathfrak{m}$ をその極大イデアル，$k = A/\mathfrak{m}$ とおく．このとき，次の条件は同値である．

i) $G_\mathfrak{m}(A) \cong k[t_1,\ldots,t_d]$ が成り立つ. ただし, t_i は独立な不定元である.
ii) $\dim_k(\mathfrak{m}/\mathfrak{m}^2) = d$ が成り立つ.
iii) $\mathfrak{m}$ は d 個の元で生成される.

(証明) i) $\Rightarrow$ ii) は明らかである. ii) $\Rightarrow$ iii) は命題 2.8 による. 系 11.5 の証明を参照せよ. iii) $\Rightarrow$ i): $\mathfrak{m} = (x_1,\ldots,x_d)$ とすれば, 命題 11.20 より写像 $\alpha: k[x_1,\ldots,x_d] \longrightarrow G_\mathfrak{m}(A)$ は次数付環の同型写像である. ∎

正則局所環は必然的に整域である. このことは, より一般的な次の結果の帰結として得られる.

【補題 11.23】 A を環とし, $\mathfrak{a}$ を A のイデアルで $\bigcap_n \mathfrak{a}^n = 0$ を満たすものとする. $G_\mathfrak{a}(A)$ が整域であると仮定する. このとき, A は整域である.

(証明) x, y を A の零でない元とする. $\bigcap \mathfrak{a}^n = 0$ であるから, ある整数 $r, s \geqslant 0$ が存在して, それぞれ, $x \in \mathfrak{a}^r$ かつ $x \notin \mathfrak{a}^{r+1}$, $y \in \mathfrak{a}^s$ かつ $y \notin \mathfrak{a}^{s+1}$ を満たす. $\bar{x}, \bar{y}$ をそれぞれ x, y の $G_r(A), G_s(A)$ への像とする. すると, $\bar{x} \neq 0, \bar{y} \neq 0$ であるから, ゆえに $\overline{xy} = \bar{x} \cdot \bar{y} \neq 0$, したがって $xy \neq 0$ となる. ∎

したがって命題 9.2 より, 次元 1 の正則局所環は離散付値環にほかならない.
A が局所環でかつ $G_\mathfrak{m}(A)$ が整閉整域ならば, A は整閉であることも証明することができる. ゆえに, 正則局所環は整閉である. しかしながら, 次元 > 1 の整閉整域で正則でない局所環が存在する.

【命題 11.24】 A をネーター局所環とする. このとき, A が正則であるための必要十分条件は, $\widehat{A}$ が正則になることである.

(証明) 命題 10.16, 定理 10.26 と系 11.19 より, $\widehat{A}$ は A と同じ次元をもち, 極大イデアルを $\widehat{\mathfrak{m}}$ とするネーター局所環であることがわかっている. 命題 10.22 を使うと, $G_\mathfrak{m}(A) \cong G_{\widehat{\mathfrak{m}}}(\widehat{A})$ であり, 命題の主張はこれより従う. ∎

《注意》 1) 上で述べたことより, $\widehat{A}$ も整域であることがわかる. 幾何学的にいえば, このことは, (局所的には)

$$\text{非特異性} \implies \text{解析的既約性}$$

であること，あるいは非特異点において唯一つの解析的「分枝」をもつことを意味している．

2) A が体 k を含み，k は $A/\mathfrak{m}$ の上へ同型に写像されるならば（幾何学的な場合），定理 11.22 は，$\hat{A}$ が k 上 d 個の不定元に関する形式的ベキ級数環であることを意味している．したがって，k 上の d 次元多様体上の非特異点の局所環の完備化はすべて同型である．

【例】 $A = k[x_1,\ldots,x_n]$ （k は任意の体，x_i は独立な不定元）とし，$\mathfrak{m} = (x_1,\ldots,x_n)$ とおく．このとき，$A_\mathfrak{m}$ （これはアフィン空間 k^n における原点の局所環である）は正則局所環である．なぜならば，$G_\mathfrak{m}(A_\mathfrak{m})$ は n 変数の多項式環となるからである．

11.4 超越次元

我々はこの次元論の簡単な小論を，関数体の術語によって古典的に定義されている多様体の次元と，局所環の次元がいかに関係しているかを示すことによって締めくくりたいと思う．

簡単のため，k は代数的閉体とし，V を k 上の既約なアフィン多様体とする．したがって，その座標環 $A(V)$ は

$$A(V) = k[x_1,\ldots,x_n]/\mathfrak{p}$$

という形をしている．ただし，$\mathfrak{p}$ は素イデアルである．整域 $A(V)$ の商体は V 上の有理関数体といい，$k(V)$ により表される．これは k の有限生成拡大であり，ゆえに $k(V)$ は k 上有限な超越次数，すなわち，代数的に独立な元の最大個数である，をもつ．この数を V の**次元**と定義し，$\dim V$ と表す．さて，零点定理によって，V の点は $A(V)$ の極大イデアルと 1 対 1（全単射）に対応していることを思い出そう．点 P が極大イデアル $\mathfrak{m}$ に対応しているとき，$\dim A(V)_\mathfrak{m}$ を P における V の**局所次元** (local dimension) と呼ぼう．我々は次の定理を証明することを考えている．

【定理 11.25】 k 上の任意の既約な多様体 V に対して，任意の点における V の局所次元は $\dim V$ に等しい．

《注意》 我々はすでに系 11.21 によって,すべての $\mathfrak{m}$ に対して $\dim V \geqslant \dim A_\mathfrak{m}$ が成り立つことを示した.問題は逆向きの不等式を証明することである.この目的のための主要な補題は次のようである.

【補題 11.26】 $B \subseteq A$ を B が整閉でかつ A は B 上整である整域の列とする.$\mathfrak{m}$ を A の極大イデアルとし,$\mathfrak{n} = \mathfrak{m} \cap B$ とおく.このとき,$\mathfrak{n}$ は極大であり,$\dim A_\mathfrak{m} = \dim B_\mathfrak{n}$ が成り立つ.

(証明) これは第 5 章の結果の簡単な帰結である.最初に $\mathfrak{n}$ は系 5.8 より極大である.次に,
$$\mathfrak{m} \supset \mathfrak{q}_1 \supset \mathfrak{q}_2 \supset \cdots \supset \mathfrak{q}_d \tag{1}$$
を A における素イデアルの狭義の降鎖とし,これと B との共通部分をとったものは系 5.9 より次のような素イデアルの狭義の降鎖となる.
$$\mathfrak{n} \supset \mathfrak{p}_1 \supset \mathfrak{p}_2 \supset \cdots \supset \mathfrak{p}_d. \tag{2}$$
これより,$\dim B_\mathfrak{n} \geqslant \dim A_\mathfrak{m}$ が示される.逆に,狭義の降鎖 (2) が与えられると,定理 5.16 によって,これを降鎖 (1) にもちあげることができる(これも必然的に狭義の降鎖である).これより $\dim A_\mathfrak{m} \geqslant \dim B_\mathfrak{n}$ が得られる.∎

引き続き定理 11.25 の証明を続ける.

(定理 11.25 の証明) $d = \dim V$ とする.正規化定理より(第 5 章,演習問題 16),$A(V)$ に含まれている多項式環 $B = k[x_1, \ldots, x_d]$ が存在して $A(V)$ は B 上整である.B は整閉であるから(命題 5.12 に続く注意より),補題 11.26 が適用できるので,我々の問題は環 B,すなわちアフィン空間に対して定理 11.25 を証明すればよいことになる.ところが,アフィン空間の任意の点は座標の原点としてとることができる.そして,すでにみたように,$k[x_1, \ldots, x_d]$ を極大イデアル $(x_1, \ldots, x_d)$ で局所化したものは次元 d の局所環である.∎

【系 11.27】 $A(V)$ のすべての極大イデアル $\mathfrak{m}$ に対して,次が成り立つ.
$$\dim A(V) = \dim A(V)_\mathfrak{m}.$$

(証明) 定義によって,$\dim A(V) = \sup_\mathfrak{m} \dim A(V)_\mathfrak{m}$ が成り立つ.ところが,定理 11.25 よりすべての $A(V)_\mathfrak{m}$ は同じ次元をもつ.∎

演習問題

1. $f \in k[x_1,\ldots,x_n]$ を代数的閉体 k 上の既約多項式とする．多様体 $f(x) = 0$ 上の点を P とする．ある偏導関数 $\partial f/\partial x_i$ が P において零でないとき，点 P は非特異点であるという．$A = k[x_1,\ldots,x_n]/(f)$ とおき，$\mathfrak{m}$ を点 P に対応する A の極大イデアルとする．このとき，次を示せ．

$$P \text{ は非特異点である} \iff A_\mathfrak{m} \text{ は正則局所環である．}$$

   [系 11.18 より，$\dim A_\mathfrak{m} = n-1$ が成り立つ．いま
   $$\mathfrak{m}/\mathfrak{m}^2 \cong (x_1,\ldots,x_n)/(x_1,\ldots,x_n)^2 + (f)$$
   であり，これが次元 $n-1$ であるための必要十分条件は $f \notin (x_1,\ldots,x_n)^2$ となることである．]

2. 系 11.21 において，A は完備であると仮定する．$t_i \longmapsto x_i$ $(1 \leqslant i \leqslant d)$ によって定まる準同型写像 $k[[t_1,\ldots,t_d]] \longrightarrow A$ が単射であること，また A が $k[[t_1,\ldots,t_d]]$ 上有限生成加群であることを証明せよ．
   [命題 10.24 を使う．]

3. 定理 11.25 を代数的閉体でない体に拡張せよ．
   [$\bar{k}$ を k の代数的閉包とすると，$\bar{k}[x_1,\ldots,x_n]$ は $k[x_1,\ldots,x_n]$ 上整である．]

4. 無限次元のネーター整域の例[†]（永田）．k を体とし，$A = k[x_1, x_2, \ldots, x_n, \ldots]$ を k 上可算無限集合の不定元に関する多項式環とする．$m_1, m_2, \ldots$ をすべての整数 $i > 1$ に対して $m_{i+1} - m_i > m_i - m_{i-1}$ を満たす正の整数の増加列とする．$\mathfrak{p}_i = (x_{m_i+1},\ldots,x_{m_{i+1}})$ とおき，S をそれらのイデアル $\mathfrak{p}_i$ の和集合の A における補集合とする．

   各 $\mathfrak{p}_i$ は素イデアルであり，ゆえに集合 S は積閉集合である．環 $S^{-1}A$ は第 7 章，演習問題 9 より，ネーター環である．各 $S^{-1}\mathfrak{p}_i$ の高度は $m_{i+1} - m_i$ に等しく，したがって $\dim S^{-1}A = \infty$ である．

5. グロタンディエク群 $K(A_0)$ の術語によって，定理 11.1 を再定義せよ（第 7 章，演習問題 25）．

[†]（訳者注）永田雅宜の『可換環論』（紀伊国屋書店）の第 11 章諸例，11.1 の例 (p.255) を参照せよ．

6. A を環とする (必ずしもネーター環ではない). このとき, 次を証明せよ.

$$1 + \dim A \;\leqslant\; \dim A[x] \;\leqslant\; 1 + 2\dim A.$$

[$f : A \longrightarrow A[x]$ を埋め込みとし, A の素イデアル $\mathfrak{p}$ 上の $f^* : \mathrm{Spec}(A[x]) \longrightarrow \mathrm{Spec}(A)$ のファイバーを考える. このファイバーは $k \otimes_A A[x] \cong k[x]$ のスペクトラムと同一視される. ただし, k は $\mathfrak{p}$ の剰余体である (第 3 章, 演習問題 21). また, $\dim k[x] = 1$ である. そこで, 第 4 章, 演習問題 7, ii) を用いる.]

7. A をネーター環とする. このとき, 次の等式が成り立つ.

$$\dim A[x] = 1 + \dim A.$$

ゆえに, n についての帰納法により次の等式が成り立つ.

$$\dim A[x_1, \ldots, x_n] = n + \dim A.$$

[$\mathfrak{p}$ を A の高度 m の素イデアルとする. このとき, $a_1, \ldots, a_m \in \mathfrak{p}$ が存在して, $\mathfrak{p}$ はイデアル $\mathfrak{a} = (a_1, \ldots, a_m)$ に属している極小素イデアルである. 第 4 章, 演習問題 7 より, $\mathfrak{p}[x]$ は $\mathfrak{a}[x]$ の極小素イデアルであり, ゆえに, $\mathrm{ht}\, \mathfrak{p}[x] \leqslant m$ である. 一方, 素イデアルの昇鎖 $\mathfrak{p}_0 \subset \mathfrak{p}_1 \subset \cdots \subset \mathfrak{p}_m = \mathfrak{p}$ は次のような昇鎖 $\mathfrak{p}_0[x] \subset \cdots \subset \mathfrak{p}_m[x] = \mathfrak{p}[x]$ を与えるので, $\mathrm{ht}\, \mathfrak{p}[x] \geqslant m$ となる. したがって, $\mathrm{ht}\, \mathfrak{p}[x] = \mathrm{ht}\, \mathfrak{p}$. そこで, 演習問題 6 の推論を用いる.]

訳者あとがき

本書は M. F. Atiyah, I. G. MacDonald 著, *Introduction to commutative algebra* (1969) の日本語訳である．原著は代数幾何学に対する最短の入門を提供するという目的で書かれ，学部3年生程度の代数を学んだ者を対象としている．

代数幾何学は代数多様体，素朴には多項式の零点の集合を研究対象とする学問であるが，代数幾何学を研究するためには，始めに前提として可換代数の知識がどうしても必要となってくる．特に A. グロタンディエクの代数幾何学の書 EGA [2] が 1960 年から出版を開始され，世界中の数学者たちがこの本のとりこになり，瞬く間に古典的な代数幾何学を，そして数学の世界をスキームの理論で塗り替えていった．アティヤー・マクドナルドによるこの原著は 1969 年の出版であるが，一方でザリスキー・サミュエルの可換代数 [10] が 1958 年に，ブルバキの可換代数 [1] (1961-65) がすでに出版されていた．しかしながら，ザリスキー・サミュエルやブルバキの本はあまりに重厚すぎて，これらの本を読んでから代数幾何学を学ぼうとすると，可換代数だけを勉強して代数幾何学にたどり着かなくなってしまう場合も多かった．原著は可換代数全体を非常にコンパクトに必要最小限にまとめているので，出版された意味は大きかったと思う．

この原著は非常に簡潔に書かれているので，一つ一つの文章や式をよく考えて読まないと，その意味しているところを理解するのが難しい．しかし，十分時間をかけて考えるとだんだんわかってくる．丁寧に書いてあるのではないが，それでも十分考えればわかるように必要なことがまとめられている．最近，学部学生と院生にセミナーで読ませてみて，実に良い本だということを実感したしだいである．

可換代数は代数幾何学のためだけではなく，それ自身もまた興味の尽きない非常に面白い学問でもあり，代数幾何学とともに発展している．可換代数をさらに学ぶ場合にも原著を読んでおくことは，大きな視野を得るとともに次の段階への土台となるであろう．

また，原著が 1969 年に出版されてから，今年 (2006 年) で 40 年近くもた

つのに，洋書の書籍案内をみるとまだ原著の名前が載っているのには驚きであったが，まだまだ原著で学びたいという需要があるということを再認識した．そして，これまでの経緯を考えると，だいたい原著で可換代数の準備をして，R. ハーツホーンの「代数幾何学」[3] を勉強するというのが定番になっているようである．というのは，たとえばこの代数幾何学の本を開いてみると，始めのほうにはいたるところ原著の引用が出てくる．このような理由で，原著と [3] の組み合わせが一つのコースになったのであろう．（最近，ハーツホーンの「代数幾何学」[3] の翻訳が出版された．）考えてみると可換代数の本で代数幾何学の準備となるような適切な本は，いま見渡しても容易に見出せない．原著はいまや古典ではあるが現在も広く読まれており，日本の一般の数学科の学生にとっても，本書が出版されることによって数学の裾野を広げることになるのではないかと思う．

原著の内容であるが，この本を読むためには，通常の大学の 1〜2 年コースにおける線形代数学と群論，そして一般的な体論をすでに学習している必要がある．特に，第 10 章の完備化については位相の概念を学習していることが必要である．また，本書の本文の内容は可換代数についての結果が書かれているが，章末にあるたくさんの演習問題は本文の中で得られれた定理等をスキームの言葉に翻訳し，代数幾何学の内容として表現されている．

最後に，本書の出版に際して，共立出版の吉村さんには校正等でお世話になりました．また，元院生の田中君や三島君には TeX 原稿の作成にあたり，お世話になりました．感謝いたします．

参考までに，関連した本を簡単な説明とともにあげておこう．（文献番号に * の印がついているものは原著の引用文献にも紹介されている．）

[1]* N. Bourbaki, *Algèbre Commutative*, Hermann, Paris, 1961-65.
（邦訳：N. ブルバキ,『可換代数 1, 2, 3, 4』, 東京図書, 1970 年）
内容的には非常に詳しく可換代数全体を網羅している．原著はいわばこの本のダイジェスト版ともみることができる．英訳もある．

[2]* A. Grothendieck and J. Dieudonné, *Éléments de Géometrie Algébrique*, Publications Mathématiques de l'I. H. E. S, Nos. 4, 8, 11, ..., Paris, 1960-.
この本はそれまでの代数幾何学をスキームという言葉で書き換えた，代数

幾何学の記念碑的な作品であり，その名もユークリッドの原論と同じ代数幾何学原論である．著者たちは一時期ブルバキのメンバーであったので，[2] に用いられている部分は [1] と相互に関連している．アティヤー・マクドナルドはこの本 [2] を読むための準備として原著を書いた．

[3] R. Hartshorne, *Algebraic Geometry*, Springer, Berlin, Heiderberg, New York, 1977．（邦訳：R. ハーツホーン，『代数幾何学 1,2,3』，シュプリンガー・フェアラーク東京，2005 年）

この本は上記 [2] が何巻にも渡る大部なものなので，ハーツホーンが独自に代数幾何学の入門書として著した．現在では代数幾何学の教科書の代表的な一冊でもある．原著の引用も多い．

[4] I. Kaplansky, *Commutative Rings*, The University Chicago Press, Chicago and London, 1970.

これも定評のある可換環論の本である．

[5] H. Matsumura, *Commutative Algebra (2nd ed.,)*, W. A. Benjamin Co., New York, 1980.

この本の初版 (1970) も原著とほぼ同じころ書かれたものであるが，グロタンディエクの [2] を背景にして原著よりもさらに深い内容をもっている．現在でも非常に良い本だと思うのだが，残念ながら，いまでは入手不可能となっている．

[6] H. Matsumura, *Commutative ring theory*, Cambridge University Press, 1986．（松村英之，『可換環論』，共立出版，1980 年，2000 年復刊）

この本は松村先生の日本語版のほうが先にあって，それを R. リードさんが英訳したものである．[6] も [5] とともにアティヤー・マクドナルドの原著で学んだ後に読むとちょうど良い本だと思われる．

[7] M. Nagata, *Local rings*, Interscience tracts in Pure & applied math., 13, J. Wiley, New York, 1962.

この本はグロンタンディエクの [1] と同じ時期に出版された．代数幾何学は代数的には局所環の問題に帰着されるところが多く，それまでの可換環の結果を局所環を中心としてまとめている．非常に難しい本であるが，この本の重要な部分を取り出して，邦訳したのが，

永田雅宜,『可換環論』, 紀伊国屋書店, 1974 年
である. 第 11 章の演習問題 4 もここから引用されている.

[8]* D.G. Northcott, *Ideal Theory*, Cambridge University Press, 1953.

この本も原著が引用文献にあげているものの一つである. D.G. ノースコットの本はどれも比較的読みやすい. 環のイデアルに話題をしぼって書いてあり, 理解するのが大変なイデアル $\mathfrak{a}$ による $\mathfrak{a}$-進位相について丁寧に説明している.

[9] M. Reid, *Undergraduate commutative algebra*, Cambridge University Press, 1995. (邦訳:M. リード,『可換環論入門』, 伊藤由佳理訳, 岩波書店, 2000 年)

可換代数の入門書である. 特に, 代数幾何学との関係を密接に意識させるように意図して書かれている. 本書と同じ趣旨で書かれており, 参考になるであろう.

[10]* O. Zariski and P. Samuel, *Commutative Algebra I, II*, Van Nostrand, Princeton, 1958, 1960.

これは有名なザリスキーとサミュエルの可換代数の本である. Vol.I は可換代数が, Vol.II は代数幾何 (スキームの言葉でない) が入ってくる. 特に, Vol.I は懇切丁寧に書かれている. 可換代数の古典であるが, いまでも良い本だと思う.

代数幾何学の本は, 和書も含めてたくさんの良書が出版されているが, それらは本書の範囲外なので, 代表して一冊だけをあげることにした.

このほかに可換代数に関連した和書をいくつか紹介する.

1. 松村英之,『代数学』, 朝倉書店, 1990 年
2. 永田雅宜,『可換体論 (新版)』, 裳華房, 1985 年
3. 永田雅宜, 吉田憲一,『代数学入門』, 培風館, 1996 年
4. ファン・デル・ヴェルデン,『現代代数学 1,2,3』, 銀林浩訳, 東京図書, 1959–60 年
5. 堀田良之,『環と体 1』(岩波講座　現代数学の基礎 9), 岩波書店, 2001 年
6. 渡辺敬一,『環と体』, 朝倉書店, 2002 年
7. 渡辺敬一, 草場公邦,『代数の世界』, 朝倉書店, 1994 年

索　引

【記　号】

A-加群
　　自由— 31
　　—の準同型写像　27
　　—の剰余加群　28
　　—の部分加群　28
A-線形　27
A-双線形　36
A-代数　45
$\mathfrak{a}$ 上整　96
$\mathfrak{a}$-進位相　163
p-進整数　164

【あ　行】

値群　111
アルティン加群　115
アルティン環　117, 138
アルティン環の構造定理　140
アルティン-リースの補題　157, 166
安定している $\mathfrak{a}$-フィルター　164

位相環　163
イデアル　3
　　—群　152
　　—商　12
　　—類群　153
　　可逆—　150
　　極小素—　80
　　極大—　4
　　準素—　77

整—　150
素—　4
単項分数—　150
分解可能—　79
分数—　150
飽和—　85
零化—　12, 30

【か　行】

ガウスの補題　154
核　3, 28
拡大　14
加群
　　A-—　26
　　有限の長さをもつ—　119
下降性質　104
下降定理　97
加法的　36
加法的関数　181
環　1
　　局所—　6, 58
　　次数付—　164
　　ジャコブソン—　109
　　商—　56
　　剰余—　3
　　正則局所—　190
　　全商—　68
　　半局所—　6
　　ブール—　18
　　部分—　2

202　索　　引

　　——準同型写像　2
完全性
　　完備化の——　167
完全不連結　75
完全列　34, 51
　　短——　34
完備　163
完備化　163

記号的 n 乗　86
基本開集合　20
既約　20, 127
　　——成分　21
既約イデアル　134
逆極限　161
逆系　160
境界準同型写像　35
極小条件　115
局所化　58
局所環　6
　　正則——　190
局所次元　192
局所的性質　61
局所閉集合　110
極大条件　115

茎　73
鎖　118, 139
　　——の長さ　139
クルルの定理　170
グロタンディエク群　136

原始的　17

降鎖条件　115
構成可能　134
構成可能位相　74
高度　187
コーシー列　159
　　——の同値　159
孤立集合　83
根基　13
　　加群の——　88
　　ジャコブソン——　8
　　ベキ零元——　8

【さ　行】

最短準素分解　79
　　加群の——　89
座標
　　——環　25
　　——関数　25
ザリスキー位相　19
ザリスキー環　177

次元　139, 192
　　局所——　192
次元定理　188
次数　165
次数付 A-加群　165
次数付環　164
支配する　110
ジャコブソン環　109
ジャコブソン根基　8
縮約　14
巡回 A-加群　53
順極限
　　加群の——　50
　　環の——　51
順系　49
準素イデアル　77
準素分解　79
　　加群の——　89
　　最短——　79
　　むだがない——　79
　　——可能　79
準同型写像　50
　　次数付 A-加群の——　165
　　制限——　72
　　A-代数の——　45
昇鎖条件　115
上昇性質　104
上昇定理　95
商体　55
剰余体　6, 65
深度　187
スカラー
　　——の拡大　42
　　——の制限　41
スペクトラム

極大— 23
  プライム・— 19
整 90, 92
  —A-代数 92
  —閉 92
  —閉包 92, 96
  $\mathfrak{a}$ 上— 96
整域 3
  単項イデアル— 7
正規化定理 106
整合的な列 160
斉次元 165
斉次成分 165
整数環 149
生成系 30
正則 25
正則環 137
正則局所環 137, 190
整閉 95
整閉整域 95
積 9, 30
積閉集合 56
零因子 3
零環 2
全射 iv
全射的な系 161
前層 73
全単射 iv
素イデアル
  加群に属する— 89
  極小— 80
  孤立— 80
  非孤立— 80
像 3, 28
属している 80
組成列 118

【た 行】

体 4
  剰余— 6
台 71
代数体 149
互いに素 9, 10
多項式写像 25

多様体
  アフィン代数— 24
  —X のイデアル 25
  —の局所次元 192
  —の次元 192
単元 3
単項イデアル 4
  —整域 7
単射 iv
単純 118
単数群 153
忠実 30
稠密
  非常に— 110
直積 31
直和 30

ツォルンの補題 5

デデキント整域 149
テンソル積 36, 38
  多重— 39

特異点 190
  非— 190
特性多項式 184

【な 行】

長さ 118, 119
  鎖の— 139
中山の補題 32
ネーター加群 115
ネーター環 117, 123
ネーター空間 121
ねじれ
  —加群 154
  —がない 68, 154
  —元 68
  —部分加群 68

【は 行】

パラメーター系 189
非特異点 190
ヒルベルト関数 182
ヒルベルト多項式 182

ヒルベルトの基底定理　124
ヒルベルトの弱零点定理　127

ファイバー　72
フィルター　164
付値　98, 111, 146
　——環　111
　離散——　146
部分加群
　準素——　89
普遍的な性質　56
ブール
　——束　22
　——代数　22

閉写像　75
閉集合
　局所——　110
平坦
　絶対——　53
　忠実——　70
　——A-加群　43
閉点　20
ベキ等元　17
ベキ零元　3
　加群の——　89
ヘンゼルの補題　178

ポアンカレ級数　181
飽和　67
　——イデアル　85
　——集合　67

補要素　22

【ま　行】

むだがない準素分解　79

モジュラー律　10

【や　行】

有限　45
　——A-代数　45
有限型　45
有限生成　30, 45
有限生成 A-代数　45
有限の長さをもつ加群　119
有向集合　49
誘導された　29

容量　154
余核　28

【ら　行】

離散付値環　147

類数　153

零因子
　加群の——　89
零点定理
　強——　132
　弱——　107
　ヒルベルトの弱——　127

【わ　行】

和　9, 29

〈訳　者〉

新妻　弘（にいつま　ひろし）
　1946年　茨城県に生まれる
　1970年　東京理科大学大学院理学研究科修士課程修了
　現　在　元東京理科大学理学部数学科教授
　　　　　東京理科大学名誉教授・理学博士
　著訳書　『詳解 線形代数の基礎』（共立出版，共著）
　　　　　『群・環・体入門』（共立出版，共著）
　　　　　『演習 群・環・体入門』（共立出版）
　　　　　『代数学の基本定理』（共立出版，共訳）
　　　　　『代数方程式のガロアの理論』（共立出版，訳）
　　　　　『Northcott イデアル論入門』（共立出版，訳）
　　　　　『オイラーの定数ガンマ―γで旅する数学の世界―』（共立出版，監訳）
　　　　　『Northcott ホモロジー代数入門』（共立出版，訳）
　　　　　『平面代数曲線入門』（共立出版，訳）
　　　　　『代数関数体と符号理論』（共立出版，訳）

Atiyah-MacDonald 可換代数入門 （原題 Introduction to Commutative Algebra）	訳　者	新妻　弘　ⓒ 2006
	原著者	M.F. Atiyah I.G. MacDonald
	発行者	南條　光章
2006 年 2 月 25 日　初版 1 刷発行 2024 年 4 月 30 日　初版 10 刷発行	発行所	共立出版株式会社 東京都文京区小日向 4-6-19 電話　03-3947-2511（代表） 郵便番号　112-0006 振替口座　00110-2-57035 URL www.kyoritsu-pub.co.jp
	印　刷	啓文堂
	製　本	ブロケード
検印廃止 NDC411.73 ISBN 978-4-320-01791-7		一般社団法人 自然科学書協会 会員 Printed in Japan

JCOPY　＜出版者著作権管理機構委託出版物＞
本書の無断複製は著作権法上での例外を除き禁じられています．複製される場合は，そのつど事前に，
出版者著作権管理機構（TEL：03-5244-5088，FAX：03-5244-5089，e-mail：info@jcopy.or.jp）の
許諾を得てください．

◆ 色彩効果の図解と本文の簡潔な解説により数学の諸概念を一目瞭然化！

ドイツ Deutscher Taschenbuch Verlag 社の『dtv-Atlas事典シリーズ』は，見開き２ページで１つのテーマが完結するように構成されている．右ページに本文の簡潔で分り易い解説を記載し，かつ左ページにそのテーマの中心的な話題を図像化して表現し，本文と図解の相乗効果で理解をより深められるように工夫されている．これは，他の類書には見られない『dtv-Atlas 事典シリーズ』に共通する最大の特徴と言える．本書は，このシリーズの『dtv-Atlas Mathematik』と『dtv-Atlas Schulmathematik』の日本語翻訳版である．

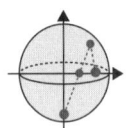

カラー図解 数学事典

Fritz Reinhardt・Heinrich Soeder [著]
Gerd Falk [図作]
浪川幸彦・成木勇夫・長岡昇勇・林　芳樹 [訳]

数学の最も重要な分野の諸概念を網羅的に収録し，その概観を分り易く提供．数学を理解するためには，繰り返し熟考し，計算し，図を書く必要があるが，本書のカラー図解ページはその助けとなる．

【主要目次】　まえがき／記号の索引／序章／数理論理学／集合論／関係と構造／数系の構成／代数学／数論／幾何学／解析幾何学／位相空間論／代数的位相幾何学／グラフ理論／実解析学の基礎／微分法／積分法／関数解析学／微分方程式論／微分幾何学／複素関数論／組合せ論／確率論と統計学／線形計画法／参考文献／索引／著者紹介／訳者あとがき／訳者紹介

■菊判・ソフト上製本・508頁・定価6,050円(税込)■

カラー図解 学校数学事典

Fritz Reinhardt [著]
Carsten Reinhardt・Ingo Reinhardt [図作]
長岡昇勇・長岡由美子 [訳]

『カラー図解 数学事典』の姉妹編として，日本の中学・高校・大学初年級に相当するドイツ・ギムナジウム第５学年から13学年で学ぶ学校数学の基礎概念を１冊に編纂．定義は青で印刷し，定理や重要な結果は緑色で網掛けし，幾何学では彩色がより効果を上げている．

【主要目次】　まえがき／記号一覧／図表頁凡例／短縮形一覧／学校数学の単元分野／集合論の表現／数集合／方程式と不等式／対応と関数／極限値概念／微分計算と積分計算／平面幾何学／空間幾何学／解析幾何学とベクトル計算／推測統計学／論理学／公式集／参考文献／索引／著者紹介／訳者あとがき／訳者紹介

■菊判・ソフト上製本・296頁・定価4,400円(税込)■

www.kyoritsu-pub.co.jp　　共立出版　　(価格は変更される場合がございます)